MINERALIEN
UND
EDELSTEINE

DER GROSSE NATURFÜHRER

MINERALIEN UND EDELSTEINE

Ein umfassender Ratgeber zum Entdecken, Bestimmen und Sammeln von Mineralien und Edelsteinen

VERLEGT BEI
KAISER

Titel des italienischen Originals: »Minerali e Gemme«
Einzig berechtigte Übertragung aus dem Italienischen: Mag. Norbert Jakober
Fachlich redigiert: Mag. Klaus Kugi

Redaktion: Marco Drago, Andrea Boroli
Marcella Boroli, Cristina Cappa Legora,
Valeria Camaschella
Bildredaktion: Centro Iconografico des Istituto Geografico de Agostini, Maria Serena Battaglia
Bildnachweis: Archiv IGDA (R. Appiani, C. Bevilacqua,
G. Cigolini, C. M. Gramaccioli, A. Rizzi, Photo 1)

Herausgegeben von: Studio Booksystem, Novara

Deutsche Erstausgabe

Einbandgestaltung: Volkmar Reiter
Satz: Context Type & Sign Pink, St. Veit/Glan
Gesamtherstellung: Mladinska Knjiga, Slowenien

Inhaltsverzeichnis

6 Die Mineralien (alphabetisch)
8 Einführung
Die Mineralarten • Klassifikation der Mineralien
10 Form der Mineralien
12 Kristallsysteme (grafische Darstellung)
13 Form und Entwicklung des Kristalls
15 Physikalische und chemische Eigenschaften
21 Die chemischen Elemente
22 Bestimmung von Mineralien
23 Der Weg zur Mineraliensammlung
31 Die Mineralien (nach Kristallgruppen)
32 Gediegene Elemente
41 Sulfide
65 Halogenide
71 Oxide und Hydroxide
101 Carbonate
117 Sulfate
128 Phosphate
137 Silikate
209 Organische Substanzen
211 Wissenswertes über Mineralien und Edelsteine
217 Glossar
222 Index

Die Mineralien

Achat 93
Ägirin 172
Aktinolith 175
Albit 194
Almandin 141
Amethyst 87
Amiant 175
Amphibole 173
Analcim 201
Anatas 80
Andalusit 147
Andesin 196
Andradit 144
Anglesit 120
Anhydrit 118
Ankerit 112
Anorthit 195
Antimon 36
Antimonit 51
Antimonsilber 41
Apatit 130
Apophyllit 181
Aquamarin 158,159,160
Aragonit 108
Argentit 43
Arsenkies 56
Arsenopyrit 56
Asbest 174
Augit 170
Auripigment 61
Aventurin 88
Azurit 113

Baryt 119
Bernstein 209
Beryll 158, 159, 160
Biotit 186
Bismuthinit 63
Blauquarz 89
Blauspat 136
Bleiglanz 49
Borax 116
Bornit 42
Botryogen 124
Bournonit 61
Brasilianit 129
Braunspat 112
Bronzit 169
Brookit 80
Buntkupferkreis 42

Calcit 102
Carbonate 101-116
Carnallit 70
Carnotit 132
Cerussit 110
Chalcedon 92, 93
Chalkopyrit 45
Chalkosin 42
Chlorargyrit 70
Chloritgruppe 187
Chloritoid 152
Chlorsilber 70
Chromit 77
Chrysokoll 188
Chrysopras 93
Citrin 88
Cobaltin 54
Coelestin 121
Cordierit 162
Covellin 50
Cristobalit 90
Cummingtonit 173
Cuprit 72
Cyanit 148
Cyanotrichit 124

Descloizit 136
Devillin 125
Diamant 38
Diopsid 168
Dioptas 163
Disthen 148
Dolomit 111
Dolomitspat 111
Dravit 165
Dyskrasit 41

Edelspinell 75
Eisen 36
Eisenglanz 82
Eisenspat 105
Eisstein 68
Elbait 165
Enstatit 167
Epidote 154
Eudidymit 182

Fassait 170
Feldspate 190
Feldspatoide 198
Fluorit 66
Flussspat 66
Forsterit 138

Gadolinit 152
Gahnit 74
Galenit 49
Gediegene Elemente 32-40
Gips 122
Glaukophan 177
Glimmermineralien 184
Goethit 100
Gold 34
Grafit 40
Grammatit 174
Granatgruppe 140
Grauspießglanz 51
Grossular 143

Halit 69
Halogenide 65-70
Hämatit 82
Hartmanganerz 94
Hauerit 62
Hauyn 203
Hedenbergit 169
Heliodor 159, 160
Heulandit 108
Holzstein 210
Hornblende 176
Hornsilber 70
Hyalophan 197
Hydroxide 71-100
Hydrozinkit 115

Ilmenit 81
Indigolith 165

Jade 172
Jadeit 172

Kainit 125
Kalkspat 102
Karneol 93
Kassiterit 95
Kernit 116

Klinozoisit 154
Kobaltglanz 54
Korund 78
Krokoit 126
Kryolith 68
Kupfer 32
Kupferglanz 42
Kupferindig 50
Kupferkies 45
Kupfersamterz 124

Labradorit 196
Lapislazuli 204
Lasurit 204
Lazulith 136
Lepidolith 185
Leucit 200
Limonit 99

Magnesit 104
Magnetit 76
Magnetkies 55
Malachit 114
Manganit 100
Manganspat 107
Markasit 57
Mikroklin 191
Milarit 166
Molybdänglanz 58
Molybdänit 58
Monazit 128
Monticellit 145
Moosachat 93
Morganit 159, 160
Mottramit 136
Muskovit 184

Natrolith 206
Nephelin 199

Oligoklas 196
Olivin 139
Opal 83
Organische Verbindungen 209
Orthoklas 192
Osumilith 166
Oxide 71-100

Pennin 187
Perowskit 73
Petalit 198
Phlogopit 185
Phosphate 128-136
Pistazit 155
Plagioklase 190, 196
Platin 35
Pollucit 203
Prasem 89
Prehnit 180
Proustit 59
Psilomelan 94
Pyrargyrit 60
Pyrit 52
Pyrolusit 94
Pyromorphit 131
Pyrop 140
Pyrophyllit 182
Pyroxene 167
Pyrrhotin 55

Quarz 84
Quarzvarietäten 89
Quecksilber 35

Rammelsbergit 59
Rauchquarz 86
Realgar 64
Regenbogenquarz 89
Rhodochrosit 107
Rhodonit 179
Riebeckit 178
Rotbleierz 126
Rubin 78
Rutil 96

Sanidin 190
Saphir 78
Scheelit 127
Schörl 165
Schwefel 37
Schwerspat 119
Scorzalith 136
Serpentin 189
Siderit 105
Silber 33
Silikate 137-208
Sillimanit 148
Skapolith 205
Smaragd 158, 159, 160
Smithsonit 106
Sodalith 202
Spessartin 142
Sphalerit 44
Sphen 153
Spinelle 74, 75
Spodumen 171
Stannin 47
Staurolith 151
Steinsalz 69
Stephanit 60
Stilbit 207
Strahlenblende 47
Strengit 134
Strontianit 109
Sulfate 117-127
Sulfide 41-64
Sylvanit 63

Talk 183
Tenorit 73
Tetraedrit 46
Thenardit 117
Titanit 153
Topas 150
Tremolit 174
Tridymit 91
Türkis 135
Turmalin 164, 165

Ulexit 115
Ullmannit 62
Uwarowit 145

Vanadinit 132
Variscit 134
Verkieseltes Holz 210
Vesuvian 156
Villiaumit 65
Vivianit 133

Weißbleierz 110
Willemit 138
Wismutglanz 63
Witherit 101
Wolframit 98
Wollastonit 177
Wulfenit 126
Wurtzit 47

Zeolithe 206
Zinkblende 44
Zinkblüte 115
Zinkit 71
Zinkspat 106
Zinnober 48
Zirkon 146
Zoisit 157

Einführung

Die Mineralarten

Die Erdkruste besteht aus verschiedenen Gesteinen, die sich ihrerseits aus Mineralien zusammensetzen. Letztere sind in der Regel aus mehreren chemischen Elementen aufgebaut; es gibt allerdings auch Mineralien, die aus einem einzigen Element bestehen, wie z. B. die gediegenen Metalle Kupfer, Gold, Schwefel oder Kohlenstoff, wobei Letzterer in zwei verschiedenen Erscheinungsformen auftritt, nämlich als Diamant und Grafit.
Eines der am häufigsten in der Erdkruste vorkommenden Mineralien, der Quarz, hat beispielsweise die chemische Formel SiO_2, d. h., er setzt sich aus den beiden Elementen Silizium und Sauerstoff zusammen.
In den meisten Mineralien fügen sich mehrere Elemente zu komplexen chemischen Verbindungen zusammen. Es handelt sich dabei größtenteils um anorganische Substanzen; nur in einigen wenigen Ausnahmefällen treten auch organische Stoffe bei der Bildung von Mineralien in Erscheinung - Beispiel dafür ist der Whewellit, der chemisch gesehen ein Kalziumoxalat darstellt.
Es sind in der Natur etwa 3000 Mineralarten bekannt, die sich aus insgesamt 92 chemischen Elementen - vom Wasserstoff bis zum Uran - zusammensetzen. Nur ein geringer Teil dieser Artenvielfalt, nämlich 40 bis 50 Mineralien, sind in den Gesteinen jedoch wirklich häufig anzutreffen; Beispiele hierfür sind Quarz, Feldspat, Glimmer, die Pyroxenmineralien, die Amphibole sowie Olivin. Diese und einige andere Mineralien sind hauptsächlich am Gesteinsaufbau der Erdkruste beteiligt, weshalb man sie auch als *gesteinsbildende Mineralien* bezeichnet.

Die Abbildung auf Seite 2 zeigt eine Stufe mit Wulfenitkristallen.

KLASSIFIKATION DER MINERALIEN

Wie in jeder Naturwissenschaft ist man auch in der Mineralogie darauf angewiesen, die vielen Arten und Abarten der Mineralien (Varietäten genannt) nach ihren Eigenschaften in Gruppen zusammenzufassen. Dies ist etwa im Gegensatz zur Biologie mit ihrer ungeheuren Artenvielfalt im Reich der Mineralien eine vergleichsweise überschaubare Aufgabe, da hier - wie bereits erwähnt - »nur« rund 3000 Arten und mehrere Tausend Abarten von Mineralien zu erfassen sind.
Dieses System beruht im Wesentlichen auf der chemischen Zusammensetzung der Mineralien sowie auf der Symmetrie ihrer Kristallgitter bzw. ihrer Feinstruktur.
Die erste Gruppe in diesem System wird von den Mineralien mit dem einfachsten chemischen Bau gebildet, d. h. jenen Arten, die nur aus einem einzigen Element bestehen; danach folgen jene Mineralien, deren Arten sich durch eine komplexere Zusammensetzung auszeichnen. Auf diese Weise gelangt man zu einer Einteilung in neun Klassen, deren Artenspektrum zum Teil recht unterschiedlich ist:

I Gediegene Elemente
II Sulfide (unter Einschluss der Selenide, Telluride, Arsenide, Antimonide und Bismutide)
III Halogenide
IV Oxide und Hydroxide
V Carbonate, Nitrate, Borate
VI Sulfate, Molybdate, Chromate, Wolframate
VII Phosphate, Arsenate, Vanadate
VIII Silikate
IX Organische Verbindungen

MINERALIEN MAGMATISCHEN UND HYDROTHERMALEN URSPRUNGS

Mineralien entstehen, wachsen und verändern sich nach bestimmten Gesetzmäßigkeiten. Der Großteil von ihnen wurde und wird noch heute in den Tiefen des Erdinneren gebildet, wo extrem hoher Druck und hohe Temperaturen (zwischen 900 und 1300 °C) herrschen. Ausgangsmaterial sind jene zähflüssigen heißen Schmelzen, die als *Magma* bekannt sind.

Wenn solche Schmelzen in die unteren Schichten der Erdkruste eindringen, so kühlen sie dort langsam ab und erstarren dabei zu den sogenannten Plutoniten, auch Tiefengesteine genannt. Im Wesentlichen stellen die unterschiedlich zusammengesetzten Magmen siliziumhältige Schmelzen dar, welche viel gelöstes Gas und Wasser enthalten und richtig gehende Ströme bilden.

Während das Magma an tektonisch instabilen Stellen aufsteigt und so in die kühlere Umgebung der Erdkruste gelangt, nimmt seine Temperatur nach und nach ab, wobei zunächst die Mineralien mit dem höchsten Schmelzpunkt auskristallisieren. Während dieses Kristallisationsprozesses steigen die spezifisch leichteren Mineralien auf, während die spezifisch schwereren Mineralien absinken und sich, wie z. B. Magnetit und Chromit, in den unteren Bereichen der Schmelze anreichern und so Lagerstätten bilden können.

Ausgehend von sogenannten Kristallkeimen, welche die Ausgangspunkte des Kristallwachstums darstellen, kristallisieren in der Folge die verschiedenen Mineralien aus und bilden so den Gesteinskörper.

Nach der sogenannten Hauptkristallisation bleiben Restschmelzen übrig, die sich mit leichtflüchtigen Bestandteilen, wie z. B. Wasser, Schwefeldioxid, Schwefelwasserstoff usw., anreichern. Nun beginnt die sogenannte Restkristallisation, in deren Verlauf sich die Pegmatite bilden, die vor allem durch große Kristalle der Mineralien Glimmer, Turmalin, Beryll, weiters Mineralien, die Seltenerden enthalten, sowie durch einige Zinn- und Wolframmineralien geprägt sind.

Bisweilen werden Gase und Wasserdampf im Gestein eingeschlossen, wodurch sich mandelförmige Hohlräume bilden, wie sie z. B. im Melaphyr häufig vorkommen, wo diese Gasblasen durch Restkristallisation mit Quarz, Achat, Chalcedon usw. teilweise ausgefüllt wurden. Der größte Teil der Gase bzw. des Wasserdampfes steigt jedoch in der Regel durch die Spalten des Gesteins an die Oberfläche.

Im Zuge der weiteren Abkühlung der leichtflüchtigen Bestandteile verflüssigt sich der Wasserdampf, sodass sich wässerige Lösungen bilden, aus denen bei fortschreitender Abkühlung ebenfalls Mineralien hervorgehen. Bei dieser sogenannten hydrothermalen Mineralienbildung dringen die Lösungen in die Spalten (Gänge) des umliegenden Gesteins ein, wo sich dann Mineralien abscheiden. In solchen Gängen findet man die verschiedensten Typen von Mineralien vor allem aber wirtschaftlich wichtige Erze (Kupfer, Blei, Zink usw.).

Wenn solche hydrothermalen Wässer und Dämpfe sich mit eingesickertem Wasser mischen und die Erdoberfläche erreichen, so bilden sich heiße Quellen, aus denen durch Abscheidung ebenfalls noch Mineralien, wie z. B. Aragonit und Geyserit, hervorgehen können.

Wenn diese metallhältigen heißen Lösungen aber in Hohlräume von Sedimentgesteinen, wie z. B. Kalk, gelangen, so lösen sie Teile davon auf, um sie nach chemischer Umwandlung als neu kristallisierte Mineralien, wie z. B. Siderit (Eisenspat), wieder abzusetzen (Metasomatose).

MINERALIEN SEDIMENTÄREN URSPRUNGS

An der Erdoberfläche sind Mineralien und Gesteine ständigen Verwitterungsprozessen unterworfen. So führen z. B. Temperaturänderungen sowie Frost und Eis zu einer mechanischen Verwitterung, während der Luftsauerstoff, Kohlendioxid und Wasser auf chemischem Wege einwirken. Schließlich können auch biologische Prozesse eine Zersetzung bewirken.

Solche Verwitterungsprozesse können zu tiefgreifenden Veränderungen der betreffenden Mineralien führen - so verwandelt sich etwa Feldspat in Kaolin, Olivin wird zu Serpentin und der goldglänzende Pyrit verwandelt sich in den

braunen Limonit, um nur einige Beispiele herauszugreifen. Bei der Verwitterung von Pyrit wird z. B. Schwefelsäure freigesetzt, die ihrerseits beispielsweise Kalkstein in Gips umwandelt und darüber hinaus noch eine Reihe weiterer Sulfate bilden kann.
Aus Chalkopyrit, einem Kupfer-Eisen-Sulfid, gehen durch Verwitterung eine ganze Reihe von sekundären Mineralien hervor, wie z. B. Malachit, Azurit oder Limonit.

MINERALIEN CHEMISCH-SEDIMENTÄREN URSPRUNGS

Eine Reihe von Mineralien werden im Meer gebildet - so sind z. B. die großen Salzlagerstätten durch Verdunstung des Wassers in flachen Meeresbecken und die damit verbundene Konzentration der Salzlösungen entstanden. Ebenfalls im Meer wurden etwa Gips und Kalkstein gebildet.

MINERALIEN BIOGENEN URSPRUNGS

In nicht unwesentlichem Ausmaß sind auch Lebewesen an der Bildung von Mineralien beteiligt - so ist beispielsweise Kalkstein durch die Tätigkeit von Meeresorganismen, z. B. Korallen, entstanden. Die Entstehung der großen Phosphorit- und Guanolagerstätten wiederum geht auf Wirbeltiere zurück, während aus der Tätigkeit von Bakterien beachtliche Eisenerzlager (Schwefelausscheidungen) hervorgegangen sind.

ENTSTEHUNG DURCH METAMORPHOSE

Wenn die heißen magmatischen Schmelzen innerhalb der Erdkruste aufsteigen, so werden die umliegenden Gesteine erwärmt und kommen mit leichtflüchtigen Elementen in Kontakt. Unter dem Einfluss von hohen Temperaturen und großem Druck wird das betreffende Gestein tiefgreifenden Umwandlungsprozessen unterzogen (Kontaktmetamorphose).
So wird bei der Kontaktmetamorphose das Gestein vor allem durch Temperatureinfluss umgewandelt; auf diese Weise können sich Mineralien wie Glimmer, Granat, Andalusit usw. bilden.
Abschließend sei gesagt, dass ein Mineral sich je nach den herrschenden physikalischen und chemischen Bedingungen auf verschiedene Weise bilden kann. In der Natur ist ein bestimmtes Mineral selten »allein« anzutreffen - zumeist wird es von bestimmten anderen Mineralarten begleitet.
Solche Mineraliengruppen, die eine ähnliche Entstehungsgeschichte aufweisen, werden als Mineralparagenese bezeichnet. Die Kenntnis dieser Paragenese ist nicht zuletzt auch für die Bestimmung eines Minerals äußerst hilfreich.

Form der Mineralien

DER KRISTALL

Ein Mineral wird stets aus einem einheitlichen Stoff aufgebaut, dem eine ganz bestimmte chemische Formel zugeordnet werden kann. Dadurch weist jedes Mineral spezielle Eigenschaften sowie eine typische Form auf, welche ganz bestimmten Gesetzmäßigkeiten unterliegt. Die meisten Mineralien werden von regelmäßigen ebenen Flächen begrenzt - sie bilden sogenannte Kristalle, deren äußere Form von der Anordnung der Teilchen innerhalb des Minerals abhängt. Somit handelt es sich bei einem Kristall um einen stofflich einheitlichen Körper, dessen kleinste Bauteilchen, die Atome, Ionen oder Moleküle, auf charakteristische Weise angeordnet sind. Diese streng geordnete Struktur bleibt auch dann erhalten, wenn die äußere Form aufgrund verschiedener Einflüsse keine Regelmäßigkeiten zeigt.
Es gibt jedoch auch Mineralien, denen diese gesetzmäßige Ordnung der kleinsten Bauteilchen fehlt, die also keine Kristallstruktur aufweisen; solche Mineralien werden als amorph bezeichnet. Zu diesen Mineralien, die oft ein kugel- oder nierenförmiges Äußeres haben, gehört beispielsweise der Opal.

Die gesetzmäßige Anordnung der kleinsten Bauteilchen der kristallinen Mineralien wird als Kristallgitter bezeichnet. Je nach der Anordnung der Bauteilchen unterscheidet man verschiedene Typen von Kristallgittern. Eine besonders einfache Variante stellt beispielsweise der Kristall des Steinsalzes (NaCl) dar, während andere Mineralien ein deutlich komplexeres Kristallgitter aufweisen, wie etwa die Silikate.
Die Anordnung der Teilchen spiegelt sich in der äußeren Form des Kristalls wider; die Lage der Flächen und Kanten zueinander ergibt sich direkt aus den inneren Gesetzmäßigkeiten des Kristalls. Folglich stellen auch die Winkel zwischen den Kristallflächen ein Merkmal dar, das für jedes Exemplar eines Minerals konstant ist, und zwar unabhängig von der Größe des betreffenden Kristalls (Gesetz der Winkelkonstanz).

KRISTALLSYMMETRIE

Ein wichtiges Merkmal eines Kristalls ist die ganz spezielle Lage der einzelnen Flächen zueinander, die sich aus der Symmetrie des Kristalls ergibt. Man unterscheidet dabei folgende Symmetrieelemente:
1. Symmetrieebenen: Durch eine Symmetrieebene wird der Kristall in zwei spiegelbildlich gleiche Hälften geteilt.
2. Symmetrieachsen: Dabei handelt es sich um Gerade, die durch den Kristallmittelpunkt verlaufen und um die man den Kristall so weit dreht, bis er eine der Ausgangsstellung entsprechende Position einnimmt. Man unterscheidet zweizählige Symmetrieachsen (Drehwinkel 180°), dreizählige (120°), vierzählige (90°) und sechszählige Achsen (Drehwinkel 60°).
3. Symmetriezentrum: Ein solches Zentrum ist vorhanden, wenn es zu jeder einzelnen Kristallfläche eine parallele, spiegelverkehrte Gegenfläche gibt.
Durch die Kombination dieser Symmetrieelemente erhält man insgesamt 32 Klassen von Kristallen. Diese 32 Klassen kann man je nach den vorhandenen Symmetrieelementen in sieben Kristallsysteme unterteilen, von denen sich jedes durch eine ganz bestimmte Kombination von Symmetrieelementen auszeichnet.
Das trikline System besitzt die geringste Anzahl an Symmetrieelementen, nämlich eines, ein Zentrum; die weiteren Systeme in ansteigender Reihenfolge: monoklines, rhombisches, tetragonales, trigonales, hexagonales und kubisches Kristallsystem.
Jede Mineralart gehört in der Regel nur einer Symmetrieklasse an, da sie meist

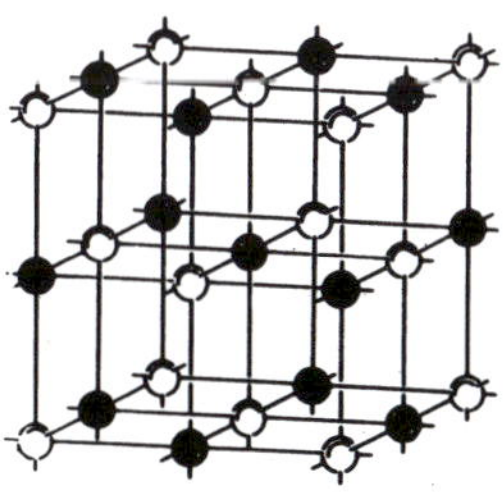

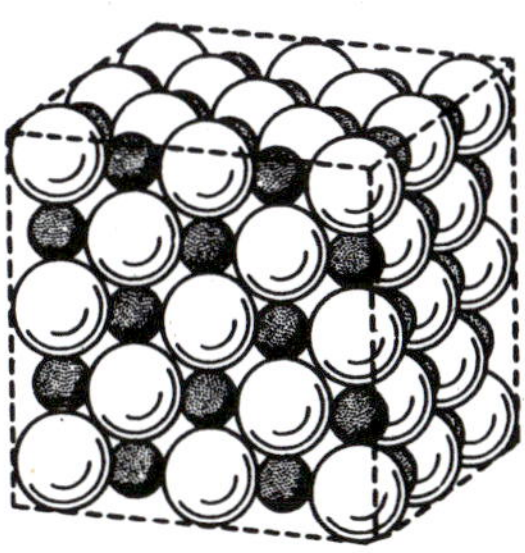

Die beiden Grafiken zeigen die Kristallstruktur von Steinsalz. Die würfelige Form der »Elementarzelle« drückt sich auch in der Kristallgestalt des Minerals aus (Foto).

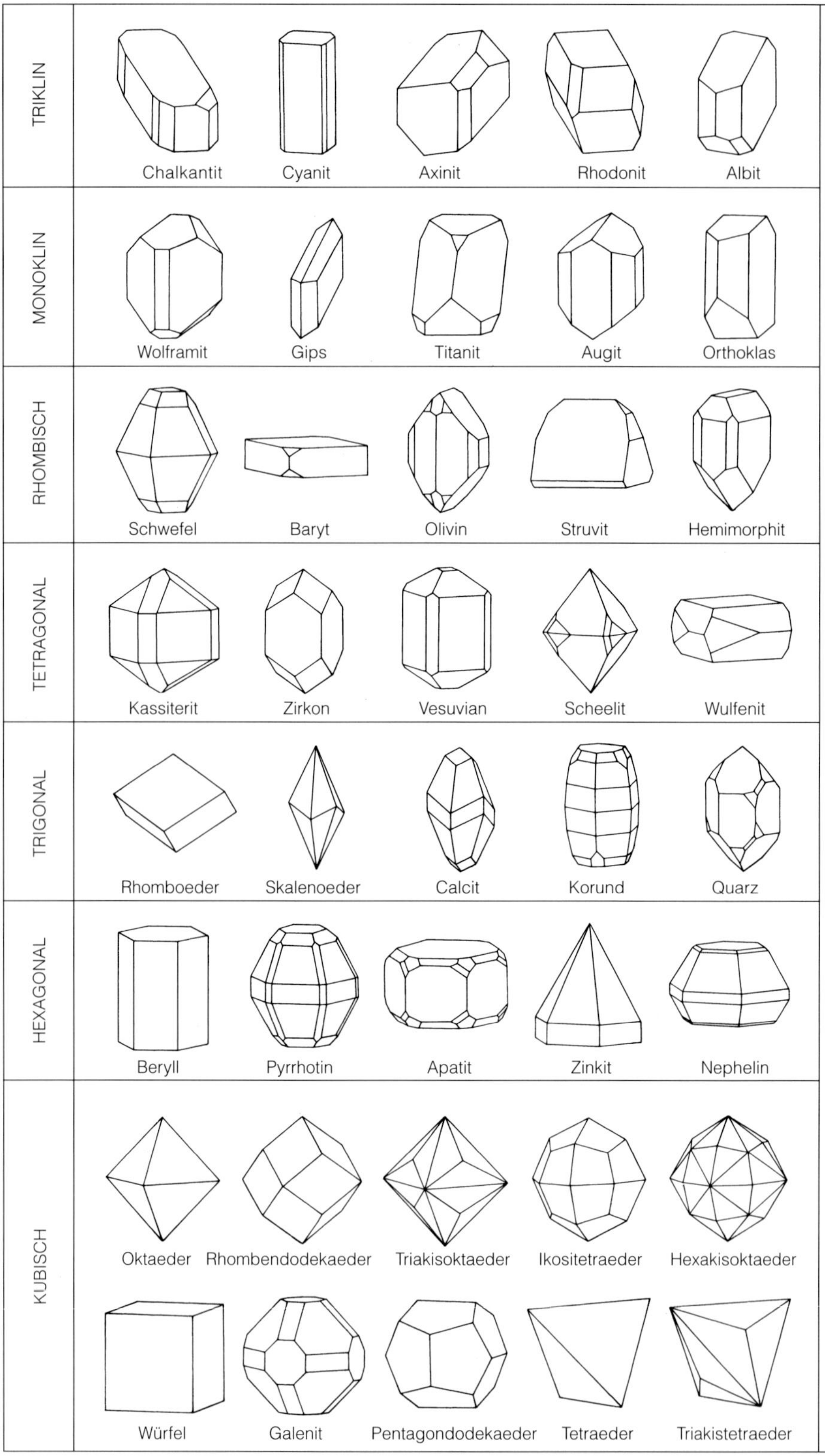
TRIKLIN
Chalkantit
Cyanit
Axinit
Rhodonit
Albit
MONOKLIN
Wolframit
Gips
Titanit
Augit
Orthoklas
RHOMBISCH
Schwefel
Baryt
Olivin
Struvit
Hemimorphit
TETRAGONAL
Kassiterit
Zirkon
Vesuvian
Scheelit
Wulfenit
TRIGONAL
Rhomboeder
Skalenoeder
Calcit
Korund
Quarz
HEXAGONAL
Beryll
Pyrrhotin
Apatit
Zinkit
Nephelin
KUBISCH
Oktaeder
Rhombendodekaeder
Triakisoktaeder
Ikositetraeder
Hexakisoktaeder
Würfel
Galenit
Pentagondodekaeder
Tetraeder
Triakistetraeder

ein ganz bestimmtes, charakteristisches Kristallgitter besitzt. Es kommt jedoch vor, dass Mineralien, welche die gleiche chemische Zusammensetzung haben, jedoch auf verschiedene Weise entstanden sind, einen unterschiedlichen Aufbau aufweisen und folglich in verschiedenen Klassen kristallisieren - dieses Phänomen wird Polymorphie genannt.
Beispiele für solche polymorphen Formen sind Diamant und Grafit, Calcit und Aragonit, Pyrit und Markasit, weiters Quarz, Tridymit und Cristobalit sowie Rutil, Anatas und Brookit.

KRISTALLSYSTEME
Die verschiedenen Kristallformen lassen sich in sieben Kristallsysteme unterteilen: kubisch, tetragonal, hexagonal, trigonal, rhombisch, monoklin und triklin. Unterscheidungsmerkmale dieser Systeme sind die Kristallachsen sowie die Winkel zwischen den Achsen.

Kubisches System (reguläres System)
Alle drei Achsen sind gleich lang und stehen senkrecht aufeinander. Typische Kristallformen dieser Gruppe sind Würfel, Oktaeder, Rhombendodekaeder, Pentagondodekaeder, Ikositetraeder und Hexakisoktaeder.
Tetragonales System
Die drei Achsen stehen senkrecht aufeinander; zwei davon sind gleich lang und liegen in einer Ebene, die dritte (Hauptachse) ist entweder länger oder kürzer. Typische Formen dieser Gruppe sind vierseitige Prismen und Pyramiden, Trapezoeder und Doppelpyramiden.
Hexagonales System
Drei der vier Achsen liegen in einer Ebene, sind gleich lang und schneiden einander in einem Winkel von 120°, die vierte Achse ist sechszählig und unterscheidet sich in ihrer Länge von den übrigen, sie steht senkrecht zu diesen. Typische Kristallformen sind in diesem Fall sechsseitige Prismen und Pyramiden, außerdem zwölfseitige Pyramiden und Doppelpyramiden.
Trigonales System
Drei der vier Achsen liegen in einer Ebene, sind gleich lang und schneiden einander in einem Winkel von 120°, die vierte, dreizählige, steht senkrecht zu den übrigen drei. Achsen und Winkel entsprechen genau denen des vorangegangenen Systems - der Unterschied liegt in den Symmetrieelementen, d. h., im Gegensatz zum hexagonalen System ist beim trigonalen der Querschnitt der prismatischen Grundform nicht sechseckig, sondern dreieckig. Als typische Kristallformen sind dreiseitige Prismen und Pyramiden, Rhomboeder und Skalenoeder zu nennen.
Rhombisches (orthorhombisches) System
Die drei verschieden langen Achsen stehen senkrecht aufeinander. Typische Kristallformen sind Basispinakoide, rhombische Prismen und Pyramiden sowie rhombische Doppelpyramiden.
Monoklines System
Von den drei verschieden langen Achsen stehen zwei senkrecht aufeinander, die dritte steht schief dazu. Typische Kristallformen dieser Gruppe sind Basispinakoide und Prismen mit geneigten Endflächen.
Triklines System
Alle drei Achsen sind von verschiedener Länge und gegeneinander ungleich 90° geneigt. Als typische Kristallformen sind Pedien zu nennen.

Form und Entwicklung des Kristalls

Wenngleich die ideale Form, die jedem Kristall zugeordnet werden kann, mit der realen Gestalt nur selten übereinstimmt, so kann man an den Kristallen einer Mineralart doch stets eine ganz bestimmte Kombination von Kristallflächen beobachten. Die Gesamtheit aller an einem Kristall auftretenden Flächen bzw.

Formen wird als Kristalltracht bezeichnet. Im Gegensatz dazu nennt man die Art und Weise, wie die einzelnen Flächen eines Kristalls ausgebildet sind, den Habitus eines Kristalls. Der Habitus sagt also etwas über die allgemeine Gestalt des Kristalls aus. So liegt z. B. pyramidaler Habitus vor, wenn sich alle Flächen in einem Punkt schneiden; von einem prismatischen Habitus sprechen wir dann, wenn die Prismenflächen größer als die übrigen Flächen des Kristalls sind; solche Kristalle erscheinen lang gestreckt, bisweilen sogar nadelförmig. Wenn hingegen die Endflächen verhältnismäßig stark entwickelt sind, so haben wir es mit einem tafeligen Habitus zu tun. Es kann sehr wohl vorkommen, dass zwei Mineralien mit der gleichen Tracht einen unterschiedlichen Habitus aufweisen und umgekehrt. Tracht und Habitus eines Kristalls hängen beide von der chemischen Zusammensetzung der Umgebung ab, aber auch von bestimmten Bedingungen während der Kristallbildung, wie z. B. der Temperatur, dem Druck, der Geschwindigkeit des Kristallwachstums usw. Nur selten sind in der Natur vollkommen regelmäßig ausgebildete Kristalle anzutreffen; günstige Bedingungen hierfür sind z. B. eine weiche Umgebung, wie sie etwa die Gipskristalle im Ton vorfinden, oder ein Hohlraum, wie ihn beispielsweise Geoden bieten. In solcher Umgebung ist ein ungestörtes Kristallwachstum möglich, während in vielen anderen Fällen äußere Einflüsse zu Deformationen führen.

AGGREGATE

Oft kommt es vor, dass einzelne Kristalle durch angrenzende Exemplare in ihrer Entwicklung eingeschränkt werden und nicht genug Raum vorfinden, um ihre entsprechende Form auszubilden. Auf diese Weise fügen sich Kristalle zu Aggregaten von unterschiedlicher Größe und Gestalt zusammen. In Spalten und Höhlungen des Gesteins kann es sein, dass Mineralien an den Wänden aufwachsen und so eine sogenannte Druse bilden. Ist eine solche Höhlung völlig oder nahezu ganz mit Mineralien ausgefüllt, spricht man von einer Geode.
Mineralaggregate können in vielen verschiedenen Gestalten auftreten. So finden sich in manchen Kalkgesteinen Gebilde, die fossilen Farnpflanzen gleichen - es handelt sich dabei um Dendriten, die aus Oxiden und Hydroxiden von Mangan und

Die Aggregate, welche Kristalle bisweilen bilden, können die unterschiedlichsten Formen aufweisen; rechts ein strahliges Aggregat von Natrolith.

Eisen entstanden sind, welche von Lösungen zwischen den Sedimentschichten abgelagert wurden.

Typische Durchkreuzungszwillinge des Gipses.

ZWILLINGE
Bisweilen können Kristalle der gleichen Mineralart nach bestimmten Gesetzmäßigkeiten symmetrisch miteinander verwachsen, sodass sie Zwillinge, Drillinge usw. bilden - je nachdem, wie viele Individuen daran beteiligt sind. Oft weisen solche Zwillinge einspringende Winkel auf, das sind Winkel, deren Spitze zum Kristallinneren zeigt und die bei Einzelkristallen nie auftreten.

KRISTALLFLÄCHEN
Wirklich ebene und glatte Kristallflächen kommen in der Natur eher selten vor; häufig ist auf den Flächen eine mehr oder weniger ausgeprägte Streifung oder gar Rillenbildung erkennbar, die bei manchen Mineralien sogar ein charakteristisches Merkmal sein kann, wie dies z. B. beim Pyrit, beim Quarz oder beim Turmalin der Fall ist.

PSEUDOMORPHOSEN
Unter dieser Bezeichnung versteht man Kristalle eines Minerals, die in der Gestalt eines anderen Minerals auftreten, wie dies z. B. beim Limonit der Fall sein kann, der bisweilen in der Kristallgestalt des Pyrits auftritt. Die Ursache der Pseudomorphose liegt darin begründet, dass Kristalle bisweilen unter einer Überdeckung in Lösung gehen und der frei gewordene Raum durch eine andere Mineralsubstanz ausgefüllt wird, wobei die ursprüngliche Kristallform erhalten bleibt.

Physikalische und chemische Eigenschaften

Nicht nur die äußere Erscheinung und die Symmetrie eines Kristalls sind von der Anordnung der kleinsten Bauteilchen abhängig, sondern auch die physikalischen Eigenschaften eines Minerals, die innerhalb eines Kristalls unterschiedlich sein können - je nach der Richtung, in der man ihn untersucht. So ist beispielsweise der Glimmer nur parallel zu einer einzigen Ebene gut spaltbar - seine Kristalle sind folglich physikalisch anisotrop; amorphe Substanzen hingegen zeigen in allen Richtungen unveränderliche physikalische Eigenschaften - sie sind somit isotrop. Grundsätzlich weist jedes Mineral charakteristische Eigenschaften auf, die zu dessen Bestimmung hilfreich sind.

DICHTE
Unter der Dichte bzw. dem spezifischen Gewicht eines Minerals versteht man die Masse bzw. das Gewicht eines Stoffes im Verhältnis zur Masse bzw. zum Gewicht des gleichen Volumens Wasser. Die Dichte eines großen Teils der Mineralien liegt zwischen 2 und 4. Als leichte Mineralien betrachtet man jene mit einer Dichte zwischen 1 und 2; eine Dichte zwischen 2 und 4 gilt als normal, während Werte zwischen 4 und 6 als schwer betrachtet werden. Die schwersten Mineralien sind jene, deren Dichte über 6 liegt, die also eine mindestens sechsmal so große Masse haben bzw. sechsmal so schwer sind wie das gleiche Volumen Wasser.

KOHÄSIONSEIGENSCHAFTEN

Unter dieser Bezeichnung fasst man verschiedene Eigenschaften zusammen, und zwar Härte, Spaltbarkeit, Art des Bruchs eines Minerals sowie seine Zähigkeit - d. h. also Eigenschaften, die von der Struktur des Kristalls bzw. von der Richtung der Untersuchung abhängen.

HÄRTE

Während sich beispielsweise ein Calcitkristall leicht mit dem Messer ritzen lässt, hinterlässt die Messerspitze auf einem Quarzkristall keine Spuren - die beiden Mineralien sind offenkundig von unterschiedlicher Härte.
Man spricht diesbezüglich bei Mineralien auch von der Ritzhärte, da man unter der Härte eines Minerals den Widerstand versteht, den das Mineral beim Ritzen mit einem scharfkantigen Gegenstand leistet. Der Begriff der Ritzhärte wurde von dem Wiener Mineralogen Friedrich Mohs (1773 bis 1839) eingeführt, der anhand von zehn verschieden harten Mineralien eine Vergleichsskala (Mohssche Härteskala) erstellte, wobei jedes Mineral vom nächsthöher gereihten geritzt wird: **1** Talk; **2** Gips; **3** Calcit; **4** Fluorit; **5** Apatit; **6** Orthoklas; **7** Quarz; **8** Topas; **9** Korund; **10** Diamant.
Schon mit sehr einfachen Mitteln lässt sich die Härte eines Minerals feststellen: so sind z. B. Mineralien der Härte 1 leicht mit dem Fingernagel ritzbar; solche mit Härte 2 lassen sich mit dem Fingernagel gerade noch ritzen. Mit einer Kupfermünze lassen sich Mineralien bis zu Mohshärte 3 ritzen, während solche bis Härte 5 mit dem Taschenmesser ritzbar sind. Mineralien bis Härte 6 sind mit der Stahlfeile ritzbar, während ein Mineral der Härte 7, wie z. B. Quarz, im Stande ist, Fensterglas zu ritzen.
Um die Härte eines Minerals festzustellen, kann man versuchen, es mit verschiedenen Mineralien zu ritzen, wobei man immer härtere Mineralien verwendet, bis das Ritzen gelingt. Will man ein im Gestein eingeschlossenes Mineral ritzen, geht man umgekehrt vor, d. h., man verwendet zum Ritzen der Reihe nach immer weniger harte Mineralien.
Mit ein wenig Übung lässt sich auf diese Weise leicht die ungefähre Härte eines Minerals ermitteln, wobei darauf zu achten ist, dass nur glatte, unzersetzte Kristallflächen zur Probe verwendet werden dürfen, da angewitterte Flächen eine geringere Härte vortäuschen. Weiters ist bei der Ritzprobe Folgendes zu beachten:

Die beiden Extreme der Mohsschen Härteskala: Talk und Diamant.

Dieser Kristall des Glimmerminerals Muskovit lässt deutlich seine Spaltebenen erkennen.

1. Zwei Mineralien sind gleich hart, wenn keines der beiden das andere zu ritzen vermag.
2. Zwei Mineralien können auch dann gleich hart sein, wenn eines das andere ritzt, da Ecken und Kanten oft härter sind als die Kristallflächen bzw. Spaltflächen. So lässt sich z. B. die Spaltfläche eines Gipskristalls mit der Kante eines anderen Gipskristalls ritzen.
3. Ein Mineral, welches ein Probierstück ritzt und seinerseits von dem auf der Härteskala nächsthöheren Mineral geritzt wird, liegt bezüglich der Härte genau zwischen diesen beiden Mineralien. Wenngleich diese Art der Härtebestimmung recht einfach ist, sind doch einige Faktoren zu beachten, die das Ergebnis verfälschen können: so kann die Härte eines Kristalls in zwei verschiedenen Richtungen deutlich variieren; dies ist z. B. bei den Prismen des Cyanits der Fall, die in der Vertikalrichtung eine Härte von 4 bis 4,5 aufweisen, während quer dazu Werte zwischen 6 und 7 festzustellen sind. Der zweite Name dieses Minerals, Disthen, leitet sich von dieser Eigenschaft der unterschiedlichen Härte her.
Es ist also darauf zu achten, die Probe in verschiedenen Richtungen durchzuführen. Ebenfalls sollte man sich darüber im Klaren sein, dass beispielsweise angewitterte Kristallflächen stets etwas weicher sind, als das Mineral tatsächlich ist. Dasselbe gilt im übrigen auch für poröse oder geriffelte Exemplare bzw. für blätterige oder nadelige Aggregate. In diesem Fall wird man sich zur zweifelsfreien Bestimmung eines Minerals eher auf andere Eigenschaften konzentrieren.

Spaltbarkeit

Unter Spaltbarkeit versteht man die Tatsache, dass sich vom Kristall Mineralteile mit glatten Flächen abtrennen lassen - eine Eigenschaft, die vom inneren Bau des Kristalls abhängt und die entlang jener Ebenen auftritt, an denen die Kohäsionskräfte am geringsten sind. Während manche Mineralien nur in einer Richtung spaltbar sind, lassen sich andere in mehreren Richtungen spalten: so sind etwa Steinsalz und Bleiglanz parallel zu den Würfelflächen spaltbar, Fluorit entlang der Oktaederflächen und Calcit entlang der Rhomboederflächen.
Andere Mineralien, wie z. B. Glimmer und Gips, sind sehr gut in einer Ebene spaltbar, während die Spaltbarkeit in anderen Richtungen nur unvollkommen bzw. gar nicht vorhanden ist. In manchen durchsichtigen Kristallen sind die Spaltbarkeitsebenen im Inneren des Kristalls gut erkennbar.

Bruch

Manche Mineralien, wie z. B. Quarz oder Opal, sind in keiner Richtung spaltbar; solche Mineralien zerfallen bei Gewaltanwendung (Schlag oder Druck) mit unregelmäßigen muscheligen Flächen - eine Eigenschaft, die als Bruch bezeichnet wird und die ebenfalls als Unterscheidungskriterium zwischen den einzelnen Mineralien dienen kann. Der Bruch eines Minerals kann muschelförmig, uneben, hakig, splitterig, faserig, glatt oder erdig sein.

Weitere mechanische Eigenschaften

Gewisse Mineralien, wie z. B. Quarz, Pyrit oder Opal, zersplittern unter Schlagbeanspruchung; solche Mineralien werden als spröde bezeichnet. Weiche Mineralien wiederum brechen ohne jede Splitterbildung.

Geschmeidige Mineralien, wie etwa Kupfer, lassen sich fein auswalzen; bei Druckbeanspruchung oder Ritzen entsteht keinerlei Pulver. Ein feines Blatt Glimmer lässt sich mit den Händen biegen; danach allerdings nimmt das Mineral wieder seine ursprüngliche Form an - solche Mineralien werden elastisch genannt. Andere wiederum, wie etwa Gips oder Antimonit, bleiben nach dem Verbiegen deformiert - solche Mineralien werden als biegsam bezeichnet. Diese Eigenschaften ermöglichen eine klare Unterscheidung zwischen zwei ähnlichen Mineralien - wie z. B. dem elastischen Glimmer und dem biegsamen Chlorit.

FARBE

Manche Mineralien zeigen derart reine, leuchtende Farben, dass sie als Farbstoff Verwendung finden. Farbbezeichnungen wie Smaragdgrün, Rubinrot oder Türkisblau sind allseits bekannt. Die Farbe eines Minerals stellt zwar eines der wesentlichen Kriterien zu dessen Bestimmung dar - doch das Problem dabei ist, dass die Farbe durch Fremdatome auch verändert sein kann. Natürlich gibt es eine ganze Reihe von Mineralien, deren Farbe unveränderlich ist: so ist etwa Malachit immer grün, Grafit immer schwarz und Schwefel stets gelb. Andere Mineralien, wie z. B. Quarz, Calcit oder Steinsalz, die in reiner Form farblos sind, können Substanzen enthalten, die ihnen eine bestimmte Färbung verleihen; so kann etwa Steinsalz auch blau, Quarz oft gelb, rosa, violett oder bräunlich auftreten. Besonders breit gefächert ist die Farbenpalette beim Fluorit.

Mineralien wie Turmalin, Apatit oder Beryll können in verschiedenen Farbtönen auftreten, sodass die Farbe kein Charakteristikum darstellt. Die jeweilige Farbe ergibt sich aus Elementen, die in Spuren als Verunreinigungen bzw. Einschlüsse im Kristallgitter vorhanden sind, sie kann aber auch durch radioaktive Strahlung verursacht worden sein.

Bei manchen Mineralien verändert sich die Farbe mit dem Licht, das auf sie fällt: so ist z. B. der Alexandrit bei Tageslicht grün und im künstlichen Licht violett.

Bei einigen Mineralien verändert sich die Farbe bzw. Farbtiefe mit der Richtung, aus der das Licht auf sie fällt; so kann z. B. die Farbe eines Cordieritkristalls von Blau bis Gelb variieren, wenn man ihn vor einer Lichtquelle dreht. Diese Eigenschaft - Pleochroismus genannt - ist darin begründet, dass die Absorption des Lichts in verschiedenen Richtungen des Kristalls unterschiedlich ist.

Eine ganze Reihe von Edelsteinen verlieren ihre leuchtende Farbe, wenn sie

Wenn fremde Substanzen den inneren Aufbau des Kristalls »stören«, so kann dies eine ganz bestimmte Färbung des Minerals bewirken. Im Bild ein fremdfarbig grüner Quarzkristall, ein Mineral, das in reiner Form vollkommen durchsichtig ist.

eine gewisse Zeit der Sonne ausgesetzt werden: so verliert etwa der Smaragd sein leuchtendes Grün, und auch die Farben von Amethyst und Rosenquarz verblassen.
Auch silberhaltige Mineralien, wie z. B. Pyrargyrit und Proustit, reagieren auf Licht äußerst empfindlich. Da diese beiden Mineralien im Licht deutlich nachdunkeln, empfiehlt es sich für den Sammler, seine Exemplare lichtgeschützt aufzubewahren. Besonders lichtempfindlich ist auch der Realgar, der unter Lichteinwirkung zu einem orangegelben Pulver zerfällt. Allgemein ist jedoch anzumerken, dass solche Farbänderungen sehr langsam vor sich gehen.
Seit langem weiß man auch um die Möglichkeit, die Farben bestimmter Mineralien bewusst zu verändern; so kann man z. B. den violetten Amethyst durch Erwärmen dazu bringen, seine Farbe zum Gelbbraun des Citrins zu wechseln. Ebenso werden die Farbtöne von Diamanten, Rubinen und Saphiren durch radioaktive oder ultraviolette Strahlung künstlich intensiviert.
Ebenfalls durch radioaktive Strahlung wird aus gewöhnlichem Quarz der braun gefärbte Rauchquarz. Der Achat wiederum kann durch Imprägnation mit Anilinfarbe gefärbt werden.

STRICHFARBE (STRICH)

Die Farbe des Mineralpulvers tritt durch den Strich bzw. die Strichfarbe zu Tage, die man erhält, indem man mit einer Ecke des zu untersuchenden Exemplars auf einem rauen Porzellantäfelchen reibt. Die Farbe des pulverigen Strichs stellt ein eindeutiges Charakteristikum eines bestimmten Minerals dar. Es ist jedoch zu bedenken, dass Porzellan mit seiner Härte von 6 bis 6,5 nach der Mohsschen Skala für härtere Mineralien keine Strichprobe ermöglicht, da diese das Porzellan ritzen würden und so lediglich das weiße Pulver des Porzellans zu Tage käme. Bei solch harten Mineralien kann man zunächst ein kleines Stück im Mörser zerstampfen und dann auf der Strichplatte zerreiben.
Zumeist ist die Strichfarbe ein wenig heller als der äußere Farbton des Minerals; bei farblosen und weißen Mineralien ist die Strichfarbe stets Weiß. Dasselbe gilt für künstlich gefärbte Mineralien oder solche mit geringen Verunreinigungen im Kristallgefüge; bei letzteren kann der Strich jedoch je nach der Konzentration der Verunreinigung eine leichte Farbtönung aufweisen.
Mineralien mit metallischem Glanz zeichnen sich durch einen besonders ausgeprägten Unterschied zwischen Farbe und Strichfarbe aus: so zeigt z. B. der messinggelbe Pyrit einen grünlich schwarzen Strich; der schwarze Hämatit weist einen roten Strich auf; der glänzend schwarze Wolframit wiederum zeigt einen braunen Strich, während der braun oder schwarz gefärbte Kassiterit sich durch einen nahezu farblosen Strich auszeichnet.

GLANZ

Viele Mineralien zeigen einen charakteristischen Glanz, der durch das an der Oberfläche reflektierte Licht entsteht und der vom Brechungsindex des Minerals sowie von dessen Oberflächenbeschaffenheit abhängt. Die Farbe des Kristalls ist für dessen Glanz jedoch nicht von Bedeutung.
Bei undurchsichtigen Erzmineralien, wie z. B. Pyrit oder Bleiglanz, tritt in der Regel Metallglanz auf. Daneben unterscheidet man Mineralien mit submetallischem (oder halbmetallischem) sowie solche mit nichtmetallischem Glanz; Letztere lassen sich den folgenden Kategorien zuordnen:
Diamantglanz, Glasglanz, Fett- bzw. Wachsglanz, Seiden- bzw. Perlmuttglanz.
Mineralien ohne Glanz werden als matt bezeichnet. Der Glanz eines Minerals hängt auch von der Struktur des jeweiligen Aggregats ab; so zeigen etwa faserige Aggregate, wie jene des Amiants, häufig Seidenglanz, während in dünnen Schichten auftretende Mineralien oft Perlmuttglanz aufweisen.

TRANSPARENZ

Unter Transparenz bzw. Durchsichtigkeit versteht man die Lichtdurchlässigkeit eines Materials. Die Mineralien lassen sich in durchsichtige, durchscheinende und undurchsichtige (opake) Vertreter unterteilen. Durchsichtig sind vor allem der

Großteil der farblosen Mineralien, wie z. B. Bergkristall, Steinsalz oder der Topas. Der Grad der Durchsichtigkeit hängt auch davon ab, in welcher Erscheinungsform ein Mineral auftritt: so sind etwa feinkörnige Aggregate von Gips oder Glimmer stets undurchsichtig, obwohl einzelne Kristalle des Minerals sehr wohl durchsichtig sind; Ursache dafür ist die Lichtbrechung an den vielen Grenzflächen im Inneren des Aggregats, die so oft erfolgt, bis das Licht vollständig reflektiert oder absorbiert ist.

BRECHUNGSINDEX

Der Brechungsindex stellt eine wichtige optische Konstante eines jeden Minerals dar. Beim Durchgang eines Lichtstrahls durch einen anisotropen Kristall wird dieser gebrochen und in zwei Teile zerlegt. Dieses Phänomen der Doppelbrechung tritt bei allen lichtdurchlässigen, nicht kubischen Mineralien mehr oder weniger stark auf; besonders deutlich ist es beim Calcit zu erkennen, der deshalb auch den Namen Doppelspat trägt.

LUMINESZENZ

Gewisse Mineralien, wie z. B. Scheelit und Willemit, zeigen unter ultraviolettem Licht ein charakteristisches Leuchten. Ein weiteres Beispiel für dieses Phänomen ist der Fluorit, nach dem die Lumineszenz im ultravioletten Licht (= Fluoreszenz) auch benannt wurde. Weitere Formen der Lumineszenz sind die Thermolumineszenz, bei der das Leuchten durch Erwärmung des Minerals verursacht wird, sowie die Tribolumineszenz, bei der Reiben oder Schlagbeanspruchung ein Leuchten bewirken.
Anhand dieser Lumineszenz lässt sich die Identität einiger Mineralien zweifelsfrei nachweisen.

WÄRMELEITFÄHIGKEIT

Nimmt man ein Stück Bernstein sowie ein Stück Kupfer in die Hand, so wird einem Letzteres als kälter erscheinen; Ursache dafür ist die unterschiedliche Wärmeleitfähigkeit der beiden Mineralien. Auf diese Weise vermag ein Juwelier z. B. einen echten Edelstein von einer Fälschung zu unterscheiden, indem er den Stein an die Wange legt, wo die Haut besonders wärmeempfindlich ist.
Weitere Unterscheidungsmöglichkeiten, die wir hier ebenfalls erwähnen möchten, eröffnen sich beispielsweise durch Berührung: so fühlen sich etwa Grafit und Talk glatt an, während Gips und Kaolin eher trocken und rau sind. Wasserlösliche Mineralien, wie z. B. Steinsalz, Sylvin oder Epsomit, weisen einen charakteristischen salzigen bis bitteren Geschmack auf. Andere Mineralien wiederum, wie z. B. Schwefel, Arsenopyrit oder Fluorit, zeichnen sich durch einen charakteristischen Geruch aus, der besonders dann frei wird, wenn ein Stück des Minerals abbricht.

MAGNETISMUS

Mit Hilfe eines starken Magneten kann man Bruchstücke (oder Pulver) bestimmter Mineralien mit hohem Eisengehalt von ähnlichen Mineralien trennen. Mineralien wie Magnetit und Pyrrhotin (Magnetkies) verfügen über einen relativ starken natürlichen Magnetismus. Andere Mineralien wiederum, wie z. B. der Hämatit, nehmen durch Erhitzen gewisse magnetische Eigenschaften an.

CHEMISCHE EIGENSCHAFTEN

Die Bestimmung von Mineralien aufgrund ihrer chemischen Eigenschaften verlangt neben speziellen Gerätschaften eine profunde Kenntnis chemischer Zusammenhänge.
Doch gibt es z. B. für die Gruppe der Carbonate eine recht sichere Methode des Nachweises, die auch der Laie anwenden kann. Diese Methode beruht auf der Löslichkeit der Carbonate in Salzsäure.
Auf diese Weise lässt sich etwa ein Exemplar des Calcits zweifelsfrei vom gleichfarbigen Gips unterscheiden: Man gibt einen Tropfen Salzsäure auf beide Proben, wobei der Gips keinerlei Wirkung zeigt, während der Calcit sich unter heftigem Schäumen auflöst.

Die chemischen Elemente

Chem. Zeichen	*Element*	*Chem. Zeichen*	*Element*
Ac	Actinium	Mn	Mangan
Ag	Silber (Argentum)	Mo	Molybdän
Al	Aluminium	Mv	Mendelevium
Am	Americium	N	Stickstoff
Ar	Argon	Na	Natrium
As	Arsen	Nb	Niob
At	Astat	Nd	Neodym
Au	Gold (Aurum)	Ne	Neon
B	Bor	Ni	Nickel
Ba	Barium	No	Nobelium
Be	Beryllium	Np	Neptunium
Bi	Wismut (Bismut)	O	Sauerstoff
Bk	Berkelium	Os	Osmium
Br	Brom	P	Phosphor
C	Kohlenstoff	Pa	Protactinium
Ca	Calcium	Pb	Blei (Plumbum)
Cd	Cadmium	Pd	Palladium
Ce	Cer	Pm	Promethium
Cf	Californium	Po	Polonium
Cl	Chlor	Pr	Praseodym
Cm	Curium	Pt	Platin
Co	Kobalt	Pu	Plutonium
Cr	Chrom	Ra	Radium
Cs	Caesium	Rb	Rubidium
Cu	Kupfer (Cuprum)	Re	Rhenium
Dy	Dysprosium	Rh	Rhodium
Er	Erbium	Rn	Radon
Es	Einsteinium	Ru	Ruthenium
Eu	Europium	S	Schwefel
F	Fluor	Sb	Antimon (Stibium)
Fe	Eisen (Ferrum)	Sc	Scandium
Fm	Fermium	Se	Selen
Fr	Francium	Si	Silizium
Ga	Gallium	Sm	Samarium
Gd	Gadolinium	Sn	Zinn (Stannum)
Ge	Germanium	Sr	Strontium
H	Wasserstoff	Ta	Tantal
He	Helium	Tb	Terbium
Hf	Hafnium	Tc	Technetium
Hg	Quecksilber (Hydrargyrum)	Te	Tellur
		Th	Thorium
Ho	Holmium	Ti	Titan
In	Indium	Tl	Thallium
Ir	Iridium	Tm	Thulium
J	Jod	U	Uran
K	Kalium	V	Vanadium
Kr	Krypton	W	Wolfram
La	Lanthan	Xe	Xenon
Li	Lithium	Y	Yttrium
Lu	Lutetium	Yb	Ytterbium
Lw	Lawrencium	Zn	Zink
Mg	Magnesium	Zr	Zirkonium

Diese Tafel zählt die einzelnen Elemente mit ihren chemischen Zeichen auf, welche sich auch in den chemischen Formeln der Mineralien wiederfinden.

Bestimmung von Mineralien

Mit den geschilderten Methoden ist eine eindeutige Bestimmung manchmal nicht möglich. Dazu wären eingehende chemische Analysen notwendig, wofür man ein eigenes Labor benötigen würde.
Für den Liebhaber und Sammler besteht jedoch die Möglichkeit, anhand einiger besonders wichtiger Eigenschaften - sei es physikalischer, optischer oder morphologischer Natur - in vielen Fällen doch noch zu einer zweifelsfreien Bestimmung seiner Mineralien zu kommen. Indem man nämlich eine Möglichkeit nach der anderen eliminiert, lässt sich zumeist auch ohne teure Gerätschaften ermitteln, welches Mineral man vor sich hat.

BESTIMMUNGSVERFAHREN
Als Ausgangsmaterial verwenden wir ein Probierstück des Minerals, das wir eventuell von einem größeren Exemplar abtrennen. Dieses untersuchen wir nun eingehend und notieren uns am besten alle Eigenschaften, die wir mit freiem Auge bzw. mit Hilfe einer Lupe erkennen. Das schriftliche Festhalten unserer Beobachtungen kann insofern von Vorteil sein, als wir vielleicht nicht sofort zu einem eindeutigen Ergebnis gelangen und deshalb manche der Eigenschaften noch einmal näher untersuchen müssen.
Wir richten unsere Aufmerksamkeit zunächst ganz auf die äußere Form bzw. das Erscheinungsbild des Minerals sowie auf die Anordnung der Kristalle, falls es sich um ein polykristallines Gefüge handelt; wir notieren weiters eventuelle Zwillingsbildungen und versuchen die Symmetrieelemente aufzufinden. Danach wenden wir uns der Bestimmung der Farbe zu, wobei in jedem Fall die Eigenfarbe mit Hilfe einer Strichprobe ermittelt werden sollte.
Die Bestimmung des Glanzes sowie des Durchsichtigkeitsgrades dürfte in manchen Fällen nicht ganz einfach sein, weshalb wir zur Sicherheit auch zwei oder mehrere Möglichkeiten notieren können.
Mit Hilfe der bereits erwähnten einfachen Methode stellen wir nun annähernd die Härte des Minerals fest, wobei wir in einem zweiten Schritt versuchen, es so genau wie möglich auf der Härteskala einzuordnen.
Als Nächstes richten wir unsere Aufmerksamkeit auf die mögliche Spaltbarkeit des Minerals und machen uns gegebenenfalls Notizen über das Aussehen der Spaltflächen.
Wir untersuchen aber auch die Art des Bruchs, die Größe der Bruchstücke sowie die Biegsamkeit bzw. Elastizität des Minerals. Schließlich versuchen wir auch das spezifische Gewicht zu schätzen. Anhand eines kleinen Bruchstücks überprüfen wir nun, ob das Mineral in Wasser oder verdünnter Salzsäure löslich ist. Zuletzt versuchen wir die Mineralien zu bestimmen, mit denen das gesuchte Mineral gemeinsam auftritt. Die Kenntnis dieser Gemeinschaft von ähnlich entstandenen Mineralien, Paragenese genannt, kann die Bestimmung eines Minerals erheblich erleichtern.

MINERALIENBESTIMMUNG ANHAND EINIGER BEISPIELE
Angenommen, wir haben unsere Untersuchungen so gut wie abgeschlossen, sind uns aber über den einen oder anderen Punkt noch im Unklaren - wie wir uns in einem solchen Fall behelfen können, das wollen wir anhand folgender Beispiele zeigen:
Wir wissen z. B., dass die körnigen Aggregate des Magnetits jenen des Chromits sehr ähnlich sind; in diesem Fall kommt uns die unterschiedliche Strichfarbe der beiden Mineralien zustatten, die beim Magnetit Schwarz, beim Chromit aber Braun ist. Außerdem verursacht der Magnetit eine Ablenkung der Magnetnadel eines Kompasses, was beim Chromit nicht der Fall ist.
Ein weiteres Beispiel ist die Ähnlichkeit von Pyritaggregaten, die keine gut ausgebildeten Kristalle aufweisen, mit dem Chalkopyrit. In diesem Fall sind auch die Strichfarben ähnlich; was uns jedoch hilft, ist die unterschiedliche Härte der beiden Mineralien, nämlich 6 beim Pyrit und 4,5 beim Chalkopyrit.

Sphalerit und Kassiterit sind beide schwarz und zeigen submetallischen Glanz; auch in diesem Fall gelingt uns die Bestimmung durch die Überprüfung der Härte: Während der Sphalerit Härte 3,5 aufweist, liegt der Wert des Kassiterits bei 6,5. Außerdem wird der Sphalerit oft von anderen Sulfiden begleitet, während der Kassiterit eher in Gesellschaft von Quarz und Glimmer anzutreffen ist.
Fluorit, Amethyst und Apatit sind durch die Form ihrer Kristalle gut voneinander zu unterscheiden. Treten sie jedoch in körnigen Aggregaten auf, so fehlt dieses Unterscheidungsmerkmal; noch dazu zeigen sie alle einen ähnlichen violetten Farbton. Auch in diesem Fall gibt es jedoch entscheidende Merkmale: So ist z. B. der Amethyst das härteste der drei Mineralien (er lässt sich mit dem Taschenmesser nicht ritzen) und zeigt darüber hinaus keinerlei Spaltbarkeit. Der Fluorit hingegen zeichnet sich durch eine vollkommene Spaltbarkeit aus und ist überdies an seiner Fluoreszenz zu erkennen. Der Apatit wiederum ist etwas härter als der Fluorit und weist außerdem eine unvollkommene Spaltbarkeit auf.
Augit, Hornblende und Turmalin treten oft in ähnlich geformten länglichen Prismen von schwarzer Farbe auf. Den Turmalin erkennt man vor allem an seiner fehlenden Spaltbarkeit sowie an der typischen Streifung auf den Prismenflächen; außerdem tritt er zumeist in Gesteinen mit hohem Kieselsäuregehalt, d. h. in sauren Gesteinen, auf.
Im Gegensatz dazu sind Augit und Hornblende in basischen Gesteinen anzutreffen; diese beiden Mineralien wiederum unterscheiden sich durch ihre unterschiedliche Spaltbarkeit: Während der Augit einigermaßen gut in zwei Richtungen spaltbar ist, wobei die Spaltflächen einen nahezu rechten Winkel bilden, zeichnet sich die Hornblende durch eine vollkommene Spaltbarkeit aus; in diesem Fall bilden die Spaltflächen einen Winkel von 125°.
Feldspat, Calcit, Baryt und Gips treten oft in weißlicher Farbe auf und sind einander auch durch ihre vollkommene Spaltbarkeit sehr ähnlich. Der Gips ist nun leicht daran zu erkennen, dass er mit dem Fingernagel geritzt werden kann. Die Feldspatmineralien wiederum zeichnet aus, dass sie nicht einmal mit dem Taschenmesser geritzt werden können.
Baryt und Calcit wiederum sind von gleicher Härte, unterscheiden sich aber durch ihr Gewicht, wobei der Baryt das deutlich schwerere Mineral ist. Charakteristisch für den Calcit ist außerdem, dass er sich unter heftigem Schäumen in Salzsäure auflöst.

Der Weg zur Mineraliensammlung

Am meisten Freude wird man mit seiner Sammlung dann haben, wenn man von Anfang an eine gewisse Ordnung walten lässt und seine Stücke mit Sorgfalt und Umsicht aufbewahrt und pflegt.
Vor allem sollte die eigentliche Sammlung getrennt von all jenen Exemplaren aufbewahrt werden, die doppelt oder mehrfach vorhanden sind oder die noch nicht genau bestimmt sind. Der Schrank, der zur Aufbewahrung dient, sollte im wesentlichen aus zwei Teilen bestehen, die übereinander liegen.
Die untere Hälfte wird von einem Kasten gebildet, der dem persönlichen Geschmack des Sammlers, aber auch der Größe der zu sammelnden Stücke entsprechen sollte.
Der obere Teil des Schranks sollte in einer Art Schaukasten bestehen, der in mehrere Fächer unterteilt ist; auch eine Beleuchtungsmöglichkeit sollte nicht fehlen. In diesem Schaukasten werden wir die herausragenden Stücke der Sammlung unterbringen.
Um unsere Sammlung von Anfang an geordnet zu halten, schneiden wir aus weißem Papier kleine Rechtecke zurecht, die wir mit Nummern versehen und anschließend auf die einzelnen Stücke der Sammlung kleben. Nun gehen wir daran, jedes der Mineralien in einem Heft zu verzeichnen; dazu unterteilen wir zunächst jede Seite in sieben Spalten, die folgenden Eintragungen gewidmet sind: Nummer, Datum der Eintragung, Name und Beschreibung, Fundort, Art

Gut ausgebildete Kristalle treten stets in einem bestimmten Muttergestein auf: hier zwei prächtige Exemplare von Phosgenit (oben) bzw. schwarzem Turmalin und Orthoklas (darunter).

Das Bild oben zeigt gut ausgebildete Granatkristalle an ihrem Muttergestein. Darunter sind Kristalle von Annabergit zu sehen, die eine ehemalige Höhlung im Gestein, eine sogenannte Geode, teilweise ausfüllen.

der Beschaffung, ergänzende Bemerkungen, Beobachtungen und Veränderungen.
Es wäre von Vorteil, sich eine kleine Arbeitsecke zu schaffen, wo man die Mineralien gegebenenfalls in die richtige Form bringen und reinigen kann. Auch einiges Werkzeug ist vonnöten, vor allem Flach- und Beißzange, ein nicht zu großer Hammer, ein Meißel sowie ein fester Holzklotz, auf dem man größere Exemplare zurechthauen kann.
Besonders gezielt können die Sammelstücke mit Hilfe einer speziellen Steinpresse in Form gebracht werden, die wie eine Art Schraubstock funktioniert, wodurch das Mineral weniger erschüttert wird als durch einen Hammerschlag.
Unter Umständen wird auch ein einfacher Schraubstock diesen Zweck erfüllen. In besonders heiklen Fällen muss zum Entfernen von Nebengestein eine elektrisch betriebene Säge mit diamantbesetzter Stahlscheibe verwendet werden, wie sie im Fachhandel erhältlich ist.

Was die Reinigung betrifft, so lässt sich mit Hilfe von Pinsel, Holzstäbchen oder dünnen Nadeln der Schmutz auch aus feinen Fugen entfernen. Zwei weitere nützliche Hilfsmittel zur Reinigung sind eine Spritzpistole, um auch verborgene Höhlungen im Mineral zu erreichen, sowie ein Ultraschallreinigungsgerät, mit dem Flecken und Überkrustungen entfernt werden können. Weniger einfach steht die Sache mit den Chemikalien, die oftmals dazu verwendet werden, um Teile eines Minerals zu Tage zu fördern, die von einem anderen Mineral überdeckt sind. Solche Lösungsmittel, mit denen unerwünschtes Material entfernt werden kann, mögen sich zwar in manchen Fällen als durchaus nützlich erweisen, ihre Anwendung sollte man jedoch dem Fachmann überlassen, der auch über die geeigneten, gut durchlüfteten Räumlichkeiten verfügt.
Man sollte sich jedoch darüber im Klaren sein, dass eine intensive Anwendung solcher chemischer Mittel dem Mineral ein etwas unnatürliches Aussehen verleihen kann, d. h., die Farben werden unter Umständen bleich und die Kanten abgerundet.
Da besonders interessante Mineralien - wie gesagt - oft unter Schichten eines anderen Minerals, wie z. B. Calcit, liegen können oder manchmal völlig im Gestein verborgen sind, ist es ohne den Einsatz entsprechender Hilfsmittel oft unmöglich, die Formen des Minerals freizulegen.
Sehr oft passt auch die Größe der Gesteinsmatrix, auf der das betreffende Mineral ruht, nicht zum Mineral selbst; auch hier wird man das Gestein mit Hammer und Meißel oder Steinpresse bzw. Schraubstock auf die richtigen Proportionen bringen.
Besonders mühsam ist die Arbeit dann, wenn ein Mineral völlig von einem anderen, weniger interessanten umgeben ist, wie dies z. B. beim Aquamarin der Fall ist, dessen leuchtend blaue Kristalle nicht selten von Quarz oder Feldspat bedeckt sind.
In diesem Fall gilt es besonders geduldig vorzugehen und den verborgenen Kristall Stück für Stück freizulegen, wobei wiederum alle zur Verfügung stehenden Werkzeuge angewendet werden können.

Besondere Aufmerksamkeit sollte man aber auch jenen Substanzen widmen, die sich nach dem Einordnen des Minerals in die Sammlung auf diesem ablagern können. Da besonders bei feinen, faserigen bzw. spröden Exemplaren die Reinigung äußerst problematisch ist, kommt auch der Vorbeugung große Bedeutung zu. Welches nun die größten »Feinde« Ihrer Sammlung sind und wie man ihnen zu Leibe rückt, damit wollen wir uns im Folgenden auseinandersetzen.
Anschließend wollen wir für jede der Mineraliengruppen erläutern, worauf besonders zu achten ist.

Staub: Hier kann man statt Pinsel und Bürsten auch Druckluft zur Reinigung einsetzen. Wenn der Staub mit Schmutz vermischt ist, kann man das Mineral - falls seine chemische Zusammensetzung es zulässt - in fließendes Wasser tauchen. Wenn das Mineral nicht spröde ist, kann man auch ein Ultraschallreinigungsgerät mit Wasser und ein paar Tropfen Geschirrspülmittel verwenden.

Oxidation und Feuchtigkeit: Jene Mineralien, die oxidationsanfällig sind bzw. denen Feuchtigkeit schadet, wie z. B. die Sulfide, sollten an einem möglichst trockenen Ort aufbewahrt werden; möglich ist auch, sie in gut verschlossene Schachteln zu legen, wo sie mit Substanzen verwahrt werden, die die Feuchtigkeit aufnehmen. Beim Entfernen von eventuell entstandenem Belag oder Überkrustungen sollte man stets die chemische Zusammensetzung des Minerals vor Augen haben, um dieses nicht zu beschädigen.

Wasserverlust: Einige wasserhältige Mineralien, wie etwa der Laumontit, werden an der Luft durch Wasserverlust trüb, matt und zerbröckeln schließlich. Solche Mineralien sollten an einem möglichst feuchten Ort aufbewahrt werden

oder regelrecht in Wasser eingetaucht ruhen. In manchen Fällen kann man sich so behelfen, dass man das Mineral, gleich nachdem man es gefunden hat, mit einem farblosen Lacküberzug versieht.

Lichteinwirkung: Manche Mineralien, wie etwa Proustit, werden unter Lichteinwirkung etwas dunkler. Der rot gefärbte Realgar zerfällt im Licht zu orangegelbem pulverigem Auripigment. In diesem Fall ist das einzig wirksame Mittel, die Mineralien lichtgeschützt aufzubewahren.
Im Folgenden sollen die für jede Mineralienklasse besonders geeigneten Reinigungsmethoden erläutert werden:

Gediegene Elemente: Zu dieser Gruppe gehören beispielsweise Kupfer und Silber; in beiden Fällen sollte die Reinigung nicht mit Wasser, sondern mit Alkohol erfolgen. Die im Handel erhältlichen Produkte zur Reinigung dieser Mineralien sind nur auf den glatten Flächen des betreffenden Exemplars anzuwenden.

Sulfide: Typische Beispiele dieser Gruppe sind Pyrit und Markasit, die - an feuchten Orten aufbewahrt - Schwefelsäure produzieren, welche die Holzunterlage sowie benachbarte Mineralien beschädigen bzw. zerstören kann. Beim Sphalerit ist zu beachten, dass er sich mit einem weißen Belag aus Zinksulfat überziehen kann, welcher mit Alkohol entfernt werden kann.

Halogenide: Manche von ihnen, wie z. B. Steinsalz, sind in Wasser löslich - eine Eigenschaft, die etwa dem Fluorit gänzlich fehlt. Aufgrund ihrer leichten Spaltbarkeit sollte man bei Mineralien dieser Klasse auf eine Ultraschallreinigung verzichten.

Oxide: Eisenoxide, wie z. B. Magnetit, vertragen keine Feuchtigkeit - es würde sich an der Oberfläche Rost bilden, der ohne chemische Hilfsmittel nur sehr schwer wieder zu entfernen ist. Andere Vertreter dieser Klasse, wie etwa Korund, Quarz oder Chrysoberyll, machen in dieser Hinsicht keine besonderen Vorsichtsmaßnahmen nötig.

Carbonate: Calcit, Dolomit und Rhodochrosit lassen sich sehr gut reinigen, da sie lediglich in konzentrierten Säuren löslich sind. Die Calciumcarbonate Calcit und Aragonit dürfen nicht mit Substanzen in Berührung kommen, wie sie zur Beseitigung von Kalk in Waschmaschinen verwendet werden.

Sulfate: Jene Vertreter mit guter Spaltbarkeit, wie etwa Baryt und Coelestin, sollten nicht mit Ultraschall gereinigt werden. Zu beachten ist weiters, dass viele Sulfate in Wasser löslich sind; eine Ausnahme in dieser Hinsicht ist der Gips, dem jedoch Wärme schadet.

Phosphate: Keine Probleme hinsichtlich der Reinigung gibt es beim Apatit. Die blaue Farbe des Türkis, die sich oft ins Grünliche verändert, kann mit Hilfe von Wasserstoffsuperoxid wieder aufgefrischt werden.

Silikate: Da die Vertreter dieser Klasse nicht in Wasser löslich sind, gibt es hinsichtlich der Reinigung keine besonderen Einschränkungen. Lediglich beim Topas sowie bei den Feldspatmineralien ist zu bemerken, dass die Ultraschallreinigung aufgrund der leichten Spaltbarkeit nicht ratsam ist.

Das Bild auf der folgenden Seite zeigt ein schönes Exemplar eines Granatkristalls sowie das Glimmermineral Muskovit (an der blätterigen Struktur erkennbar) in Pegmatitgestein.

Die Mineralien

Gediegene Elemente

Einige wenige Elemente kommen in der Natur auch chemisch ungebunden, also im gediegenen Zustand, vor. Es handelt sich dabei großteils um Metalle, die jedoch ebenso wie alle übrigen Elemente wesentlich häufiger in Form chemischer Verbindungen vorkommen; aus diesen können die betreffenden Elemente isoliert und gewonnen werden, um entweder wirtschaftlich genutzt zu werden (Erze) oder - dort, wo die Gewinnung eher mühsam erfolgt - rein wissenschaftlichen Zwecken zu dienen. Ursache für das ungebundene Auftreten der gediegenen Elemente ist entweder ihre geringe Neigung, sich mit anderen Elementen zu verbinden, wie dies etwa bei den Edelmetallen Gold und Platin der Fall ist, oder ihr Vorkommen in einer sauerstoffarmen Umgebung, welche die Neigung, Verbindungen einzugehen, behindert.
Ein Sonderfall ist in dieser Hinsicht Eisen, das in gediegener Form als Meteoreisen auftreten kann.

Kupfer • Cu

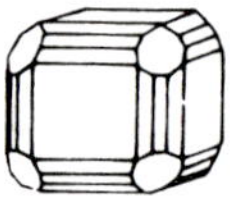

Dieses Element tritt für gewöhnlich in Form kompakter Massen von teilweise beachtlicher Größe auf; aber auch in drahtigen oder dendritisch verzweigten Aggregaten ist Kupfer zu finden. Die würfeligen oder oktaedrischen Kristalle sind jedoch nur selten anzutreffen. Gediegenes Kupfer tritt stets undurchsichtig auf; auf frischen Flächen zeigt das Mineral ausgeprägten Metallglanz und seine charakteristische kupferrote Farbe. Häufig trifft man Kupfer dunkel angelaufen oder mit Oxidationsrinden überzogen.

Besondere Merkmale: Man kann folgende Probe zur zweifelsfreien Bestimmung durchführen: Man löst das Kupfer in Salpetersäure auf und feuchtet einen Platindraht mit dieser Lösung an; hält man diesen nun in die Flamme, so zeigt sich eine grüne Flammenfärbung. Gibt man etwas Ammoniak hinzu, so verfärbt sie sich blau.

Entstehung: Gediegen-Kupferlagerstätten sind stets an ultrabasische Gesteine gebunden, die vor allem aus eisen- und magnesiumreichen Mineralien aufgebaut sind. Auch in Oxidationszonen von sulfidischen Erzlagerstätten ist gediegenes Kupfer gelegentlich anzutreffen.

Vorkommen und Verwendung: Gut ausgebildete Kristalle von gediegenem Kupfer wurden immer wieder in den USA gefunden. Nicht zuletzt sind auch in Deutschland Kupfervorkommen zu verzeichnen, etwa aus dem Siegerland, dem Odenwald und dem Sächsischen Erzgebirge.

Visitenkarte

Kristallsystem
kubisch

Härte
3,5 bis 4,5

Dichte
8,93

Spaltbarkeit
keine

Bruch
hakig

Farbe
kupferrot

Strichfarbe
kupferrot

Glanz
Metallglanz

Ag • Silber

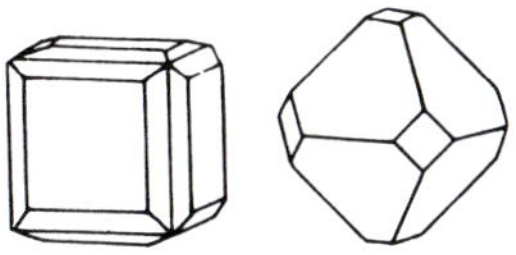

Die würfeligen oder oktaedrischen Kristalle des gediegenen Silbers sind nur sehr selten anzutreffen; bisweilen findet man sehr kleine Kriställchen zu schönen dendritisch verzweigten Gebilden verwachsen. Zumeist ist gediegenes Silber in draht- oder haarförmigen Aggregaten, den charakteristisch gewundenen »Silberlocken«, anzutreffen. Auch in Form von derben Massen oder Klumpen in unterschiedlicher Größe ist das Mineral zu finden. In der Natur trifft man Silber für gewöhnlich mit einem Überzug von Silbersulfid in gelbbraunen bis schwarzen Anlauffarben.

Besondere Merkmale: Neben seiner charakteristischen Farbe und Form ist gediegenes Silber auch an seiner Löslichkeit in Salpetersäure zu erkennen sowie an der Tatsache, dass es durch Schwefelwasserstoffdämpfe dunkler wird. Silber ist der beste Elektrizitäts- und Wärmeleiter.

Entstehung: Gediegenes Silber kann direkt durch Erstarrung im Magma abgelagert werden, oder aber sekundär aus verschiedenen silberhaltigen Mineralien, wie z. B. Argentit oder Bleiglanz, hervorgehen.

Vorkommen: Bedeutende Lagerstätten von Gediegen-Silber sind vor allem in Chile (Copiapó) und Mexiko (Batopilas und Guanajuato) zu finden. Kleinere Vorkommen sind auch in den USA (Montana, Idaho und Arizona) verzeichnet. In Cobalt City (Ontario, Kanada) wurde ein riesiger, 1,8 Tonnen schwerer Silberklumpen gefunden. In Deutschland sind Silbervorkommen dieser Art vor allem im Sächsischen Erzgebirge (Freiberg) sowie im Harz (Mansfeld) anzutreffen.

Verwendung: Silber fand und findet vor allem als Münzmetall sowie zur Herstellung von Geschirr und Kunstgegenständen sowie Schmuck Verwendung. Gewonnen wird das Edelmetall heute hauptsächlich als Nebenprodukt der Verhüttung von Blei- und Zinkerzen.

Visitenkarte

Kristallsystem
kubisch

Härte
2,5 bis 3

Dichte
9,6-12

Spaltbarkeit
keine

Bruch
hakig

Farbe
silberweiß

Strichfarbe
silberweiß

Glanz
Metallglanz

Die auf dieser Seite abgebildeten Exemplare, die auf Sardinien gefunden wurden, zeigen die typischen gekrümmten Formen des Silbers.

Gold • Au

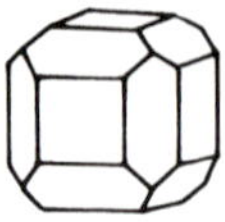

Die kleinen Goldkristalle in würfeliger, oktaedrischer oder rhombendodekaedrischer Form sind in der Natur nur äußerst selten anzutreffen. Für gewöhnlich tritt gediegenes Gold in Gestalt von Körnchen und Klümpchen, drahtförmigen Aggregaten oder derben Massen auf, wobei es fast ausschließlich in Form von Legierungen mit anderen Metallen zu finden ist.
Besondere Merkmale: Von den in Farbe und Glanz ähnlichen Mineralien Pyrit und Chalkopyrit unterscheidet sich Gold durch seine ungewöhnlich gute Formbarkeit. Von den goldglänzenden Glimmerblättchen, die man bisweilen in Sanden findet, lässt sich Gold dadurch unterscheiden, dass Glimmer gut spaltbar und außerdem sehr leicht ist. Gold ist in Säuren nicht löslich, wobei es eine Ausnahme gibt: das Königswasser, eine Mischung aus Salpetersäure und Salzsäure.
Entstehung: Auf primärer Lagerstätte tritt Gold zumeist in hydrothermalen Quarzgängen auf, wo es oft von Pyrit und Arsenopyrit begleitet wird. Auf sekundärer Lagerstätte tritt Gold in der Verwitterungszone goldhaltiger Mineralien auf; besonders bekannt sind aber die sogenannten Seifenlagerstätten, in denen Gold aufgrund seines hohen spezifischen Gewichts in feinen Blättchen oder Körnern (Nuggets) von Flüssen im Sand abgelagert wird.
Vorkommen und Verwendung: Die größten bekannten Goldvorkommen wurden wohl in Kalifornien (1848) und Australien (1851) entdeckt, wo bisweilen auch Nuggets von einigen Dutzend Kilogramm gefunden wurden. Berühmt wurden auch die Funde vom Klondike an der Grenze zwischen Kanada und Alaska gegen Ende des 19. Jahrhunderts. Die bedeutendsten Goldvorkommen unserer Tage liegen in Südafrika (Witwatersrand).
In früheren Zeiten wurde auch in den Alpen (»Tauerngold«) sowie im Fichtelgebirge Gold abgebaut, wo heute jedoch keine nennenswerten Vorkommen mehr zu finden sind.
Gold wird vor allem zur Herstellung von Schmuckgegenständen, als Münz- und Währungsmetall sowie industriell u. a. in der Zahntechnik eingesetzt.

Visitenkarte

Kristallsystem
kubisch

Härte
2,5 bis 3

Dichte
15,5 bis 19,3

Spaltbarkeit
keine

Bruch
hakig

Farbe
goldgelb

Strichfarbe
goldgelb

Glanz
Metallglanz

Dieses Exemplar von gediegenem Gold auf Quarz wurde im Aostatal (Italien) gefunden.

Hg • Quecksilber

Dieses unter gewöhnlichen Temperaturbedingungen flüssige Metall erstarrt bei ca. minus 39 °C zu einer silbrigen Masse. Natürlich vorkommendes gediegenes Quecksilber enthält oft auch kleine Anteile von Silber und Gold, mit denen es Legierungen bildet, welche als »Amalgame« bezeichnet werden. Quecksilber ist von charakteristischer zinnweißer Farbe, undurchsichtig und zeigt Metallglanz. Oft ist das Mineral in der Verwitterungszone von Zinnoberlagerstätten in Form kleiner Tröpfchen zu finden.
Besondere Merkmale: Durch seinen bei Zimmertemperatur flüssigen Aggregatszustand ist Quecksilber kaum mit einem anderen Mineral zu verwechseln.
Entstehung: Gediegenes Quecksilber geht großteils aus der Oxidation bzw. thermischen Dissoziation (durch starke Erwärmung) von Zinnober, einem Quecksilbersulfid, hervor. Bisweilen kommt das Metall auch vergesellschaftet mit seltenen Quecksilbermineralien vor, wie z. B. dem rotbraunen **Montroydit,** einem Quecksilberoxid, sowie den beiden Quecksilberchloriden **Kalomel** und **Eglestonit,** die in Form weißlich gelber Massen auftreten.

Vorkommen und Verwendung: Wichtige Quecksilberlagerstätten sind in Idrija (Slowenien), am Avala-Berg bei Belgrad (Serbien), in Almaden (Spanien), in der Toskana (Italien) sowie in den USA (Kalifornien) beheimatet; in Deutschland ist ein bedeutendes Quecksilbervorkommen in Landsberg bei Obermoschel in der Pfalz zu finden. Quecksilber wird in Technik und Medizin sowie zur Herstellung von Thermometern eingesetzt.

Visitenkarte

Kristallsystem
amorph
Härte
flüssig
Dichte
14,5 (fest)
Spaltbarkeit
keine
Bruch
keiner
Farbe
zinnweiß
Strichfarbe
keine
Glanz
Metallglanz

Pt • Platin

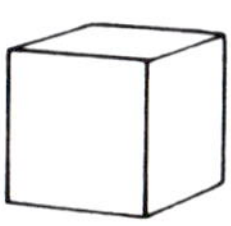

Gediegenes Platin tritt nur selten in reiner Form auf - zumeist enthält es noch bis zu 18% Eisen, außerdem Kupfer, Gold und andere metallische Elemente. Nur ganz selten sind gut ausgebildete Kristalle anzutreffen; zumeist kommt Platin in Form von kleinen Körnern bzw. von »Nuggets« vor, die in seltenen Fällen bis zu 9 kg wiegen können.
Besondere Merkmale: Platin ist nur in einer einzigen Säure löslich, und zwar in heißem Königswasser, einer Mischung aus Salzsäure und Salpetersäure.

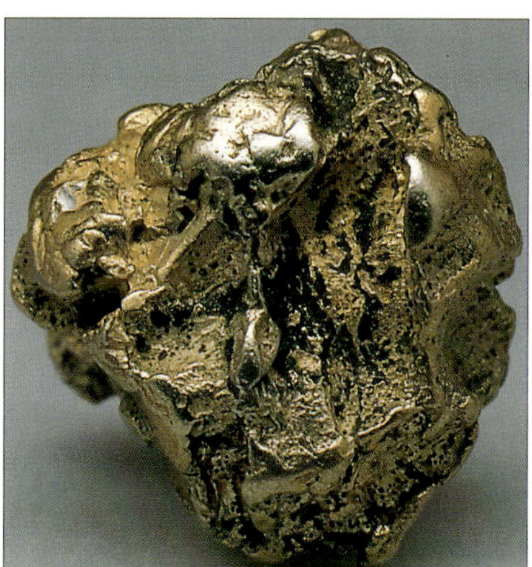

Entstehung: Platin kommt vorwiegend in basischen und ultrabasischen Tiefengesteinen vor, die reich an Olivin sind. Nach der Verwitterung solcher Gesteine reichert sich das Platin auf Grund seines hohen spezifischen Gewichts in den sogenannten Platinseifen an sekundärer Lagerstätte an.
Vorkommen und Verwendung: Große Platinlagerstätten liegen im Ural, wo das Metall seit dem Jahr 1822 abgebaut wird. Auch auf Borneo, in Äthiopien, Südafrika, Kanada, Kolumbien und Australien liegen große Vorkommen.
Platin wird vielfältig industriell genutzt (Katalysatoren, Schmuckmetall).

Visitenkarte

Kristallsystem
kubisch
Härte
4 bis 4,5
Dichte
21,4
Spaltbarkeit
keine
Bruch
uneben
Farbe
silbergrau
Strichfarbe
grau
Glanz
Metallglanz

Eisen • Fe

Visitenkarte

Kristallsystem
kubisch

Härte
4,5 bis 5

Dichte
7,3 bis 7,9

Spaltbarkeit
nach den Würfelflächen

Bruch
hakig

Farbe
stahlgrau

Strichfarbe
grau

Glanz
Metallglanz

Gediegenes Eisen ist äußerst selten und tritt kaum in Form gut ausgebildeter Kristalle auf, sondern eher in kleinen Massen von stahlgrauer Farbe; auch in Form von winzigen Aggregaten im Inneren anderer Mineralien kommt es bisweilen gediegen vor.

Besondere Merkmale: Eisen ist mit Hilfe eines Magneten leicht als solches zu identifizieren; außerdem ist es in Säuren gut löslich und oxidiert rasch an feuchter Luft.

Entstehung: Gediegenes Eisen ist in der Natur nur sehr selten anzutreffen; es kann durch eine Art natürlichen Hochofenprozess entstehen, bei dem das Eisenoxid basischer Magmen beim Durchtritt durch Kohlenflöze zu gediegenem Eisen reduziert wird. Etwas häufiger ist Eisen meteoritischen Ursprungs; in diesem Fall tritt es stets in Legierungen mit Nickel und Kobalt (in wechselnden Anteilen) auf. Ist der Eisenanteil größer als 93%, so spricht man vom **Kamacit.**

Vorkommen und Verwendung: Das bekannteste Vorkommen von gediegenem Eisen liegt auf der Insel Disko (Grönland). Unter den Funden in Deutschland sind vor allem jene von Bühl bei Kassel in Hessen zu nennen. Das Exemplar auf dem Bild rechts stammt von einem Meteoriten und wurde in Chile gefunden. Gediegenes Eisen ist wirtschaftlich nicht von Bedeutung.

Antimon • Sb

Visitenkarte

Kristallsystem
trigonal

Härte
3-3,5

Dichte
6,7

Spaltbarkeit
vollkommen

Bruch
uneben

Farbe
silberweiß

Strichfarbe
grau

Glanz
Metallglanz

Nur selten sind die kubischen oder tafeligen Kristalle sowie die blätterigen Aggregate des gediegenen Minerals in der Natur anzutreffen; zumeist präsentiert sich Antimon in körnigen Massen, Überkrustungen oder kleinen Klümpchen. Antimon ist von silberweißer Farbe und zeigt starken Metallglanz.

Besondere Merkmale: Antimon ist nicht sehr hart - es lässt sich mit dem Taschenmesser ritzen. Es ist in Säuren unlöslich und entwickelt unter Hitze weißen Rauch.

Entstehung: Gediegenes Antimon ist für gewöhnlich hydrothermalen Ursprungs, d. h., es entsteht aus den Restlösungen, die nach der Kristallisation von Granit und Pegmatit noch vorhanden sind. In den hydrothermalen Gängen tritt es oft mit Antimonit sowie mit Arsen- und Silbermineralien vergesellschaftet auf.

Vorkommen und Verwendung: In kleinen Mengen kommt das gediegene Mineral u. a. auf Borneo, in Kanada, den USA (Kalifornien), in Schweden (Sala), Portugal (Coimbra), aber auch in Deutschland (Andreasberg) vor.
Zu wirtschaftlichen Zwecken wird Antimon ausschließlich aus Antimon-Erzmineralien, vor allem Antimonit, gewonnen. Gediegenes Antimon ist lediglich für den Wissenschaftler sowie für Sammler von Interesse.

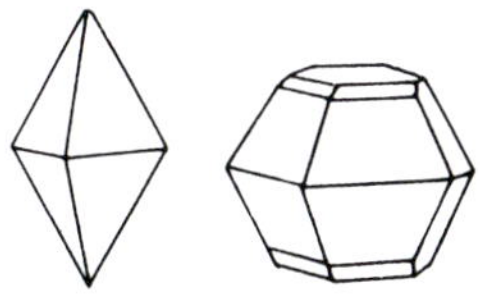

S • Schwefel

Beim Mineral Schwefel lässt sich das Phänomen der sogenannten Polymorphie oder Vielgestaltigkeit gut beobachten: bis 95 °C ist Schwefel als rhombischer Kristall stabil, bei höheren Temperaturen wandelt sich das Mineral zu monoklinem Schwefel um; ab einer Temperatur von 119 °C schmilzt es. In der Natur kommt Schwefel praktisch ausschließlich in rhombischer Form vor. Schwefelkristalle treten in Gestalt von schönen Doppelpyramiden auf, während Aggregate zumeist in körniger Form zu finden sind. Schwefel in reiner Form ist von typischer schwefelgelber Farbe - jedoch können Verunreinigungen durch Bitumen das Mineral auch nahezu schwarz verfärben.

Besondere Merkmale: Schwefel ist leicht und spröde; zudem ein schlechter Wärmeleiter, sodass bereits die Wärme der Hand genügt, um Brüche im inneren Gefüge eines Kristalls hervorzurufen. Das Mineral lädt sich durch Reiben elektrisch auf und zeichnet sich durch einen sehr niedrigen Schmelzpunkt aus. Beim Verbrennen entstehen giftige Schwefeldioxiddämpfe.

Entstehung: Schwefel kommt häufig in sedimentären Lagerstätten vor, wo sich das Mineral infolge Reduktion von Sulfaten wie z. B. Gips und Anhydrit durch spezielle Schwefelbakterien ablagert. Monokliner Schwefel bildet sich als Sublimat an Vulkanschloten.

Vorkommen und Verwendung: Bedeutende sedimentäre Schwefellagerstätten sind in Texas und Louisiana beheimatet, wo der Schwefel in den Gipshüten großer Salzstöcke unter undurchlässigen Tonschichten ruht. Aus solchen Lagerstätten kann der zumeist sehr reine Schwefel durch Ausschmelzen nach dem sogenannten »Frash-Verfahren« gewonnen werden; dabei wird durch Bohrlöcher überhitzter Wasserdampf in die Lagerstätte geblasen, worauf man den durch die Hitze geschmolzenen Schwefel in flüssiger Form zu Tage fördert. Weitaus schwieriger gestaltete sich die Schwefelgewinnung in den einstmals überaus bedeutenden Schwefelgruben Siziliens, wo der Schwefel sich in Wechsellagerung mit Inkohlungsschichten befindet. Dort wurde der manuell abgebaute Schwefel mühsam über Stollen ins Freie geschafft, um ihn dort in Schwefelöfen zu schmelzen. Wirtschaftlich bedeutende Schwefelvorkommen liegen heute noch in Japan und Indonesien. Die wirtschaftliche Bedeutung des Schwefels liegt in der Herstellung von Schwefelsäure und Düngemitteln sowie zum Vulkanisieren von Gummi.

Visitenkarte

Kristallsystem
rhombisch oder monoklin

Härte
2

Dichte
2 bis 2,1

Spaltbarkeit
unvollkommen

Bruch
muschelig

Farbe
schwefelgelb, braun

Strichfarbe
weiß

Glanz
Harz- bis Fettglanz

Im Bild links ein körniges Schwefelaggregat, eine sogenannte »Schwefelblume«. Oben ein schöner Schwefelkristall aus Agrigento.

Diamant • C

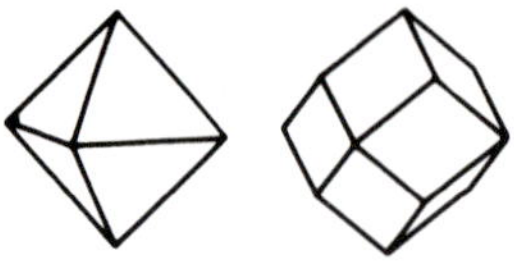

Diamant besteht aus reinem Kohlenstoff. Er ist das härteste Mineral, das wir kennen - und dennoch kann er durch einen gezielten Schlag im richtigen Winkel gespalten werden. Charakteristisch ist sein starker, unnachahmlicher, fast metallischer Glanz, nach dem der Begriff »Diamantglanz« geprägt wurde. Bei vielen Exemplaren ist unter UV-Licht eine gewisse Fluoreszenz zu erkennen. Die Kristalle treten zumeist als Oktaeder oder Hexakisoktaeder (48 Dreiecksflächen) auf, wobei die Kristallflächen oft leicht gekrümmt sind. Auf den Oktaederflächen sind bisweilen kleine dreieckige Figuren, die sogenannten **Trigone,** zu sehen. Durch Zwillingsbildung aus zwei Oktaedern können abgeplattete dreieckige Kristalle mit abgerundeten Kanten hervorgehen. Diamant ist farblos oder bläulich, bisweilen auch gelblich braun. Bei den beiden industriell genutzten Abarten **Carbonado** und **Bort** (kugelige, dichte Aggregate) ist die Transparenz nicht sehr ausgeprägt. Die Größe der Diamantkristalle reicht von einigen Millimetern bzw. wenigen Milligramm bis hin zu den beeindruckenden 621 Gramm (3106 Karat), die der berühmte **Cullinan-**Diamant aus Südafrika wog, ehe er geteilt und geschliffen wurde.

Besondere Merkmale: Hier ist zunächst das charakteristische »Feuer« zu nennen, d. h. jenes Farbenspiel, das durch die Dispersion des Lichts beim Durchgang durch den Diamanten verursacht wird; ein weiteres Charakteristikum ist die Härte dieses Minerals.

Entstehung: Gebildet wird der Diamant in einigen Hundert Kilometern Tiefe, im sogenannten Erdmantel. Zusammen mit einem olivinhaltigen Gestein namens Kimberlit (nach der südafrikanischen Stadt Kimberley) gelangen die vollkommen ausgebildeten Kristalle über vulkanische Gänge an die Erdoberfläche.

Vorkommen und Verwendung: Auf primärer Lagerstätte findet man Diamant in seinem Muttergestein Kimberlit. Auf Sekundärlagerstätten tritt das Mineral in Seifen angereichert auf. Die ältesten bekannten Lagerstätten waren in Indien beheimatet; danach wurden vor allem in Brasilien (1725) und Südafrika (1825) große Vorkommen entdeckt. Beachtliche Lagerstätten wurden außerdem in den Fünfzigerjahren in Sibirien sowie in den Siebzigerjahren in Australien gefunden.

Wegen seiner großen Härte wird das Mineral als sogenannter Industriediamant für Bohr-, Schneid- und Schleifgeräte verwendet. Berühmt ist der Diamant jedoch in erster Linie als sehr begehrter Edelstein, ein Verwendungszweck, für den nur ca. ein Viertel der weltweiten Diamantförderung wegen der hohen Qualitätsanforderung geeignet ist.

Visitenkarte

Kristallsystem
kubisch

Härte
10

Dichte
3,52

Spaltbarkeit
vollkommen

Bruch
muschelig

Farbe
farblos (verschiedene Fremdfarben)

Strichfarbe
weiß

Glanz
Diamantglanz

Rohdiamantkristall aus Alexander Bay (Namibia)

Diamanten mit Brillantschliff. Der Diamant ist nicht nur als Edelstein von großer Bedeutung, sondern findet auch in der Industrie, z. B. für Schneide- und Schleifgeräte, Verwendung.

DIAMANT ALS EDELSTEIN

Besonders wertvoll sind farblose (blauweiße oder top wesselton) Exemplare des Minerals, die keinerlei Verunreinigungen aufweisen. Von etwas geringerem Wert sind die bläulichen sowie die gelblichen oder braunen Kristalle. Schmuckdiamanten werden zunächst nach Größe und Form sortiert, ehe sie mittels Diamantscheiben geschliffen werden; beim Schleifen arbeitet man hauptsächlich in jenen Richtungen, die von geringerer Härte sind. Ist der Schliff gelungen, so bringt er das charakteristische »Feuer« besonders gut zur Geltung. Schlecht geschliffene Exemplare müssen jedoch noch einmal behandelt werden, was eine Gewichts- und folglich auch eine Wertminderung nach sich zieht.
Besonders wirkungsvoll bezüglich des Glanzes und des Feuers ist der sogenannte Brillantschliff, der sich die gute Spaltbarkeit parallel zu den Oktaederflächen zu Nutze macht; die Bezeichnung **Brillant,** die oft fälschlicherweise nur für Diamanten verwendet wird, wäre eigentlich nur für jene Exemplare gerechtfertigt, die mit dem typischen Rundschliff und 58 Facetten versehen sind. Beim Brillanten wird der Oberteil zum großen Teil von der waagrechten Tafel eingenommen, die von verschieden steilen Facetten umgeben ist. Den größten Umfang des Brillanten nennt man Rondiste, während der Unterteil, der rund zwei Drittel der Gesamthöhe des geschliffenen Diamanten einnimmt, auch als Körper bezeichnet wird. Neben dieser klassischen Schliffform sind noch eine Reihe anderer Formen üblich - z. B. Smaragdschliff, Dreiecks-, Oval-, Stern- und Pendeloque-Schliff.
Im Jahr 1905 wurde in Transvaal (Südafrika) ein Diamant von außergewöhnlicher Größe (3106 Karat) gefunden. Nach dem Besitzer der Mine T. V. Cullinan wurde der Stein **Cullinan**-Diamant genannt. Aus diesem Prachtexemplar wurden 36 Edelsteine angefertigt, darunter der **Stern von Afrika** (530 Karat), der Teil des britischen Kronschatzes ist, sowie der **Cullinan II** (317 Karat). Weitere berühmte, bisweilen auch sagenumwobene Diamanten sind u. a. der blaue **Hope**-Diamant (45 Karat), der in der Smithsonian Institution in Washington aufbewahrt wird und der als Unglücksstein gilt, weiters der grüne **Dresden**-Diamant (41 Karat), der **Regent** (137 Karat) sowie der **Sancy** (55 Karat), die einst im Besitz Ludwigs XIV. waren und nun im Louvre in Paris zu bewundern sind, sowie nicht zuletzt der **Koh-i-Noor** (108 Karat), heute im britischen Kronschatz im Tower in London.

Grafit • C

Wie der Diamant besteht auch der Grafit aus reinem Kohlenstoff. Gut ausgebildete Grafitkristalle sind nur sehr selten anzutreffen; zumeist kommt dieses Mineral in schuppig blätterigen bis dichten Aggregaten von grauschwarzer Farbe vor, die ausgezeichnet spaltbar sind; diese Eigenschaft ist durch die typische Kristallstruktur des Minerals begründet, dessen Atome in Netzebenen angeordnet sind, welche ihrerseits in Schichten übereinander gelagert sind. Die Spaltbarkeit wird dadurch begünstigt, dass die Bindungskräfte innerhalb einer Schicht weitaus stärker sind als zwischen den einzelnen Schichten.

Besondere Merkmale: Charakteristisch sind die dunkelgraue bis schwarze Farbe des Minerals, seine Weichheit und seine außerordentlich gute Spaltbarkeit. Typisch für den Grafit ist auch die Eigenheit, auf Papier eine deutliche Strichspur zu hinterlassen, worauf auch der Name des Minerals anspielt, der sich vom griechischen *graphein* (schreiben) herleitet.

Entstehung: Grafit geht hauptsächlich aus einer bestimmten Form der Gesteinsmetamorphose hervor - er bildet sich als Endprodukt der Umwandlung organischer Substanzen im Zuge der sogenannten Inkohlung. Daneben ist aber auch die magmatische Entstehungsweise des Minerals zu nennen, da Grafit auch in Pegmatiten und hydrothermalen Gängen anzutreffen ist.

Vorkommen: Wirtschaftlich bedeutende Vorkommen befinden sich in Sri Lanka, auf Madagaskar, in Russland, den USA, Kanada, Mexiko und Südkorea; in Deutschland sind vor allem die Lagerstätten von Kropfmühl und Pfaffenreuth im Bayerischen Wald zu nennen. Prächtige Kristalle stammen aus Sterling Hill, New Jersey (USA).

Verwendung: Industriell genutzt wird Grafit vor allem zur Herstellung von Bleistiftminen, Grafitelektroden, Schmelztiegeln sowie von Schmier- und Poliermitteln.

Visitenkarte

Kristallsystem
hexagonal

Härte
1 bis 2

Dichte
2,09-2,26

Spaltbarkeit
vollkommen

Bruch
uneben

Farbe
dunkelgrau bis schwarz

Strichfarbe
dunkelgrau

Glanz
halbmetallisch

Sulfide

Die zweite Klasse des Mineralsystems wird von den Sulfiden gebildet; dazu zählt man aber auch einige verwandte Gruppen, und zwar die Selenide, Telluride, Arsenide, Antimonide und Bismutide. Es handelt sich bei den Mineralien dieser Klasse um Verbindungen von Metallen mit Elementen wie Schwefel, Selen oder Tellur, die vorwiegend nichtmetallische Eigenschaften besitzen, oder aber mit Halbmetallen wie Arsen, Antimon und Wismut. Die letzteren Elemente können mit den eigentlichen Metallen legierungsähnliche Verbindungen bilden.

Heute zählt man zu dieser Klasse ca. 400 Mineralarten, von denen viele nur in sehr geringen Mengen vorkommen und von rein wissenschaftlichem Interesse sind. Einige Vertreter dieser Gruppe sind jedoch auch wirtschaftlich gesehen von großer Bedeutung; manche Sulfide stellen den wichtigsten, bisweilen sogar den einzigen Rohstoff für die Gewinnung bestimmter Elemente dar, die für die Industrie äußerst wertvoll sind. Metalle wie Kupfer, Blei, Zink, Quecksilber, Molybdän, Silber sowie viele seltene Elemente wie Tellur, Selen, Germanium oder Iridium werden hauptsächlich aus Sulfiden gewonnen.

Ag_3Sb • Dyskrasit

Dyskrasit oder **Antimonsilber** bildet Kristalle, die durch Zwillingsbildung die Gestalt von Doppelpyramiden aufweisen. Für gewöhnlich findet man das Mineral jedoch in Form derber Massen oder als körnige Aggregate von silberweißer Farbe, wobei frische Bruchflächen rasch dunkelgrau bis goldbraun anlaufen. Dyskrasit weist auch eine gewisse Spaltbarkeit auf.

Entstehung: Dyskrasit ist oft mikroskopisch fein mit Bleiglanz verwachsen und tritt zusammen mit verschiedenen Silber- und Arsenmineralien in hydrothermalen Gängen auf.

Vorkommen: In Deutschland sind einige bedeutende Lagerstätten von Dyskrasit beheimatet, insbesondere St. Andreasberg im Harz sowie Wolfach im Schwarzwald, wo das Mineral zusammen mit Bleiglanz und Argentit auftritt. Weitere wichtige Fundorte sind Markirch im Elsass, Kongsberg in Norwegen, Broken Hill in Australien und Cobalt in Ontario (Kanada).

Verwendung: Dyskrasit ist für die Silbergewinnung von Bedeutung.

Visitenkarte

Kristallsystem
rhombisch

Härte
3,5 bis 4

Dichte
9,4 bis 10

Spaltbarkeit
unvollkommen

Farbe
silberweiß

Glanz
Metallglanz

Dyskrasit aus St. Andreasberg im Harz (Deutschland).

Chalkosin (Kupferglanz) • Cu_2S

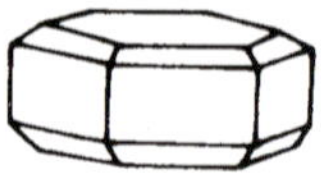

Visitenkarte

Kristallsystem
rhombisch
Härte
2,5 bis 3
Dichte
5,5 bis 5,8
Spaltbarkeit
unvollkommen
Bruch
muschelig
Farbe
dunkelgrau
Strichfarbe
dunkelgrau
Glanz
Metallglanz

Chalkosin oder **Kupferglanz** tritt oft in schönen verzwillingten Kristallen von pseudohexagonaler Gestalt auf, ist aber auch in prismatischen oder tafeligen Formen zu finden. Chalkosin ist von dunkelgrauer Farbe, wobei er oft mattschwarz angelaufen ist. Bei Temperaturen über 91 °C bildet sich der hexagonale Hochkupferglanz. Zumeist tritt das Mineral in dichten Massen zusammen mit anderen Kupfermineralien auf. Eng verwandt mit Chalkosin sind die Mineralien Digenit, Djurleit und Anilith.

Besondere Merkmale: Chalkosin verleiht der Gasflamme eine grüne Färbung, wobei sich Schwefeldioxid bildet. Das Mineral ist in Salpetersäure löslich.

Entstehung: Oft ist das Mineral zusammen mit gediegenem Kupfer oder Cuprit auf Kupferlagerstätten zu finden, wo es sich sekundär bildet. Daneben tritt Chalkosin auch in hydrothermalen Gängen und in sedimentären Lagerstätten auf.

Vorkommen und Verwendung: Prächtige Kristalle des Minerals stammen aus Cornwall (England), aus dem Ural (Russland), aus Tsumeb (Namibia) sowie aus den weltweit größten Kupferlagerstätten in Mexiko, Peru, Chile, Spanien und den USA. Bedeutende Vorkommen sind aber auch in Deutschland (u. a. Siegerland, Mansfeld) zu verzeichnen.
Chalkosin ist für die Kupfergewinnung auch wirtschaftlich von Bedeutung.

Bornit (Buntkupferkies) • Cu_5FeS_4

Visitenkarte

Kristallsystem
kubisch
Härte
3
Dichte
4,9 bis 5,4
Spaltbarkeit
unvollkommen
Bruch
muschelig
Farbe
rötlich braun
Strichfarbe
grauschwarz
Glanz
Metallglanz

Dieses Mineral tritt für gewöhnlich in Form körniger oder derber Massen von rötlich brauner Farbe auf; gut ausgeprägte würfelige, rhombendodekaedrische oder oktaedrische Kristalle sind nur selten anzutreffen.

Besondere Merkmale: An der Luft überzieht sich Bornit rasch mit einer purpur schillernden Patina, weshalb das Mineral auch als Buntkupferkies bezeichnet wird.

Entstehung: Zusammen mit Chalkopyrit und Chalkosin kommt Bornit in hydrothermalen Gängen vor. Auch in Vulkanitgesteinen und pegmatitischen Gängen ist das Mineral anzutreffen.

Vorkommen und Verwendung: Größere Vorkommen des Minerals befinden sich in Butte, Montana (USA), Tsumeb (Namibia), Tamaya (Chile) sowie in Transvaal (Südafrika). In Deutschland ist Bornit vor allem im Siegerland (Rheinland), im Mansfelder Kupferschiefer sowie in Berggießhübel (Sachsen) zu finden. Prächtige Kristalle stammen aus Redruth (Cornwall, England) sowie von verschiedenen Fundorten in Kanada.
Bornit ist als eines der wichtigsten Kupfererze auch wirtschaftlich von Bedeutung.

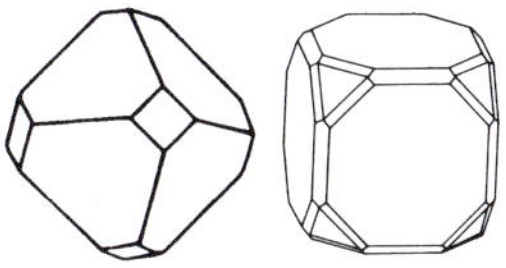

Ag_2S • Argentit

Chemisch gesehen handelt es sich bei diesem Mineral um Silbersulfid, das zumeist in reiner Form auftritt, bisweilen aber auch kleine Mengen von Selen enthalten kann. Die Kristalle des Argentits treten für gewöhnlich als unregelmäßig ausgebildete Oktaeder oder Würfel auf; daneben ist das Mineral auch in Form von dendritisch verzweigten Aggregaten, dünnen Blättchen oder derben Massen anzutreffen. Argentit ist von bleigrauer bis schwarzer Farbe, undurchsichtig und zeigt auf frischen Bruchflächen starken Metallglanz. Streng wissenschaftlich betrachtet ist die Bezeichnung »Argentit« ausschließlich für kubisches Silbersulfid gerechtfertigt, das sich bei Temperaturen über 173 °C bildet; bei niedrigeren Temperaturen ist das Mineral monoklin ausgebildet und trägt in diesem Fall den Namen **Akanthit,** wobei jedoch die ursprüngliche kubische bzw. oktaedrische Form äußerlich erhalten bleibt.

Besondere Merkmale: Argentit ist weich, aber sehr schwer. Die Kristalle des Minerals können leicht mit jenen von Bleiglanz verwechselt werden; im Gegensatz zu diesem ist Argentit jedoch kaum spaltbar, sehr geschmeidig und gut schneidbar.

Entstehung: Argentit kommt häufig in hydrothermalen Niedertemperatur-Ganglagerstätten vor. Außer mit Bleiglanz tritt Argentit auch oft in Gesellschaft von gediegenem Silber, Proustit, Pyrargyrit, Sphalerit, Calcit und Quarz auf.

Vorkommen und Verwendung: Bemerkenswerte Exemplare des Argentits sind in den großen Lagerstätten des amerikanischen Kontinents zu finden, wobei vor allem Mexiko, Chile, Kanada sowie die USA (Colorado) zu nennen sind. In Europa befinden sich große Lagerstätten in Norwegen (Kongsberg), England (Cornwall) sowie nicht zuletzt auch in Deutschland, wo vor allem die Vorkommen im Sächsischen Erzgebirge (Freiberg, Marienberg, Annaberg usw.), im Harz (St. Andreasberg) sowie im Schwarzwald (Kinzigtal) hervorzuheben sind. Die länglichen Kristalle des Akanthits sind jedoch nur höchst selten anzutreffen.

Argentit tritt oft fein verwachsen im Bleiglanz auf, der in diesem Fall auch für die Silbergewinnung von Bedeutung ist.

Visitenkarte

Kristallsystem
kubisch

Härte
2 bis 2,5

Dichte
7,2 bis 7,36

Spaltbarkeit
unvollkommen

Bruch
muschelig, uneben

Farbe
grau bis schwarz

Strichfarbe
bleigrau

Glanz
Metallglanz

Die rhombendodekaedrischen Argentitkristalle auf dem Bild links, die sich hier in Begleitung von bandförmigem Silber auf Calcit präsentieren, stammen aus Sardinien. Auf dem Bild oben ist Argentit ebenfalls zusammen mit Calcit zu sehen.

Sphalerit (Zinkblende) • ZnS

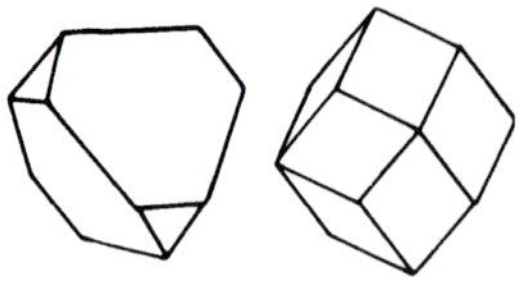

Neben den Elementen Zink und Schwefel kann dieses Mineral, das auch als **Zinkblende** bekannt ist, bisweilen noch eine Reihe anderer Elemente enthalten, wie z. B. Eisen (die stark eisenhaltige Varietät wird als **Marmatit** bezeichnet), Mangan, Kadmium, bisweilen auch Indium und Gallium. Sphalerit kristallisiert im kubischen System in Form von tetraedrischen oder rhombendodekaedrischen Kristallen, deren Flächen oftmals gekrümmt und mit einer Streifung versehen sind. Das Mineral kommt aber auch in körnigen, spätigen oder krustigen Aggregaten vor. Sphalerit ist in vielen verschiedenen Farbtönen anzutreffen, wobei die Palette von Schwarz, Braun und Gelb bis hin zu Rot und Grün reicht; die Strichfarbe bewegt sich zwischen Braun und Gelblich Weiß. Die Kristallflächen zeigen Harz- bis Diamantglanz, während der eisenhaltige Marmatit Metallglanz aufweist. Sphalerit kann durchsichtig, durchscheinend, aber auch - im Fall der stark eisenhaltigen Vertreter - undurchsichtig sein.

Visitenkarte

Kristallsystem
kubisch

Härte
3,5 bis 4

Dichte
3,9 bis 4,2

Spaltbarkeit
vollkommen

Bruch
uneben

Farbe
schwarz, braungelb, rot

Strichfarbe
gelblich weiß, braun

Glanz
Harz-, Diamantglanz

Besondere Merkmale: Sphalerit ist einigermaßen hart, schwer, gut spaltbar und sehr spröde. Manche Vertreter des Minerals haben die Eigenschaft der Triboluminescenz, d.h., wenn z.B. die Oberfläche mit dem Messer gekratzt wird, tritt ein gewisses Leuchten auf; andere Exemplare lassen im UV-Licht ein rötliches Fluoreszieren erkennen.

Entstehung: Zinkblende (Sphalerit) ist ein recht weit verbreitetes Mineral, das innerhalb verschiedener geologischer Entstehungsbedingungen gebildet werden kann; besonders häufig tritt es in hydrothermalen Quarz- bzw. Barytgängen zusammen mit Bleiglanz, Chalkopyrit, Markasit und Pyrit auf. Aber auch in Kalk- oder Dolomitgestein ist Sphalerit des Öfteren anzutreffen.

Vorkommen und Verwendung: Bedeutende Vorkommen des Minerals befinden sich in Deutschland, wobei vor allem Meggen in Westfalen, Altenberg und Stolberg bei Aachen, Bensberg bei Köln sowie der Schwarzwald zu nennen sind; in Österreich ist Sphalerit vor allem in Bleiberg (Kärnten) anzutreffen. Größere Lagerstätten des Minerals befinden sich weiters in Rumänien, Spanien, Frankreich, Schweden, England, Schottland, Japan, Australien, Mexiko, Kanada und den USA. Besonders schöne Kristalle wurden in den Marmorgeoden von Carrara (Italien) sowie im Dolomitgestein des Binnatals im Schweizer Kanton Wallis gefunden.
Zinkblende ist das wirtschaftlich wichtigste Zinkerz, das überdies auch für die Gewinnung von selteneren Elementen wie Kadmium, Gallium und Indium von Bedeutung ist.

Zwei verschiedenartige Fundstücke von Sphalerit, beide auf Karbonatgestein aufgewachsen; der Kristall auf dem Bild oben ist besonders gut ausgebildet.

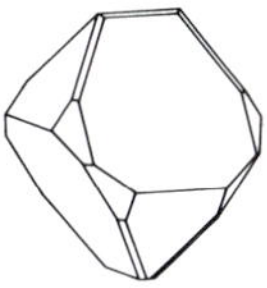

$CuFeS_2$ • Chalkopyrit (Kupferkies)

Dieses Mineral, das auch als **Kupferkies** bekannt ist, kristallisiert im tetragonalen Kristallsystem, wobei gut ausgerichtete pseudotetraedrische Kristalle jedoch nur selten vorkommen; zumeist tritt das Mineral in derben bis feinkörnigen Massen von messinggelber Farbe mit leichtem Grünstich auf. Dabei zeigt es nicht selten bunte Anlauffarben sowie einen metallischen Glanz. Charakteristisch sind auch die Zwillingsbildungen des Chalkopyrits.

Besondere Merkmale: Chalkopyrit ist von mittlerer Härte, d. h. er ist mit dem Taschenmesser leicht ritzbar, wodurch er gut vom deutlich härteren Pyrit unterscheidbar ist. Er ist schwer, spröde, nicht spaltbar und tritt stets undurchsichtig auf. Seine Strichfarbe ist Grünschwarz, wodurch er sich ebenfalls vom Pyrit unterscheidet, dessen Strich nahezu schwarz ist. Hält man einen kleinen Splitter des Minerals mit der Pinzette in eine Gasflamme, so verfärbt sich diese grün, was durch den Kupfergehalt des Chalkopyrits bedingt ist.

Entstehung: Chalkopyrit bildet sich vor allem in hydrothermalen Gängen, d. h., er geht aus jenen Restlösungen hervor, die nach der Bildung der Granite und Pegmatite noch vorhanden sind. Oft tritt er in Gesellschaft von Sphalerit, Pyrit, Pyrrhotin und Nickelmineralien auf. Außerdem kommt Chalkopyrit auch in basischen Vulkaniten sowie in verschiedenen Metamorphiten und Sedimentiten (Kupferschiefer) vor.

Vorkommen und Verwendung: Die schönsten Kupferkieskristalle, die allerdings nie größer als 2 cm werden, stammen aus Savoyen in Frankreich. Wirtschaftlich bedeutende Lagerstätten liegen vor allem in den USA, in Kanada, Chile sowie in einigen afrikanischen Ländern. In Europa sind vor allem die Vorkommen in Russland, Schweden, Norwegen, Spanien sowie in Ex-Jugoslawien zu erwähnen. Auch in Deutschland sind Kupferkieslagerstätten von beachtlichem Umfang vorhanden, wobei vor allem jene aus dem Sächsischen Erzgebirge (Freiberg, Annaberg, Johanngeorgenstadt usw.) sowie vom Rammelsberg und dem Mansfelder Kupferschiefer zu erwähnen sind. Im Siegerland wurden besonders schöne Kupferkieskristalle gefunden. Auch in Österreich sind namhafte Vorkommen zu verzeichnen, wobei vor allem die Lagerstätte von Mitterberg (Salzburg) zu nennen ist.

Verwendung: Chalkopyrit ist eines der wichtigsten Kupfererze, das zwar mit 30 bis 35% keinen allzu hohen Kupfergehalt aufweist, dafür aber sehr weit verbreitet ist. Weltweit dürften ca. 80% der Kupfergewinnung auf dieses Mineral entfallen.

Visitenkarte

Kristallsystem
tetragonal

Härte
3,5 bis 4

Dichte
4,2 bis 4,3

Spaltbarkeit
unvollkommen

Bruch
muschelig

Farbe
messinggelb

Strichfarbe
grünschwarz

Glanz
Metallglanz

Diese goldglänzenden pseudooktaedrischen Kristalle von Chalkopyrit, der hier zusammen mit Marmatit, einer eisenhaltigen Varietät des Sphalerits, auftritt, wurden in Italien gefunden.

Tetraedrit • $Cu_{12}Sb_4S_{13}$

Visitenkarte

Kristallsystem
kubisch

Härte
3 bis 4

Dichte
4,6 bis 5,2

Spaltbarkeit
keine

Bruch
muschelig

Farbe
stahlgrau

Strichfarbe
schwarz bis braun

Glanz
Metallglanz

Kristalle des Minerals Tetraedrit, welche bisweilen über 15 cm Länge erreichen können, treten oft in Gestalt schön ausgebildeter flächenreicher Tetraeder auf - bisweilen mit abgestumpften Ecken -, wobei auch Zwillingsbildungen nicht selten sind. Daneben ist das Mineral auch in derben oder körnigen Massen zu finden. Mit dem **Tennantit,** einem Sulfid der Elemente Kupfer und Arsen, bildet Tetraedrit eine Mischkristallreihe, wobei einzelne Elemente durch andere ersetzt werden können, wie dies z. B. beim silberhältigen **Freibergit** der Fall ist. Tetraedrit tritt in stahlgrauer Farbe auf, zeigt Metallglanz und ist in der Regel undurchsichtig. Er ist ein relativ hartes und schweres Mineral, das keinerlei Spaltbarkeit aufweist; Tetraedrit ist sehr spröde und weist einen muscheligen Bruch auf.

Besondere Merkmale: Tetraedrit ist leicht schmelzbar und in Salpetersäure löslich.

Entstehung: Das Mineral kommt zumeist in hydrothermalen Gängen vor, tritt darüber hinaus aber auch in metamorphen Gesteinen auf, wo es vor allem in Gesellschaft von Kupfer-, Blei-, Zink- und Silbererzmineralien zu finden ist.

Vorkommen und Verwendung: Tetraedritvorkommen sind über die gesamte Erde verstreut; prächtige Kristalle stammen z. B. aus Zacatecas in Mexiko, aus Tsumeb (Namibia), Virginia, North Carolina, Colorado, Montana, Utah und Idaho (USA) sowie aus verschiedenen Lagerstätten in Peru, Bolivien, England, Norwegen, Schweden, Tschechien, Ungarn und der Schweiz. Auch in Deutschland sind namhafte Vorkommen zu verzeichnen, wobei vor allem Clausthal, Siegen, Dillenburg sowie einige Fundorte im Sächsischen Erzgebirge (Freiberg, Marienberg und Annaberg) zu nennen sind. Tetraedrit ist als Kupfererz von einiger wirtschaftlicher Bedeutung; die silberhaltigen Vertreter der Mischreihe werden auch zur Silbergewinnung verwendet.

Die hier abgebildeten Kristalle des Tetraedrits sind besonders gut ausgebildet und zeigen den typischen Metallglanz.

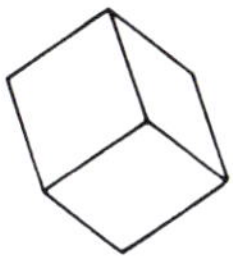

Cu_2FeSnS_4 • Stannin

Das Mineral Stannin ist von stahlgrauer Farbe mit olivgrünem Stich und tritt zuweilen in hydrothermalen Gängen sowie manchen Pegmatiten auf. Stannin bildet pseudokubische Kristalle, kommt aber zumeist in Form körniger bis dichter Aggregate vor. Das Mineral ist auch unter den Bezeichnungen **Stannit** und **Zinnkies** bekannt.

Besondere Merkmale: Stannin ist relativ weich - das Mineral lässt sich leicht mit dem Taschenmesser ritzen.

Entstehung: Stannin tritt zumeist auf Zinnerzlagerstätten auf, wo das Mineral oft von Kassiterit, Tetraedrit und Pyrit begleitet wird.

Vorkommen: Größere Vorkommen von Stannin befinden sich in South Dakota und Alaska (USA), in Bolivien, im Böhmischen Erzgebirge (Tschechien), in Tasmanien und in England (bei Saint Agnes in Cornwall); auch in Deutschland wird Stannin gefunden - und zwar vor allem im Sächsischen Erzgebirge (Freiberg).

Visitenkarte

Kristallsystem
tetragonal

Härte
3,5

Dichte
4,3 bis 4,5

Spaltbarkeit
unvollkommen

Bruch
uneben

Farbe
grau

Strichfarbe
schwarz

Glanz
Metallglanz

ZnS • Wurtzit (Strahlenblende)

Dieses Mineral tritt zumeist in büscheligen oder faserigen Aggregaten auf; die kurzsäuligen pyramidenförmigen Kristalle sind nur selten anzutreffen. Wurtzit kommt in gelbbrauner bis bräunlich schwarzer Farbe vor, wobei er zumeist Harzglanz zeigt.

Besondere Merkmale: Im ultravioletten Licht zeigt Wurtzit eine orangefarbene Fluoreszenz.

Entstehung: Wurtzit tritt in hydrothermalen Gängen oft gemeinsam mit Sphalerit auf; bisweilen ist das Mineral auch in Sedimentgesteinen anzutreffen.

Vorkommen: Beachtliche Exemplare von Wurtzit wurden in Stolberg im Rheinland gefunden; weitere bedeutende Fundorte des Minerals sind Butte in Montana sowie Joplin in Missouri (beide in den USA) sowie einige Lagerstätten in Peru, Bolivien, Rumänien, England und Italien (Carrara).

Visitenkarte

Kristallsystem
hexagonal

Härte
3,5 bis 4

Dichte
3,9 bis 4,1

Spaltbarkeit
vollkommen

Bruch
uneben

Farbe
braun bis schwarz

Strichfarbe
braun

Glanz
Harzglanz

Zinnober • HgS

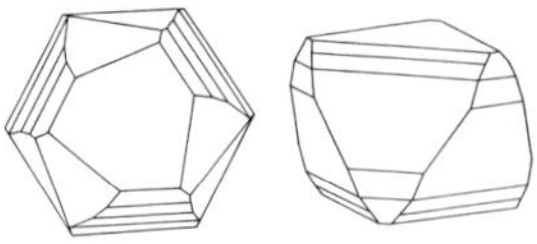

Visitenkarte

Kristallsystem
trigonal

Härte
2 bis 2,5

Dichte
8,1

Spaltbarkeit
vollkommen

Bruch
splitterig

Farbe
rot

Strichfarbe
rot

Glanz
Diamantglanz

Dieses Mineral kristallisiert im trigonalen Kristallsystem - jedoch nur selten in Form gut ausgebildeter Einzelkristalle; zumeist tritt Zinnober in Form von körnigen bzw. derben Massen oder pulverigen Überzügen auf. Charakteristisch ist sein typischer roter Farbton (Zinnoberrot), wobei die Kristalle sowie frische Spaltflächen Diamantglanz aufweisen; erdige Aggregate sind hingegen durch matte Farbtöne gekennzeichnet. Die charakteristische rote Farbe ist dem Mineral auch in Pulverform zu Eigen, weshalb es lange Zeit als allerdings toxischer Farbstoff Verwendung fand.

Besondere Merkmale: Wird Zinnober auf über 580 °C erhitzt, kommt es zur Thermolyse des Minerals, wobei sich Quecksilbertröpfchen bilden. Zinnober ist so weich, dass er ohne Schwierigkeiten mit dem Taschenmesser ritzbar ist; überdies ist das Mineral schwer, spröde und sehr gut spaltbar.

Entstehung: Zinnober ist ein typisches Mineral der hydrothermalen Gänge, welche im Verlauf des magmatischen Erstarrungsprozesses nach den Graniten und Pegmatiten entstanden sind. Darüber hinaus ist Zinnober in Form von Imprägnationen und Überkrustungen in verschiedenen Gesteinstypen, vor allem in Sedimentiten und vulkanischen Gesteinen, anzutreffen. Schließlich ist Zinnober auch in sedimentären Seifenlagerstätten zu finden, die sich im Zuge von Verwitterungsprozessen gebildet haben, wobei das Mineral sich aufgrund seiner Verwitterungsresistenz sowie seines hohen spezifischen Gewichts anreichern konnte.

Auf dem Bild rechts ist ein besonders prächtiger Barytkristall mit Zinnobereinschlüssen, die ihm seine lebhafte rosa Färbung verleihen, zu sehen. Er stammt aus Almadén (Spanien). Das Bild oben zeigt Zwillingskristalle von Zinnober auf Calcit.

Vorkommen: Die bekanntesten Zinnobervorkommen liegen in Almadén in Spanien, am Monte Amiata in der Toskana (Italien) sowie in Idrija (Slowenien). Beachtliche Lagerstätten befinden sich auch in den USA (New Idrija, New Almadén), in Peru, Russland, China und Algerien. In Deutschland wurden geringe Mengen von Zinnober am Donnersberg in der Pfalz gefunden.

Verwendung: Da Quecksilber in gediegener Form nur höchst selten zu finden ist, kommt dem Zinnober als Quecksilbererz große wirtschaftliche Bedeutung zu, wobei Quecksilber in Technik und Medizin vielerlei Verwendung findet, u. a. als Füllung für Thermometer oder als Amalgam in der Zahntechnik. Früher fand Zinnober auch als Farbstoff Verwendung, wobei das Mineral heute wegen seiner Giftigkeit jedoch durch künstliche Farbstoffe ersetzt wird.

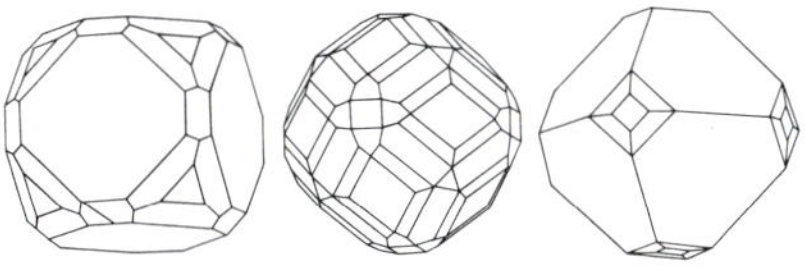

PbS • Galenit (Bleiglanz)

Bleiglanz oder Galenit bildet in der Regel würfelige Kristalle von typischer bleigrauer Farbe, die undurchsichtig sind und starken Metallglanz aufweisen. Bleiglanz ist nach den Würfelflächen ausgezeichnet spaltbar. Häufiger als die Kristalle des Galenits trifft man jedoch die derben oder körnigen Aggregate dieses Minerals.

Besondere Merkmale: Bleiglanz ist ein eher weiches Mineral, dabei spröde und sehr schwer. Es ist leicht schmelzbar, wobei sich ein gelber Klumpen aus Bleioxid bildet. Bleiglanz löst sich in warmer Salzsäure auf, wobei übelriechende Schwefelwasserstoffdämpfe entstehen.

Entstehung: Bleiglanz lagert sich vor allem in Gesteinen mit hydrothermaler Entstehungsweise ab, d. h., er ist aus jenen Restschmelzen hervorgegangen, die nach der Bildung der Granite und Pegmatite in die Spalten des umliegenden Gesteins eingedrungen sind. Dabei ist dieses Mineral oft in Gesellschaft von Sphalerit, Argentit, Quarz und Fluorit anzutreffen. Darüber hinaus ist Bleiglanz auch in Sedimentiten beheimatet, wobei hier vor allem Kalk- und Dolomitgestein zu nennen sind.

Vorkommen und Verwendung: Große Bleiglanzlagerstätten liegen in den USA, und zwar insbesondere im »Tri State District« (Missouri, Oklahoma, Kansas) mit dem Zentrum in Joplin (Missouri). Weitere beachtliche Vorkommen befinden sich in Australien (Broken Hill), England (Cumberland), Mexiko (Eulalia) sowie auch in Deutschland, wo vor allem Mechernich in der Eifel, Rammelsberg im Harz sowie Freiberg und Andreasberg im Sächsischen Erzgebirge hervorzuheben sind. In Österreich wurde Bleiglanz vor allem in Bleiberg (Kärnten) abgebaut.

Bleiglanz ist das wichtigste Mineral zur Gewinnung von Blei, wobei manche silberhaltigen Galenite jedoch auch als Silberlieferant von Bedeutung sind.

Visitenkarte

Kristallsystem
kubisch

Härte
2,5 bis 3

Dichte
7,2 bis 7,6

Spaltbarkeit
vollkommen

Bruch
muschelig

Farbe
bleigrau

Strichfarbe
grauschwarz

Glanz
Metallglanz

Die würfeligen Bleiglanzkristalle auf dem Bild links wurden im Dolomit von Joplin (Missouri, USA) gefunden; die kubooktaedrischen Kristalle auf dem Bild oben stammen aus Italien.

Covellin (Kupferindig) • CuS

Nur selten kann man dieses Mineral in Form dünntafeliger sechseckiger Kristalle antreffen, dann sind sie zumeist rosettenartig oder parallel miteinander verwachsen. Zumeist trifft man Covellin in derben bis körnigen Massen an.

Besondere Merkmale: Mit seinem charakteristischen blauschwarzen Farbton und dem halbmetallischen Glanz ist Covellin ein optisch sehr ansprechendes Mineral. Covellin oder **Kupferindig,** wie er auch genannt wird, ist sehr weich (schon mit dem Fingernagel ritzbar), dabei aber ziemlich schwer. In dünnblätteriger Form lässt sich Covellin sogar biegen, ohne zu brechen.

Entstehung: Covellin bildet sich in der Regel sekundär in der Oxidationszone von kupfersulfidhaltigen Erzlagerstätten, wo er oft in Gesellschaft von Chalkopyrit, Bornit, Pyrit und Enargit auftritt. In seltenen Fällen kommt Covellin auch als Sublimationsprodukt vulkanischer Gase vor, z. B. in den Fumarolen des Vesuvs in Form von blau schimmernden Krustenbildungen.

Vorkommen und Verwendung: Größere Lagerstätten des Minerals mit z. T. prächtigen Kristallen sind vor allem in Bor (Ostserbien) sowie in Butte (Montana, USA) und Kennekott (Alaska, USA) beheimatet. Schöne Kristalle wurden auch im Marmor von Carrara (Italien) gefunden. In Deutschland sind vor allem Sangerhausen im Harz, Badenweiler in Baden-Württemberg und Dillenburg in Hessen als Fundorte zu erwähnen. In Österreich ist Covellin bei Leogang (Salzburg) zu finden.

An Orten, wo Covellin in größeren Mengen auftritt, wird das Mineral zur Kupfergewinnung abgebaut.

Visitenkarte

Kristallsystem
hexagonal

Härte
1,5 bis 2

Dichte
4,59 bis 4,76

Spaltbarkeit
vollkommen

Bruch
muschelig

Farbe
blauschwarz

Strichfarbe
blauschwarz

Glanz
halbmetallisch

Zwei Fundstücke von Covellin. Dieses Mineral ist nur selten in Form gut ausgebildeter Kristalle anzutreffen.

Sb_2S_3 • Antimonit

Antimonit (auch **Grauspießglanz**) bildet häufig spießige bzw. nadelige Kristalle, die z. T. auch gebogen und darüber hinaus in Längsrichtung gestreift sind. Er ist von stahlgrauer Farbe, undurchsichtig und zeigt starken Metallglanz. Oft bildet dieses Mineral büschelige oder strahlige Aggregate sowie körnige bis dichte Massen. Antimonit ist weich, relativ schwer und in der Längsrichtung sehr gut spaltbar, während er sich quer dazu gut schneiden lässt.

Besondere Merkmale: Die biegsamen, aber nicht elastischen Kristalle laufen bisweilen bläulich an; durch Verwitterung wandelt sich Antimonit zu rotem **Kermesit** oder gelbem **Antimonocker** um, wodurch sich das Mineral von dem sehr ähnlichen Bismuthinit unterscheiden lässt. Dünnblätteriger Antimonit schmilzt in der Kerzenflamme - ein Charakteristikum, das ihn ebenfalls vom Bismuthinit unterscheidet.

Entstehung: Antimonit kommt vor allem in hydrothermalen Gängen vor, wo er zumeist mit Silber-, Blei-, oder Quecksilbermineralien vergesellschaftet auftritt.

Vorkommen: Prächtige Antimonitkristalle von bis zu 50 cm Länge wurden früher in der japanischen Lagerstätte Ichinokawa auf der Insel Shikoku gefunden. Beachtliche Exemplare stammen auch aus Rumänien (Felsobanya und Kapnik), der Toskana (Italien), aus verschiedenen Fundorten in Kalifornien (USA) sowie von der Insel Borneo. Wirtschaftlich bedeutende Antimonitvorkommen befinden sich in den chinesischen Provinzen Hunan und Guangdong, wo dieses Mineral von Zinnober begleitet wird, weiters in Peru, Bolivien, Mexiko und Frankreich. Auch in Deutschland sind Antimonitvorkommen zu verzeichnen, wie z. B. jene aus der Casparizeche bei Arnsberg (Westfalen) sowie verschiedene Funde im Harz und im Fichtelgebirge. In Österreich liegen Antimonitvorkommen vor allem im Burgenland.

Verwendung: Wirtschaftliche Bedeutung kommt dem Antimonit vor allem als Rohstoff zur Gewinnung von Antimon zu, ein Element das auf vielerlei Weise, von der Herstellung von Metalllegierungen bis hin zu medizinischer Anwendung, genutzt wird.

Visitenkarte

Kristallsystem
rhombisch

Härte
2

Dichte
4,6 bis 4,7

Spaltbarkeit
vollkommen

Bruch
muschelig

Farbe
bleigrau

Strichfarbe
dunkelbleigrau

Glanz
Metallglanz

Diese Druse von typisch nadeligen Antimonitkristallen stammt aus der Toskana (Italien).

Pyrit • FeS_2

Visitenkarte

Kristallsystem
kubisch

Härte
6,5

Dichte
5

Spaltbarkeit
keine

Bruch
muschelig

Farbe
messinggelb

Strichfarbe
schwarz

Glanz
Metallglanz

Dieses weit verbreitete goldglänzende Mineral, das schon den alten Griechen bekannt war, tritt häufig in vollkommen ausgebildeten Kristallen auf - u. a. in Gestalt von schönen, großen Würfeln, die oft eine Streifung aufweisen, wobei die Ecken durch dreieckige Flächen abgekantet sein können; eine Kristallform, welche durch eine Kombination von Würfel und Oktaeder entsteht. Darüber hinaus findet man Pyrit auch in Gestalt von Pentagondodekaedern, die bisweilen zu typischen Durchdringungszwillingen, genannt »Eisernes Kreuz«, verwachsen sind.

Besondere Merkmale: Durch seine messinggelbe Farbe, den metallischen Glanz und die fehlende Spaltbarkeit zeigt der Pyrit eine gewisse Ähnlichkeit mit Gold. Er unterscheidet sich von Letzterem vor allem durch seine größere Härte (im Gegensatz zu Gold lässt sich Pyrit mit dem Taschenmesser nicht ritzen), seine graue Strichfarbe sowie die Tatsache, dass er im Gegensatz zu Gold sehr verwitterungsanfällig ist; in feuchter Umgebung wandelt sich Pyrit zu Schwefelsäure, rötlich braunen Eisenoxiden und weißlichen Sulfaten um. Pyritpulver verbrennt mit bläulicher Flamme, wobei stechend riechendes, giftiges Schwefeldioxid freigesetzt wird.

Die vollkommen ausgebildeten würfeligen Pyritkristalle auf dem Bild rechts stammen aus Navajun (Spanien). Auf dem Bild oben ist Pyrit auf Quarz zu sehen.

Auf dem Bild links ist würfeliger Pyrit vergesellschaftet mit Quarzkristallen zu sehen. Unten sind die verschiedenen Kristallformen des Pyrits grafisch dargestellt; die vorletzte Darstellung stellt einen typischen Durchdringungszwilling vom Typ »Eisernes Kreuz« dar.

Entstehung: Pyrit ist ein überaus weit verbreitetes Mineral, das in vielen verschiedenen Gesteinstypen auftreten kann; es kommt in hydrothermalen Gängen - zusammen mit anderen Sulfiden - ebenso vor wie in metamorphen Gesteinen (Marmor, Serpentinfels) und Sedimentiten (z. B. Ton und Kalk). Sehr häufig findet er sich in Gestalt von vollkommen ausgebildeten Kristallen, daneben aber auch in Form von derbkörnigen Aggregaten.

Vorkommen: In Deutschland sind einige Fundorte mit beachtlichen Pyritvorkommen zu verzeichnen - allen voran Meggen in Westfalen, Rammelsberg bei Goslar im Harz, Waldsassen in Bayern sowie Freiberg im Sächsischen Erzgebirge. Weitere bedeutende Pyritvorkommen liegen in Italien (Elba, Piemont), Spanien, Griechenland, Schweden, Norwegen, den USA und Südafrika.

Verwendung: Pyrit ist wegen seiner Eignung zur Gewinnung von Eisen und Schwefelsäure auch von wirtschaftlicher Bedeutung. Die bei der Gewinnung von Schwefelsäure entstehenden Abröstungsrückstände werden als Eisenerz weiterverwendet; die bei diesem Prozess entstehende Säure wird in verschiedenen Industriezweigen eingesetzt.

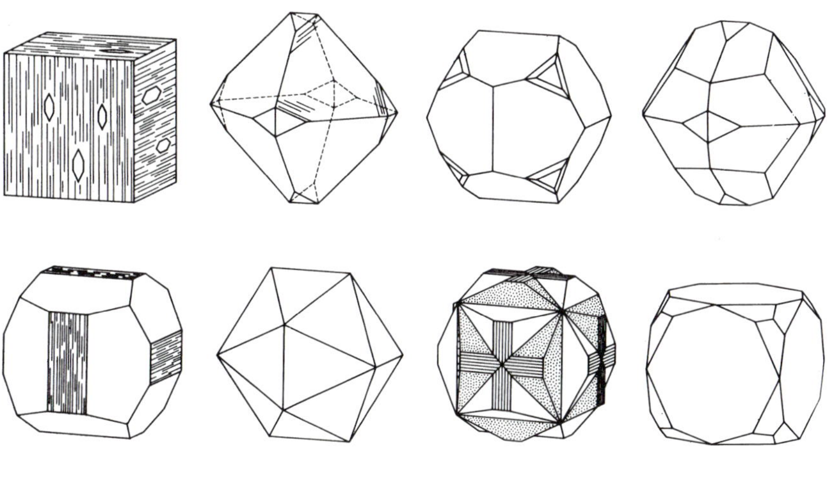

Cobaltin (Kobaltglanz)• CoAsS

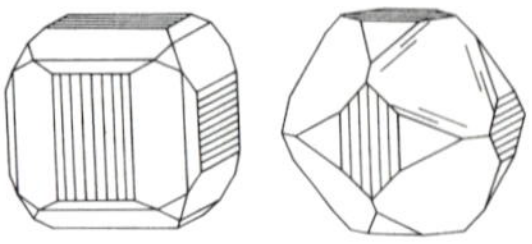

Visitenkarte

Kristallsystem
kubisch

Härte
5,5

Dichte
6,3

Spaltbarkeit
unvollkommen

Bruch
muschelig

Farbe
silberweiß mit rötlichem Stich

Strichfarbe
grauschwarz

Glanz
Metallglanz

Die Kristalle des Cobaltins oder **Kobaltglanzes**, die in würfeliger, oktaedrischer oder pentagondodekaedrischer Gestalt auftreten, ähneln denen des Pyrits - auch was die Streifung der Flächen betrifft. Wesentlich häufiger aber ist das Mineral in derben oder körnigen Aggregaten anzutreffen. Kobaltglanz ist spröde und für gewöhnlich gut spaltbar. Seine Farbe variiert von Silberweiß mit rötlichem Stich bis hin zu Dunkelgrau; dabei zeigt das Mineral metallischen Glanz und ist stets undurchsichtig. Cobaltin ist ein schweres und relativ hartes Mineral.

Besondere Merkmale: Kobaltglanz ist in Salpetersäure löslich und außerdem vor der Lötlampe gut schmelzbar, wobei ein leicht magnetisches Kügelchen entsteht.

Entstehung: Kobaltglanz tritt vor allem in hydrothermalen Ganglagerstätten, seltener auch in Metamorphiten auf.

Vorkommen und Verwendung: Große Vorkommen des Minerals befinden sich in den USA, allen voran in den Bundesstaaten Colorado, Idaho und Kalifornien, weiters in Kanada (Cobalt, Ontario) und Mexiko (Sonora). Prächtige Kristalle stammen u. a. aus Schweden, Großbritannien, Norwegen, Russland, Marokko, Indien und Australien, aber auch in Deutschland sind beachtliche Cobaltinvorkommen beheimatet, wie z. B. im Siegerland (Rheinland), in Annaberg (Erzgebirge), im Harz sowie in Hessen (Kobaltrücken von Richelsdorf).

Die wirtschaftliche Bedeutung von Kobaltglanz liegt in der Gewinnung von Kobalt, das u. a. zur Stahlveredelung und für andere Metalllegierungen Verwendung findet.

Diese schön ausgebildeten Kobaltglanzkristalle auf Chalkopyrit stammen aus Tunaberg (Schweden).

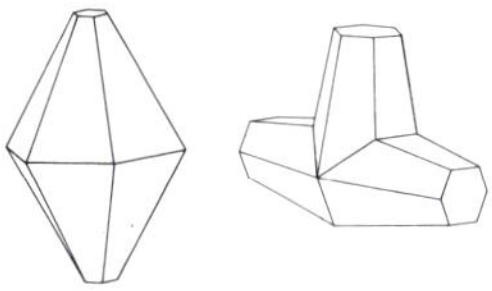

FeS • Pyrrhotin (Magnetkies)

Die kleinen tafeligen Kristalle des Pyrrhotins sind nur selten anzutreffen; zumeist tritt dieses Mineral in körnigen bis dichten Massen auf. Auf frischen Bruchflächen ist Pyrrhotin gelblich rosa bis bronzefarben getönt, an der Luft läuft er jedoch mattbraun an. Pyrrhotin ist undurchsichtig und zeigt Metallglanz mit einem gewissen Schillern.

Besondere Merkmale: Ein hervorstechendes Merkmal des Pyrrhotins ist sein relativ starker natürlicher Magnetismus, weshalb sich auch die Bezeichnung **Magnetkies** eingebürgert hat. Pyrrhotin lässt sich vor der Lötlampe zu einer schwarzen Masse schmelzen, die ebenfalls magnetisch ist.

Entstehung: Pyrrhotin bildet sich während der Kristallisation der basischen und ultrabasischen Magmatite in der Anfangsphase des magmatischen Erstarrungsprozesses; aufgrund seines hohen spezifischen Gewichts kann er sich dabei oft in größeren Massen anreichern. In derartigen Lagerstätten tritt Pyrrhotin stets zusammen mit Nickel- und Kobaltmineralien auf, was die wirtschaftliche Bedeutung dieses Minerals noch vergrößert, zumal diese beiden seltenen Elemente in feinen Beimengungen im Pyrrhotin selbst vorhanden sein können. Pyrrhotin kann außerdem in hydrothermalen Gängen auftreten, wird dann aber nicht von Nickelmineralien begleitet.

Vorkommen und Verwendung: Bedeutende Vorkommen von Pyrrhotin befinden sich in Kanada (Sudbury), Mexiko, Bolivien, Brasilien, Norwegen und Schweden. In Deutschland sind vor allem Bodenmais im Bayerischen Wald, Waldsassen im Fichtelgebirge und Freiberg in Sachsen als Fundorte zu nennen. Auch in Österreich wurden beachtliche Magnetkieskristalle gefunden, wobei vor allem Leoben als Fundort zu nennen ist.

Pyrrhotin ist in reiner Form kaum von wirtschaftlicher Bedeutung; sehr begehrt als Erz ist das Mineral jedoch, wenn es Nickel, Kobalt oder Platin enthält und in abbauwürdiger Menge vorliegt.

Pyrrhotin in zweierlei Ausprägung: auf dem Bild links in Form von blätterigen Aggregaten; auf dem Bild oben in tafeligen Kristallen.

Visitenkarte

Kristallsystem
hexagonal

Härte
3,5 bis 4,5

Dichte
4,5 bis 4,7

Spaltbarkeit
unvollkommen

Bruch
uneben

Farbe
rosa-braungelb

Strichfarbe
grauschwarz

Glanz
Metallglanz

Arsenopyrit (Arsenkies) • FeAsS

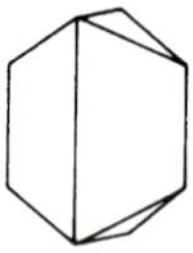

Visitenkarte

Kristallsystem
monklin

Härte
5,5 bis 6

Dichte
5,9 bis 6,2

Spaltbarkeit
unvollkommen

Bruch
uneben

Farbe
zinnweiß, grau

Strichfarbe
grauschwarz

Glanz
Metallglanz

Reiner Arsenopyrit oder **Arsenkies,** wie das Mineral auch genannt wird, setzt sich aus Eisen, Arsen und Schwefel zusammen; sehr oft enthält es jedoch auch andere Metalle, wie z. B. Silber und Kobalt - so ist z. B. in einer der Varietäten des Arsenopyrits, dem **Danait,** Eisen teilweise durch Kobalt ersetzt. Arsenopyrit kristallisiert im monoklinen Kristallsystem in Form von kurz- und langsäuligen prismatischen Kristallen mit charakteristischer Streifung. Auch Durchkreuzungszwillinge und schöne sternförmige Drillinge sind bisweilen anzutreffen. Darüber hinaus tritt das Mineral auch in derbkörnigen Massen auf. Arsenopyrit ist undurchsichtig und von zinnweißer, grauer oder gelblicher Farbe, wobei er starken Metallglanz zeigt. Dieses Mineral ist hart und sehr schwer, dabei spröde und gut spaltbar. Die Strichfarbe des Minerals ist Grauschwarz.

Besondere Merkmale: Wenn man Arsenopyrit mit dem Hammer anschlägt, sprühen Funken und verströmt dabei einen typischen knoblauchartigen Arsengeruch. Erhitzt man das Mineral im Reagenzglas, so setzt sich rötlich gelbes Arsensulfid an den Wänden ab; bei weiterer Erhitzung zeigt das Mineral die grauschwarze Farbe des Eisens.

Entstehung: Arsenopyrit ist in vielen verschiedenen Gesteinstypen verbreitet. Er findet sich oft in Pegmatiten, kommt aber auch in metamorphen Gesteinen, wie z. B. Gneis, vor. Häufig ist Arsenopyrit in Blei- und Zinnerzgängen sowie in Goldquarzgängen anzutreffen.

Vorkommen: Beachtliche Vorkommen dieses überaus weit verbreiteten Minerals liegen in Schweden, wo in Boliden die größte Arsenkieslagerstätte der Welt anzutreffen ist. Prächtige Kristalle von Arsenkies stammen aus Trepca im Kosovo sowie aus Panasqueira (Portugal). In Deutschland sind vor allem St. Andreasberg im Harz, Munzig bei Meißen und Freiberg in Sachsen zu nennen. In Österreich sind die Arsenopyritvorkommen von Mitterberg (Salzburg) hervorzuheben, während in der Schweiz im Binnatal Funde zu verzeichnen sind. Auf dem amerikanischen Kontinent sind vor allem die Vorkommen von Franconia (New Hampshire, USA) sowie Cobalt (Ontario, Kanada) zu erwähnen.

Verwendung: Arsenopyrit ist einerseits für die Arsengewinnung von großer Bedeutung, gilt andererseits aber auch als Erz für die Gewinnung von Silber, Gold, Kobalt und anderen Metallen, die das Mineral bisweilen enthält.

Die Druse mit kurzsäuligen Arsenopyritkristallen auf dem Bild rechts stammt aus Panasqueira (Portugal). Das Bild oben zeigt gestreifte prismatische Arsenopyritkristalle auf Quarzit.

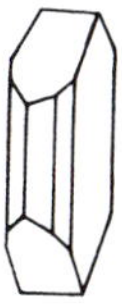

FeS_2 • Markasit

Die Kristalle des Markasits sind in der Regel in tafeliger bzw. prismatischer oder pyramidaler Gestalt zu finden; recht oft sind Zwillingsbildungen dieses Minerals anzutreffen, die wegen ihrer typischen Hahnenkammform auch als **Kammkies** bezeichnet werden. Daneben ist Markasit auch in strahligen, krustigen oder stalaktitischen Aggregaten anzutreffen, die große Ähnlichkeit mit dem Pyrit aufweisen, sodass die Unterscheidung oft nur mit Hilfe kristalloptischer Analysen möglich ist. Markasit ist undurchsichtig, schwer spaltbar und spröde; außerdem gehört er zu den härteren und schwereren Mineralien. Er zeigt metallischen Glanz und tritt für gewöhnlich in messinggelber Farbe mit grünlichem Stich auf, wobei er bisweilen rostfarbene Verwitterungsrinden aufweist; seine Strichfarbe ist Grünlich Schwarz.

Besondere Merkmale: Markasit verursacht eine bläuliche Verfärbung der Gasflamme und strömt dabei einen penetranten Schwefelgeruch aus. Er verwittert deutlich schneller als der Pyrit, was in der Folge dazu führt, dass das Mineral unter Bildung von Eisensulfaten zerfällt.

Entstehung: Dieses weit verbreitete Mineral kommt in hydrothermalen Tieftemperaturlagerstätten ebenso vor wie in sedimentären Gesteinen (z. B. Kalk, Dolomit oder kohlige Sedimentite), wo es durch chemische Fällung aus sauren Lösungen unter reduzierenden, d. h. sauerstoffarmen, Bedingungen hervorgeht.

Vorkommen und Verwendung: Zusammen mit Pyrit kommt Markasit oft in Form von Knollen vor, wie dies z. B. in der Kreide von Rügen der Fall ist. Beachtliche Vorkommen des Minerals befinden sich u. a. in Folkestone, Dover und Tavistock (England), in Calais (Frankreich), Karlsbad (Tschechien), aber auch in Deutschland, insbesondere in den Lagerstätten von Clausthal im Harz, Aachen, Meggen (Westfalen), Wiesloch (Baden-Württemberg) sowie Freiberg (Sachsen). Herausragende Kristalle wurden vor allem in Joplin und anderen Fundorten des Tri State District in den USA gefunden.
Markasit ist für die Gewinnung von Schwefelsäure auch wirtschaftlich gesehen von Bedeutung.

Visitenkarte

Kristallsystem
rhombisch

Härte
6 bis 6,5

Dichte
4,8 bis 4,9

Spaltbarkeit
unvollkommen

Bruch
uneben

Farbe
messinggelb

Strichfarbe
grünlich schwarz

Glanz
Metallglanz

Auf dem Bild links ist Markasit in Zwillingsform als Kammkies zu sehen; das Bild oben zeigt ihn in der häufiger vorkommenden tafeligen Gestalt.

Molybdänit • MoS_2

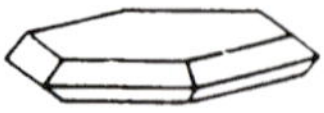

Dieses Mineral bildet sechsseitige tafelige Kristalle, deren Umgrenzungen oft unregelmäßig sind. Oft findet sich Molybdänit zu dünn- bzw. krummblätterigen Aggregaten vereint. Molybdänit oder **Molybdänglanz,** wie das Mineral auch genannt wird, ist undurchsichtig, zeigt Metallglanz und tritt in bleigrauer Farbe mit violettem Stich auf. Das Mineral ist sehr weich, relativ schwer und zeichnet sich dadurch aus, dass es sich leicht fettig anfühlt und abfärbt. Molybdänit ist ausgezeichnet in biegsame, aber nicht elastische Blättchen spaltbar.

Besondere Merkmale: Die sechsseitige Gestalt sowie die geringe Härte des Minerals führen bisweilen zu Verwechslungen mit Grafit; zur Unterscheidung der beiden Minerale reibt man jeweils eine Ecke des Exemplars auf einem Blatt Papier oder einer rauen Porzellantafel: die Strichfarbe des Grafits ist stets Grauschwarz, während der Molybdänit einen bleigrau-grünlichen Strich aufweist.

Entstehung: Dieses weit verbreitete Mineral ist vor allem in hochhydrothermalen Gängen anzutreffen, wo es zumeist mit Zinn-, Kupfer- und Wolframerzmineralien vergesellschaftet vorkommt. Daneben ist Molybdänit auch in Graniten und Pegmatiten anzutreffen.

Vorkommen: Beachtliche Vorkommen von Molybdänit mit z. T. schönen Kristallen befinden sich in Arendal (Norwegen), Sardinien (Italien), Azegour (Marokko), Queensland (Australien), in Quebec (Kanada) sowie vor allem in den USA, wo vor allem die Lagerstätten von Climax (Colorado) sowie Edison (New Jersey) hervorzuheben sind. In Deutschland ist Molybdänit vor allem im Sächsischen Erzgebirge (Ehrenfriedersdorf und Altenberg), im Mansfelder Rücken sowie in Auerbach an der Bergstraße (Harz) beheimatet.

Verwendung: Wirtschaftliche Bedeutung erlangt das Mineral als Molybdänerz, wobei Molybdän vor allem zur Stahlveredlung eingesetzt wird. Der Molybdänit selbst findet als Trockenschmiermittel für hohe Lagertemperaturen Verwendung.

Visitenkarte

Kristallsystem
hexagonal

Härte
1 bis 1,5

Dichte
4,6 bis 5

Spaltbarkeit
vollkommen

Bruch
schuppig

Farbe
bleigrau

Strichfarbe
bleigrau-grünlich

Glanz
Metallglanz

Der blätterige Molybdänit mit Dolomit auf dem Bild rechts stammt aus Cuasso al Monte (Italien), das Exemplar auf dem Bild oben aus Arizona (USA).

$NiAs_2$ • Rammelsbergit

Dieses Nickel-Arsen-Mineral tritt vorzugsweise in derben Massen sowie in Form von körnigen oder strahligen Aggregaten auf. Die kleinen Kristalle des Rammelsbergits sind nur sehr selten anzutreffen. Das Mineral ist von zinnweißer Farbe mit rosafarbenem Stich.

Besondere Merkmale: Bei Verwitterung (d. h. in feuchter Umgebung) bildet sich auf dem Mineral bisweilen ein Überzug von grünem Annabergit.

Entstehung: Rammelsbergit ist oft in hydrothermalen Gängen mit Quarz und Pyrit vergesellschaftet zu finden.

Vorkommen: Beachtliche Vorkommen von Rammelsbergit befinden sich in Deutschland (Mansfelder Rücken, Schneeberg im Sächsischen Erzgebirge) und in der Schweiz (Turtmanntal im Kanton Wallis); weitere wichtige Fundorte sind Cobalt (Ontario, Kanada), Alt Ahman (Marokko), Sainte-Marie-aux-Mines (Elsass, Frankreich), Mohawk (Michigan, USA) sowie einige Orte in Chile.

Visitenkarte

Kristallsystem
rhombisch

Härte
5,5 bis 6

Dichte
6,9 bis 7,2

Spaltbarkeit
unvollkommen

Bruch
uneben

Farbe
zinnweiß mit rosafarbenen Stich

Strichfarbe
grauschwarz

Glanz
Metallglanz

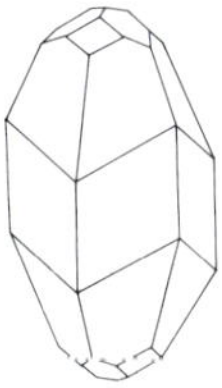

Ag_3AsS_3 • Proustit

Dieses silberhältige Mineral ist in derben Massen zu finden, es kann aber auch in andere Sulfide eingesprengt sein. Unter Sammlern besonders begehrt sind die selten auftretenden flächenreichen Kristalle des Proustits, die in prismatischer sowie pyramidaler Form vorkommen. Proustit ist von zinnoberroter Farbe, durchscheinend bis durchsichtig und zeigt Diamantglanz.

Besondere Merkmale: Durch Lichteinwirkung bildet sich an der Oberfläche der Kristalle allmählich eine silbrige Patina.

Entstehung: Proustit tritt zumeist in hydrothermalen Gängen zusammen mit anderen Silbermineralien (vor allem Pyrargyrit) auf.

Vorkommen: Die wohl schönsten Exemplare von Proustit wurden in Chañarcillo (Chile) gefunden, aber auch im Sächsischen Erzgebirge (Annaberg, Marienberg und Schneeberg), im Schwarzwald (Wittichen) sowie im Harz (St. Andreasberg) liegen beachtliche Vorkommen. Weitere Fundorte des Minerals befinden sich in den Vogesen (Frankreich) sowie in Colorado, Nevada, Arizona und Idaho (USA).

Visitenkarte

Kristallsystem
trigonal

Härte
2,5

Dichte
5,5

Spaltbarkeit
vollkommen

Bruch
muschelig

Farbe
zinnoberrot

Strichfarbe
zinnoberrot

Glanz
Diamantglanz

Pyrargyrit • Ag_3SbS_3

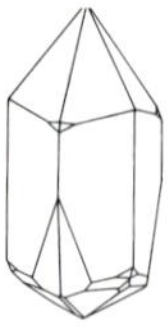

Pyrargyrit tritt in ähnlichen Kristallformen wie Proustit auf. Dieses silberhältige Mineral ist von dunkelroter Farbe, bisweilen durchscheinend und zeigt Diamant- bis Metallglanz. Es ist von eher geringer Härte, dabei einigermaßen gut spaltbar und weist muscheligen bis unebenen Bruch auf. Außer den unter Sammlern sehr begehrten Kristallen ist das Mineral auch in derben oder körnigen Massen anzutreffen.

Besondere Merkmale: Pyrargyrit ist sehr leicht mit Proustit zu verwechseln. Wie dieser wird Pyrargyrit unter Lichteinwirkung allmählich dunkler. Das Mineral ist in Salpetersäure löslich und außerdem gut schmelzbar.

Entstehung: Pyrargyrit ist vor allem in hydrothermalen Gängen zu finden, er tritt aber auch als Verwitterungsprodukt anderer Silbersulfide sowie von silberhaltigem Bleiglanz in Erscheinung.

Vorkommen: Die bedeutendsten Vorkommen mit bisweilen wunderschönen Kristallen liegen heute in Peru (Casapalca, Colquijirca, Castrovirreyna und Vinchos), Chile (Chañarcillo) und Mexiko (Zacatecas). Die wichtigsten europäischen Fundorte von Pyrargyrit liegen in der Slowakei, Tschechien, Spanien, Rumänien und Deutschland; hier sind vor allem die Kristallfunde von St. Andreasberg im Harz sowie Freiberg im Sächsischen Erzgebirge zu nennen.

Visitenkarte

Kristallsystem
trigonal

Härte
2,5 bis 3

Dichte
5,85

Spaltbarkeit
unvollkommen

Bruch
muschelig, uneben

Farbe
dunkelrot

Strichfarbe
kirschrot

Glanz
Diamantglanz

Stephanit • Ag_5SbS_4

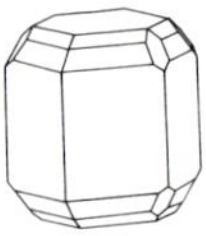

Die flächenreichen Kristalle dieses Silberminerals treten in prismatischer oder tafeliger Gestalt auf, wobei nicht selten auch Zwillings- oder Drillingsbildungen vorkommen. Daneben ist Stephanit auch in derben Massen anzutreffen. Das Mineral zeigt sich in bleigrauer bis eisenschwarzer Farbe.

Besondere Merkmale: Unter starker Lichteinwirkung bildet sich allmählich eine dunkle Patina. Stephanit ist gut schmelzbar und in Salpetersäure löslich.

Entstehung: Stephanit tritt - oft zusammen mit Argentit und Pyrargyrit - in hydrothermalen Gängen auf.

Vorkommen: Prächtige Kristalle des Minerals stammen aus dem Sächsischen Erzgebirge (Freiberg), aber auch im Harz (St. Andreasberg) und im Schwarzwald (Wolfach) ist Stephanit anzutreffen. Weitere herausragende Vorkommen befinden sich in Sarrabus (Sardinien, Italien), Cornwall (England), Chañarcillo (Chile), Aullagas (Bolivien), Zacatecas und Arizpe (Mexiko), Ontario (Kanada) sowie in Kalifornien und Nevada (USA).

Visitenkarte

Kristallsystem
rhombisch

Härte
2 bis 2,5

Dichte
6,2 bis 6,3

Spaltbarkeit
unvollkommen

Bruch
muschelig

Farbe
bleigrau bis eisenschwarz

Strichfarbe
schwarz

Glanz
Metallglanz

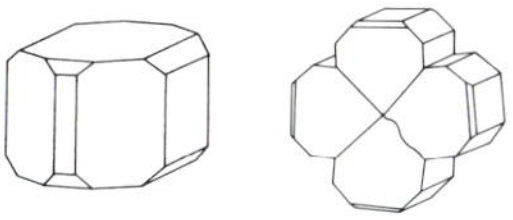

$PbCuSbS_3$ • Bournonit

Die Kristalle dieses Minerals, die wegen ihrer charakteristischen Zwillingsbildungen in Sammlerkreisen überaus geschätzt sind, treten häufig gemeinsam mit Mineralien wie Tetraedrit, Sphalerit, Chalkopyrit, Bleiglanz, Pyrit, Arsenopyrit, Siderit, Quarz, Antimonit, Rhodochrosit usw. auf. Die Bournonitkristalle sind zumeist dicktafelig, bisweilen auch prismatisch mit Streifung und können in grauen bis schwarzen Farbtönen auftreten.

Besondere Merkmale: Bournonit ist in Salpetersäure löslich, wobei der Kupfergehalt für eine blaugrüne Färbung der Lösung sorgt. Charakteristisch ist weiters sein relativ niedriger Schmelzpunkt.

Entstehung: Bournonit ist häufig in hydrothermalen Gängen zusammen mit Bleiglanz (Galenit) und Zinkblende (Sphalerit) anzutreffen.

Vorkommen: Bedeutende Vorkommen des Minerals sind in mehreren Lagerstätten in Deutschland zu verzeichnen, insbesondere Neudorf, Wolfsberg und Clausthal im Harz, Freiberg (Sachsen), Rammelsberg bei Goslar (Harz) und Waldsassen (Oberpfalz). Weitere namhafte Vorkommen befinden sich in Tschechien, Ungarn, Rumänien, Italien sowie in den Vereinigten Staaten, Peru, Bolivien und Chile.

Bournonit ist für die Gewinnung von Kupfer, Blei und Antimon auch wirtschaftlich von Bedeutung.

Visitenkarte

Kristallsystem
rhombisch

Härte
2,5 bis 3

Dichte
5,7 bis 5,9

Spaltbarkeit
unvollkommen

Bruch
muschelig

Farbe
grau, schwarz

Strichfarbe
grau

Glanz
Metallglanz

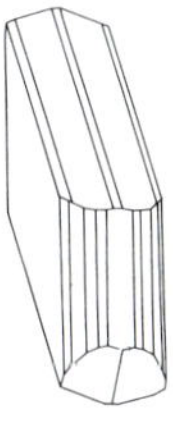

As_2S_3 • Auripigment

Die tafeligen oder kurzprismatischen Kristalle des Minerals Auripigment sind zumeist undeutlich ausgebildet und klein, können aber in seltenen Fällen auch in beachtlicher Größe auftreten (5 cm und mehr). Zumeist ist Auripigment jedoch in derben, stängelig blätterigen, nierenförmigen oder grobspätigen Massen anzutreffen. Auripigment ist wie sein Name sagt von goldgelber Farbe, wobei die Kristalle eher Orangetöne zeigen. Das Mineral zeigt Perlmutt- bis Fettglanz, es ist relativ schwer und sehr weich.

Besondere Merkmale: Auffallend ist die sehr gute Spaltbarkeit in durchsichtige, biegsame Blättchen.

Entstehung: Auripigment kommt in hydrothermalen Gängen ebenso vor wie in vulkanischen Exhalationen und heißen Quellen. Außerdem bildet sich das Mineral durch Verwitterung anderer Arsenmineralien, vor allem von Realgar.

Vorkommen und Verwendung: Bedeutende Auripigmentvorkommen befinden sich u. a. in Mazedonien, im Iran, im türkischen Kurdistan, in Rumänien, Ungarn, der Slowakei sowie in den USA (Utah und Nevada). Darüber hinaus ist das Mineral aber auch in Deutschland (St. Andreasberg im Harz), Österreich (Kärnten) und der Schweiz (Binnatal) beheimatet.

Wirtschaftlich gesehen ist Auripigment für die Arsengewinnung von Nutzen.

Visitenkarte

Kristallsystem
monoklin

Härte
1,5 bis 2

Dichte
3,48

Spaltbarkeit
vollkommen

Bruch
muschelig

Farbe
gelb

Strichfarbe
gelb

Glanz
Perlmutt- bis Fettglanz

Hauerit • MnS_2

Visitenkarte

Kristallsystem
kubisch

Härte
4

Dichte
3,46

Spaltbarkeit
unvollkommen

Farbe
braun

Strichfarbe
rötlich braun

Glanz
Metallglanz

Dieses seltene Mineral tritt fast ausschließlich in undurchsichtigen oktaedrischen, bisweilen auch kubooktaedrischen Kristallen von rötlich brauner bis braunschwarzer Farbe auf. Etwas seltener kommt Hauerit in Form körniger Aggregate vor.

Besondere Merkmale: Hauerit ist in Salzsäure löslich.

Entstehung: Hauerit ist ein typisches Mineral der Salzlagerstätten, das sehr oft in Gesellschaft von Schwefel, Gips, Calcit und Aragonit auftritt.

Vorkommen: Schöne, über 2 cm große Haueritkristalle wurden u. a. in Sizilien sowie in Texas (USA) gefunden. Hauerit ist im übrigen auch ein Bestandteil der sogenannten Manganknollen, die am Meeresgrund vor allem im Pazifik abgelagert sind.

Ullmannit • NiSbS

Visitenkarte

Kristallsystem
kubisch

Härte
5 bis 5,5

Dichte
6,65

Spaltbarkeit
vollkommen

Bruch
uneben

Farbe
silberweiß, stahlgrau

Strichfarbe
grauschwarz

Glanz
Metallglanz

Für gewöhnlich tritt dieses Nickelmineral in derben oder körnigen Aggregaten auf, in seltenen Fällen auch in würfeligen, pentagondodekaedrischen oder tetraedrischen Kristallen. Ullmannit ist von stahlgrauer bis silberweißer Farbe und zeigt metallischen Glanz.

Entstehung: Ullmannit kommt in Gängen vergesellschaftet mit Eisenerzmineralien sowie mit Zinkblende und Bleiglanz vor.

Vorkommen und Verwendung: Größere Vorkommen mit z. T. beachtlichen Kristallen befinden sich auf Sardinien (Italien), wo Ullmannit zusammen mit Breithauptit, Millerit, Sphalerit, Bleiglanz, Pyrargyrit usw. auftritt. In Gesellschaft von Chloanthit, gediegenem Wismut und Siderit findet man das Mineral z. B. in Lölling bei Hüttenberg und Waldenstein (Kärnten) sowie in der North Pole Mine in Colorado (USA). Zusammen mit Nickelin und Witherit ist Ullmannit in Northumberland und Durham (England) sowie an verschiedenen deutschen Fundorten anzutreffen - besonders im Siegerland (Rheinland), in Thüringen und im Harz. Neben Dyskrasit und Siderit ist das Mineral z. B. in Broken Hill (Australien) zu finden.

Bi_2S_3 • Bismuthinit

Dieses Wismutmineral bildet für gewöhnlich nadelige bzw. langsäulige Kristalle, die in der Längsrichtung gestreift sind. Häufiger findet man Bismuthinit, auch **Wismutglanz** genannt, in Form von körnigen, strahligen oder blätterigen Aggregaten. Bismuthinit ist von bleigrauer bis zinnweißer Farbe, undurchsichtig und weist Metallglanz auf. Das Mineral zeigt oft gelbe Anlauffarben; seine Strichfarbe ist Bleigrau. Die dünnen Spaltblättchen des Bismuthinits sind biegsam.

Besondere Merkmale: Bismuthinit weist große Ähnlichkeit mit Antimonit auf und ist von diesem in der Regel optisch kaum zu unterscheiden.

Entstehung: Charakteristisch für den Wismutglanz ist die hydrothermale Entstehungsweise. Dabei tritt er für gewöhnlich gemeinsam mit Silber-, Zinn- und Kobaltmineralien auf. Niemals jedoch ist Bismuthinit in Begleitung von Antimonit zu finden, da dieser bei deutlich niedrigeren Temperaturen abgeschieden wird.

Vorkommen und Verwendung: Wirtschaftlich nutzbare Vorkommen von Wismutglanz befinden sich in Bolivien, Peru, Großbritannien (Cornwall) und Australien. Die schönsten Kristalle stammen jedoch aus den USA (Kalifornien und South Dakota), aus Mexiko und Kanada. In Deutschland ist das Mineral vor allem im Sächsischen Erzgebirge (Johanngeorgenstadt, Altenberg) zu finden. Bismuthinit ist als Rohstoff für die Wismutgewinnung auch wirtschaftlich von einiger Bedeutung, zumal es als Erz 81,2 Gewichtsprozent Wismut enthält.

Visitenkarte

Kristallsystem
rhombisch

Härte
2

Dichte
6,8 bis 7,2

Spaltbarkeit
vollkommen

Bruch
muschelig

Farbe
zinnweiß, grau

Strichfarbe
bleigrau

Glanz
Metallglanz

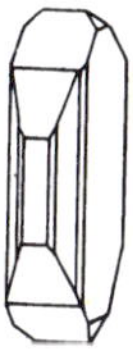

$AgAuTe_4$ • Sylvanit

Dieses silber-, gold- und tellurhältige Mineral tritt in flächenreichen tafeligen oder prismatischen Kristallen auf, wobei jedoch häufig nur miteinander verwachsene Kristallskelette vorhanden sind. Auch in Form körniger Aggregate ist Sylvanit anzutreffen. Sylvanit ist von grauer Farbe mit gelblichem Stich.

Besondere Merkmale: Unter starker Lichteinwirkung kommt es an der Oberfläche zur Bildung einer Patina.

Entstehung: Sylvanit ist in verschiedenen Vulkaniten zu finden, wo das Mineral häufig von Zinkblende und Pyrit begleitet wird.

Vorkommen: Beachtliche Vorkommen von Sylvanit befinden sich in Rumänien, wo das Mineral zusammen mit gediegenem Gold, Pyrit, Siderit und Rhodochrosit vorkommt. Weitere namhafte Lagerstätten liegen in Colorado, Kalifornien und Idaho (USA), in Australien (Kalgoorlie) und Kanada.

Verwendung: Für die Gewinnung von Silber, Gold und Tellur ist Sylvanit als Erz auch wirtschaftlich von einiger Bedeutung.

Visitenkarte

Kristallsystem
monoklin

Härte
1,5 bis 2

Dichte
7,9 bis 8,3

Spaltbarkeit
vollkommen

Farbe
grau

Strichfarbe
grau mit gelblichem Stich

Glanz
Metallglanz

Realgar • AsS

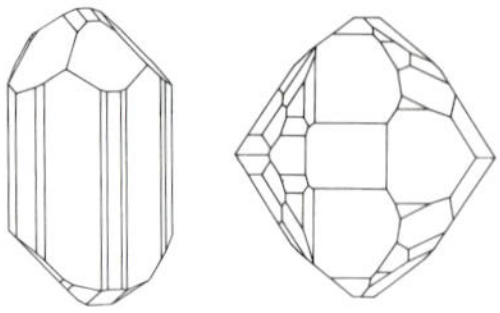

Die prismatischen Kristalle dieses Arsenminerals zeigen eine deutliche Längsstreifung. Häufiger jedoch als in Kristallform tritt Realgar in körnigen oder derben Aggregaten sowie in Form von Krustenüberzügen auf. Realgar ist durchscheinend, bisweilen auch durchsichtig, von intensiver roter bis orangeroter Farbe und orangegelbem Strich. Realgar zeigt Diamant- bis Fettglanz. Das Mineral ist sehr weich und einigermaßen schwer, weist eine gewisse Spaltbarkeit und einen muscheligen Bruch auf, es lässt sich gut schneiden.

Besondere Merkmale: Realgar sollte stets lichtgeschützt aufbewahrt werden, da das Mineral unter Lichteinwirkung nach und nach zu einem orangegelben Pulver zerfällt, das vor allem aus dem hochgiftigen Arsenolith und aus Auripigment besteht.

Entstehung: Realgar ist vor allem in hydrothermalen Tieftemperaturlagerstätten zu finden - zumeist in Gesellschaft von anderen Arsen- und Antimonsulfiden. Auch in vulkanischen Exhalationsschloten und heißen Quellen ist Realgar anzutreffen. Außerdem tritt das Mineral noch in Sedimentiten, wie z. B. Dolomitgestein, Ton und Mergel, auf.

Vorkommen: Besonders prächtige Kristalle von Realgar wurden im Dolomit des Binnatals im Schweizer Kanton Wallis gefunden, wobei vor allem Lengenbach als Fundort zu erwähnen ist. In Italien sind insbesondere die Vorkommen in der Lombardei, in Friaul-Julisch Venetien und in der Toskana (Italien) hervorzuheben. Bedeutende Vorkommen liegen auch in Mazedonien, wo vor allem Allchar als Fundort zu nennen ist. Darüber hinaus ist Realgar auf Korsika (Frankreich), in Bosnien, Rumänien sowie in den USA (Nevada) und Mexiko anzutreffen.

Verwendung: Realgar wird gelegentlich zur Gewinnung von Arsen abgebaut. Früher wurde das Mineral - mit Salpeter gemischt - auch zur Erzeugung von Feuerwerkskörpern verwendet.

Visitenkarte

Kristallsystem
monoklin

Härte
1,5 bis 2

Dichte
3,5 bis 3,6

Spaltbarkeit
unvollkommen

Bruch
muschelig

Farbe
rot, orangerot

Strichfarbe
orangegelb

Glanz
Diamant- bis Fettglanz

Auf dem Bild nebenan ist Realgar als Krustenüberzug in Gestalt kleinster Kristalle zu sehen. Die vollkommen ausgebildeten Kristalle auf dem Bild rechts stammen aus Mazedonien.

Halogenide

Bei dieser Mineralklasse handelt es sich um Verbindungen der sogenannten Halogene (»Salzbildner«) mit Metallen. Die in der Natur am häufigsten vorkommenden Halogene sind Chlor und Fluor, während die Elemente Brom und Jod seltener anzutreffen sind. Daraus folgt, dass die Mineralgruppen der Chloride bzw. der Fluoride jeweils durch eine Reihe von Mineralien vertreten sind - im Gegensatz zu den Bromiden (hier gibt es mit dem Bromargyrit nur eine bekannte Art) und den Jodiden, zu denen nur einige wenige Arten gehören.
In der Natur kommen die Halogenide entweder in Ganglagerstätten vor, wie z. B. der Fluorit, oder in Pegmatiten, wie z. B. der Kryolith.
Zur artenreichsten Gruppe, jener der Chloride, zählen einige weit verbreitete und allgemein bekannte Mineralien, die großteils infolge der Verdunstung des Wassers in ehemaligen Meeren und Salzseen entstanden sind; dies trifft z. B. auf Steinsalz und auf Carnallit zu: Die genannten Mineralien fehlen jedoch - im Gegensatz zu den Fluoriden - in pegmatitischen Gesteinen und Ganglagerstätten gänzlich.
Auch bei vulkanischen Aktivitäten können einige Chloride, wie z. B. Steinsalz, als Abscheidungsprodukt auftreten. Darüber hinaus geht eine ganze Reihe von Chloriden aus der Verwitterung von Erzen hervor; zu jenen Metallen, die auf diese Weise Verbindungen mit Chlor eingehen können, gehören z. B. Silber (Chlorargyrit), Blei, Quecksilber und Kupfer (Atacamit).

NaF • Villiaumit

Im Gegensatz zu künstlichem Natriumfluorid, das in reiner Form völlig farblos ist, zeigt Villiaumit durch natürliche radioaktive Einwirkung zumeist eine karminrote Färbung. Das Mineral zeigt eine deutliche Spaltbarkeit parallel zu den Würfelflächen. Gut ausgebildete Kristalle sind jedoch kaum jemals anzutreffen - Villiaumit tritt praktisch ausschließlich in Form von spätigen Massen auf.

Entstehung: Villiaumit ist ein sehr seltenes Mineral, das ausschließlich in Nephelinsyeniten und ähnlichen Gesteinen anzutreffen ist - besonders wenn diese größere Mengen von Natrium statt Calcium enthalten, ist jedoch der Calciumanteil sehr groß, so finden wir statt Villiaumit das Mineral Fluorit vor.

Vorkommen: Villiaumit wurde vor allem auf den Los-Inseln in Westafrika gefunden, wo das Mineral gemeinsam mit seltenen Zinkmineralien sowie mit Astrophyllit vorkommt. In Russland ist Villiaumit auf der Halbinsel Kola zu finden, wo er in Gesellschaft der seltenen Mineralien des Elements Zirkonium sowie von Pektolith vorkommt. In geringen Mengen ist dieses Mineral auch auf Grönland sowie in Kanada (Mont Saint Hilaire, Quebec) zu finden.

Visitenkarte

Kristallsystem
kubisch

Härte
2 bis 2,5

Dichte
2,8

Spaltbarkeit
deutlich nach den Würfelflächen

Farbe
kaminrot

Fluorit • CaF_2

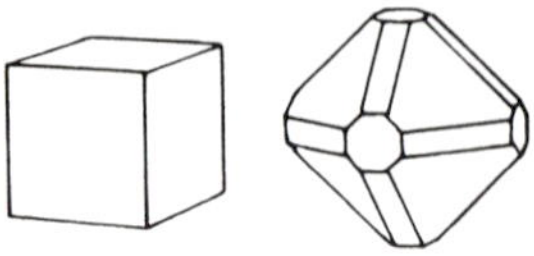

Visitenkarte

Kristallsystem
kubisch
Härte
4
Dichte
3,1 bis 3,2
Spaltbarkeit
vollkommen
Bruch
muschelig, splitterig
Farbe
farblos, versch. Farbtönungen
Strichfarbe
weiß
Glanz
Glasglanz

Fluorit oder **Flussspat** bildet würfelige oder oktaedrische Kristalle von teilweise beträchtlicher Größe. Parallel zu den Oktaederflächen ist das Mineral ausgezeichnet spaltbar. Oft tritt Fluorit in Gestalt von Durchkreuzungszwillingen auf. Darüber hinaus kommt er oft in Form von dichten, spätigen oder feinkörnigen Aggregaten vor. In reiner Form ist Fluorit farblos und durchsichtig - er tritt in der Natur jedoch in den verschiensten Farbtönungen auf, die von Gelb, Rosa, Grün, Blau bis hin zu Schwarz reichen können, wobei die Strichfarbe stets Weiß ist. Fluorit zeigt zumeist Glasglanz; er ist verhältnismäßig schwer, relativ weich und kann mit dem Taschenmesser leicht geritzt werden. Im ultravioletten Licht lässt Fluorit eine deutliche rosaviolette Fluoreszenz erkennen - ein Leuchten, das nach diesem Mineral benannt ist.

Besondere Merkmale: Wie alle calciumhaltigen Mineralien verleiht auch Fluorit der Gasflamme eine ziegelrote Färbung. Durch seine relativ geringe Härte, seine schönen kubischen Kristallformen sowie seine ausgezeichnete Spaltbarkeit unterscheidet sich Fluorit von anderen calciumhaltigen Mineralien, wie Calcit, Gips und Anhydrit. Das Mineral zeigt auf manchen Flächen Glasglanz, weist jedoch sehr häufig auch matte Oberflächen auf.

Entstehung: Fluorit ist ein typisches Mineral der hydrothermalen Gänge, wo er in der Re-

Die Fluoritkristalle auf beiden Bildern zeigen vollkommene Kristallformen (auf dem Bild rechts bestehen nur die violetten Kristalle aus Fluorit).

Farbloser kubischer Fluorit, im Zentrum ein farbloses trigonales Quarzprisma (Toskana, Italien).

gel zusammen mit Blei-, Zink- und Silbersulfiden auftritt. Auch in Pegmatiten und in Hohlräumen von siliziumreichen Magmatiten, wie z. B. Granit, ist das Mineral bisweilen vorhanden. Schließlich sind auch in Sedimentgesteinen Fluoritvorkommen anzutreffen.

Vorkommen: Besonders schöne grüne oder violette Kristalle von würfeliger Gestalt wurden in englischen Lagerstätten gefunden, wobei vor allem Weardale in Durham sowie Alston Moor und Cleator Moor in Cumberland zu erwähnen sind, wo Fluorit vergesellschaftet mit Calcit, Baryt, Quarz, Zinkblende und Bleiglanz anzutreffen ist. In Kanada wurden herausragende Kristalle in der Gegend von Thunder Bay entdeckt, wo das Mineral oft von Amethyst begleitet wird. Auf dem nordamerikanischen Kontinent sind aber auch wirtschaftlich bedeutende Fluoritlagerstätten beheimatet - allen voran jene in Ontario und Illinois. Prächtige Fluoritkristalle wurden auch in Deutschland gefunden, wobei vor allem die honiggelb gefärbten Exemplare aus Freiberg im Sächsischen Erzgebirge hervorzuheben sind. Auch aus der Gegend des St.-Gotthard-Massivs in der Schweiz stammen schöne Kristalle, die durch ihre charakteristische oktaedrische Form sowie ihren rosaroten Farbton auffallen. Erwähnenswert sind auch die Kristallfunde in Italien, vor allem in Südtirol und auf Sardinien (Sarrabus). In Deutschland liegen auch wirtschaftlich bedeutende Vorkommen von Fluorit, etwa jene von Wölsendorf in der Oberpfalz, Straßberg im Harz, Oelsnitz im Vogtland, Freiberg in Sachsen sowie Ilmenau im Thüringer Wald.

Verwendung: Fluorit ist vor allem als Rohstoff zur Herstellung von Flusssäure von Bedeutung, die zum Ätzen von Gläsern eingesetzt wird. Daneben wird das Mineral auch in der Keramik- und der Kunststoffindustrie sowie zur Herstellung optischer Bauteile verwendet - so werden aus reinen und klaren Kristallen Prismen und Linsen für Spektrographen und Fernrohre hergestellt. Nicht zuletzt wird Fluorit auch in der Metallindustrie (Aluminium) als Flussmittel eingesetzt.

Kryolith • Na_3AlF_6

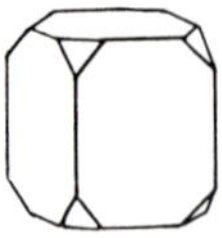

Dieses Fluormineral ist das am weitesten verbreitete aus der Gruppe der sogenannten Doppelhalogenide. Kryolith kristallisiert im monoklinen Kristallsystem, bildet jedoch (pseudo)würfelige Kristalle. Das Mineral weist praktisch keinerlei Spaltbarkeit auf.

Besondere Merkmale: Kryolith ist für gewöhnlich farblos oder weiß; und da seine Farbe und der Glanz den Betrachter an Eis erinnert, trägt er auch den Namen **Eisstein.** In Wasser eingetaucht, scheint Kryolith zu verschwinden, was durch den nahezu gleichen Brechungsindex von Mineral und Wasser verursacht wird. Schwer zu unterscheiden ist Kryolith bisweilen von anderen seltener vorkommenden Fluoriden, in deren Begleitung das Mineral vorkommen kann - es sei denn, diese treten in gut ausgebildeten Kristallen auf.

Entstehung: Kryolith kommt vor allem in Quarz-Feldspat-Pegmatit vor, wo er meist in Begleitung von Siderit und Pyrit auftritt.

Vorkommen: Nur an wenigen Orten der Erde kommt dieses Mineral in abbauwürdigen Lagerstätten vor. Die größte - inzwischen gänzlich ausgebeutete - Lagerstätte war Ivigtut am Arsukfjord in Westgrönland, wo Kryolith mit Siderit, Quarz, Fluorit und Topas vergesellschaftet war. Eine weitere größere Lagerstätte liegt im Ilmengebirge bei Miask (Ural), wo das Mineral zusammen mit Topas, Fluorit und Phenakit auftritt. Kleinere Kryolithvorkommen liegen auch in den USA (Pike's Peak, Colorado). Auf dem afrikanischen Kontinent sind die Kryolithvorkommen von Kaffo (Nigeria) zu erwähnen, wo das Mineral zusammen mit Topas, Pyrochlor und Astrophyllit in Granitgestein zu finden ist.

Verwendung: Kryolith wird als Flussmittel bei der Schmelzflusselektrolyse des Aluminiums eingesetzt. Weiters findet das Mineral als Trübungsmittel für Milchglas und Email Verwendung.

Visitenkarte

Kristallsystem
monoklin

Härte
2,5 bis 3

Dichte
2,95

Spaltbarkeit
keine

Bruch
uneben

Farbe
weiß, braun, grau, schwarz, rot

Strichfarbe
weiß

Glanz
Glas-, Perlmuttglanz

Eine prächtige Stufe von Kryolith aus Ivigtut (Grönland), wo sich einst die größte Lagerstätte des Minerals befand.

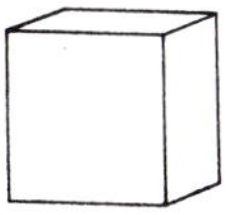

NaCl • Steinsalz (Halit)

Steinsalz kristallisiert fast ausschließlich in würfeliger Gestalt. Die meist erkennbare Einbuchtung in der Mitte der Würfelflächen ergibt sich aus der Tatsache, dass die Wachstumsgeschwindigkeit des Kochsalzkristalls an den Kanten größer ist als im Zentrum der Flächen. Steinsalz ist aber auch in Form von derben Massen oder körnigen Aggregaten anzutreffen. Es ist ein farbloses Mineral, das häufig durch Einlagerungen verschiedene Farbtöne annehmen kann - es kann z. B. durch Bitumen schwarz, durch Eisenoxide gelbrot bis grau oder durch Hämatit rötlich getönt sein. Die besonders häufig auftretenden blauen oder violetten Farbtöne sind jedoch durch Gitterstörungen bedingt, welche durch natürliche Radioaktivität hervorgerufen werden. Steinsalz ist durchsichtig bis durchscheinend und weist Glasglanz auf. Es ist ein weiches, leichtes und sprödes Mineral, das sehr gut nach den Würfelflächen spaltbar ist.

Besondere Merkmale: Die hervorstechende Eigenschaft von Steinsalz ist seine sehr gute Löslichkeit in Wasser. Von dem bitter schmeckenden Magnesium und den Kalisalzen lässt es sich leicht durch seinen typischen Salzgeschmack unterscheiden.

Entstehung: Steinsalz kommt größtenteils in sedimentären Lagerstätten vor, welche in verschiedenen erdgeschichtlichen Epochen durch Verdampfung großer Salzwassermassen in abgetrennten Meeresbecken entstanden sind. In weitaus kleineren Mengen bildet sich Steinsalz auch als Sublimationsprodukt von vulkanischen Gasen.

Vorkommen: Bekannt sind die großen Salzlagerstätten Österreichs, wobei insbesondere jene von Hallstatt, Hallein und Ischl hervorzuheben sind. In Deutschland befinden sich bedeutende Vorkommen vor allem in Bernburg und Staßfurt in Sachsen, in der Gegend von Hannover, in Heilbronn (Baden-Württemberg) und in Berchtesgaden (Oberbayern). In der Schweiz ist vor allem die Lagerstätte von Bex im Kanton Waadt hervorzuheben. Darüber hinaus sind noch in einigen anderen europäischen Ländern große Salzlagerstätten zu finden - insbesondere in Polen (Wieliczka bei Krakau), Frankreich (Lothringen), Italien (Sizilien) und Spanien (Katalonien). Außerhalb Europas liegen die größten Steinsalzvorkommen in den USA (Louisiana, Kansas, Arizona und Kalifornien), in Peru und in Argentinien.

Verwendung: Unser Speisesalz, das seit jeher ein unverzichtbarer Teil unserer Ernährung ist, wird entweder durch Eindampfen von Salzsole oder aber als Steinsalz in Salzlagerstätten gewonnen. In der chemischen Industrie findet Steinsalz zur Gewinnung von Natrium, Ätznatron und Salzsäure Verwendung.

Visitenkarte

Kristallsystem
kubisch

Härte
2

Dichte
2,1 bis 2,2

Spaltbarkeit
vollkommen

Bruch
muschelig

Farbe
farblos, versch. Farbtöne

Strichfarbe
weiß

Glanz
Glasglanz

Auf dem Bild links ist deutlich die würfelige Kristallform von Steinsalz zu sehen. Das Kristallaggregat auf dem Bild oben stammt aus den USA (Salton Sea, Imperial County).

Carnallit • $KMgCl_3 \cdot 6H_2O$

Visitenkarte

Kristallsystem
rhombisch

Härte
1 bis 2

Dichte
1,6

Spaltbarkeit
keine

Bruch
muschelig

Farbe
farblos, weiß, rot, gelb, braun

Strichfarbe
weiß

Glanz
Fett-, Glasglanz

Die selten anzutreffenden Kristalle dieses Haloidsalzes treten für gewöhnlich in tafeliger Gestalt auf, zumeist tritt Carnallit jedoch in Form von derben oder körnigen Massen auf. Das Mineral zeigt Glas- bis Fettglanz, ist farblos bis milchig weiß, kann durch Einschlüsse von Hämatit gelegentlich rötlich verfärbt sein und lässt dann ein metallisches Schimmern erkennen.

Besondere Merkmale: Carnallit ist in Wasser löslich, wobei er der Lösung einen salzig bitteren Geschmack verleiht.

Entstehung: Carnallit ist ein häufig vorkommendes Mineral der Kalisalzlagerstätten, wo er in der Regel von Kieserit, Anhydrit, Steinsalz, Sylvin und Polyhalit begleitet wird.

Vorkommen und Verwendung: Namhafte Vorkommen von Carnallit sind in Deutschland zu verzeichnen, wobei vor allem die Lagerstätten in Sachsen und Hessen zu nennen sind. Schöne Kristalle wurden u. a. in Staßfurt gefunden. Auch in den Kalisalzlagerstätten Siziliens tritt das Mineral mit z. T. gut ausgebildeten Kristallen auf.

Carnallit ist vor allem zur Gewinnung von Kalium von Bedeutung, welches in großen Mengen in der Düngemittelindustrie benötigt wird.

Chlorargyrit (Hornsilber) • AgCl

Visitenkarte

Kristallsystem
kubisch

Härte
1,5 bis 2

Dichte
5,5 bis 5,6

Bruch
geschmeidig, schneidbar

Farbe
farblos, weiß, am Licht Verfärbung zu violett bis schwarz

Strichfarbe
weiß

Glanz
Diamantglanz

Die kleinen würfeligen Kristalle dieses Minerals sind in der Natur nur sehr selten anzutreffen; zumeist tritt Chlorargyrit **(Hornsilber oder Chlorsilber)** bzw. Kerargyrit, wie das Mineral auch genannt wird, in derben bzw. hornartigen Massen sowie in Form von Krusten und Überzügen auf. Chlorargyrit ist zwar nicht übermäßig weich, aber geschmeidig und mit dem Messer schneidbar. Chlorargyrit ist in reiner Form farblos bis weiß, verfärbt sich jedoch am Licht rasch grau oder violett bis hin zu schwarz.

Besondere Merkmale: Chlorargyrit ist wasserunlöslich und sehr gut formbar; das Mineral lässt sich mit dem Taschenmesser gut schneiden.

Entstehung: Chlorargyrit reichert sich vor allem in der Oxidationszone (d. h. an der Oberfläche) von Silberlagerstätten an.

Vorkommen: Mit seinem Silberanteil von 75% ist Chlorargyrit in manchen Lagerstätten als Silbermineral durchaus von Bedeutung. Namhafte Lager befinden sich im Böhmisch-Sächsischen Erzgebirge, im Harz (St. Andreasberg) sowie im Elsass (Markirch). Größere Vorkommen liegen außerdem in Kasachstan, Usbekistan sowie in Sibirien. Von den vielen amerikanischen Fundorten sind hier Leadville (Colorado), Lake Valley (New Mexico) und Tombstone (Arizona) hervorzuheben.

Oxide und Hydroxide

Sauerstoff ist jenes Element, das in der Erdkruste am häufigsten vorkommt, weshalb es auch ein wesentlicher Bestandteil der großen Mehrheit der Mineralien ist. Sehr oft ist Sauerstoff in Verbindungen mit zwei oder mehr Elementen zu finden, wovon in der Regel eines ein Nichtmetall ist, wie z. B. beim Calciumsulfat ($CaSO_4$), aus dem die Mineralien Gips und Anhydrit bestehen. Aus chemischer Sicht spricht man in diesem Fall jedoch nicht von einem Oxid, sondern von einem Salz der Schwefelsäure (H_2SO_4).
Als Oxide betrachtet man jene Verbindungen bzw. Mineralien, bei denen Sauerstoff sich an ein Metall bindet, wie dies z. B. beim Korund oder Rubin (Al_2O_3) der Fall ist. Ein Oxid kann aber auch eine Substanz sein, bei der Sauerstoff sich mit mehreren Elementen verbindet - vorausgesetzt, es handelt sich bei dieser Verbindung nicht um das Salz einer Säure, wobei die Grenze zwischen echten Oxiden und Salzen nicht immer leicht zu ziehen ist. Viele Mineralien, wie z. B. Perowskit ($CaTiO_3$) und Spinell ($MgAl_2O_4$) gelten zwar allgemein als Oxide, werden von manchen Mineralogen aber eher als »Titanat« bzw. »Aluminat«, also als Salze, betrachtet.
Die ebenfalls zu dieser Klasse zählenden Hydroxide sind durch das Vorhandensein einer OH-Gruppe anstelle eines Sauerstoffatoms charakterisiert. Bei Erwärmung wird die OH-Gruppe durch Aufnahme eines Wasserstoffatoms zu Wasser und das Mineral zum Oxid.

ZnO • Zinkit

Die pyramidalen Kristalle des Zinkits sind in der Natur kaum anzutreffen. Zumeist kommt das Mineral in körnigen oder spätigen Massen von orangeroter bis blutroter Farbe vor, wobei es gelegentlich mit Franklinit und Willemit vergesellschaftet auftritt.

Besondere Merkmale: Gut erkennbar ist Zinkit an seiner auffälligen Farbe, insbesondere, wenn die Herkunft des betreffenden Exemplars bekannt ist. Auch das gemeinsame Auftreten mit Willemit, ein Mineral, das eine gewisse Fluoreszenz aufweist, sollte eine zweifelsfreie Bestimmung ermöglichen.

Entstehung: Zinkit gehört zu den Mineralien, die durch Kontaktmetamorphose entstehen, d. h. durch chemisch-physikalische Prozesse, die darin bestehen, dass heiße magmatische Schmelzen hochsteigen und durch Hitzeeinwirkung eine Umwandlung der umliegenden Gesteine bewirken. Die Art der Mineralien, die dabei entstehen, ergibt sich einerseits aus der Zusammensetzung des Magmas und andererseits aus der Beschaffenheit des betroffenen Gesteins.

Vorkommen und Verwendung: Die weltweit bedeutendsten - heute jedoch bereits großteils ausgebeuteten - Zinkitlagerstätten sind jene von Franklin und Sterling Hill in New Jersey (USA), wo das Mineral von weißem oder rosafarbenem Calcit, grünem Willemit, grauem Tephroit und schwarzem Franklinit begleitet wird. Zinkit wird heute kaum noch zu wirtschaftlichen Zwecken abgebaut; unter Sammlern sind die seltenen Kristalle jedoch überaus begehrt.

Visitenkarte

Kristallsystem
hexagonal

Härte
4,5 bis 5

Dichte
5,4 bis 5,7

Spaltbarkeit
vollkommen

Bruch
uneben

Farbe
orangegelb, rot

Strichfarbe
orangegelb

Glanz
Fett-,
Diamantglanz

Cuprit • Cu_2O_4

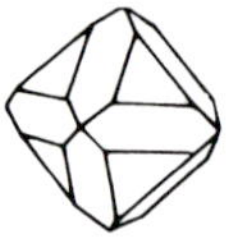

Dieses spröde und relativ gut spaltbare Kupfermineral tritt zumeist in derben, körnigen oder dichten Aggregaten auf, ist aber gelegentlich auch in Form durchsichtiger bis durchscheinender Kristalle von leuchtend roter bis braunroter Farbe anzutreffen, die Metall- bis Diamantglanz aufweisen. Die Varietät **Kupferblüte (Chalkotrichit)** tritt in Form von typischen haarförmigen bzw. faserig nadeligen Kristallen auf.

Besondere Merkmale: Sehr oft sind sowohl Kristalle als auch derbe Aggregate des Cuprits von einer Kruste aus grünem Malachit überzogen. Hält man einen Splitter des Minerals in die Flamme der Lötlampe, so erhält man ein rotes Kügelchen aus Kupfer.

Entstehung: Cuprit tritt vorwiegend in der Oxidationszone von Kupfererzlagerstätten auf, wobei das Mineral oft von gediegenem Kupfer, Malachit und Azurit begleitet wird.

Vorkommen und Verwendung: Herausragende Kristalle von Cuprit stammen insbesondere aus den afrikanischen Lagerstätten von Shaba in Zaire und Tsumeb in Namibia. Weitere namhafte Vorkommen befinden sich in Frankreich (Chessy bei Lyon), den USA (Bisbee in Arizona) sowie in Peru und Chile.

Cuprit war wohl eines der ersten Mineralien, das der Mensch wirtschaftlich nutzte, da man durch einfaches reduzierendes Schmelzen beträchtliche Mengen von Kupfer gewinnen konnte. Heute ist Cuprit nur noch selten als Kupfererz von Bedeutung.

Visitenkarte

Kristallsystem
kubisch

Härte
3,5 bis 4

Dichte
6,14

Spaltbarkeit
vollkommen

Bruch
muschelig, uneben

Farbe
rot, braunrot

Strichfarbe
braunrot

Glanz
Metallglanz

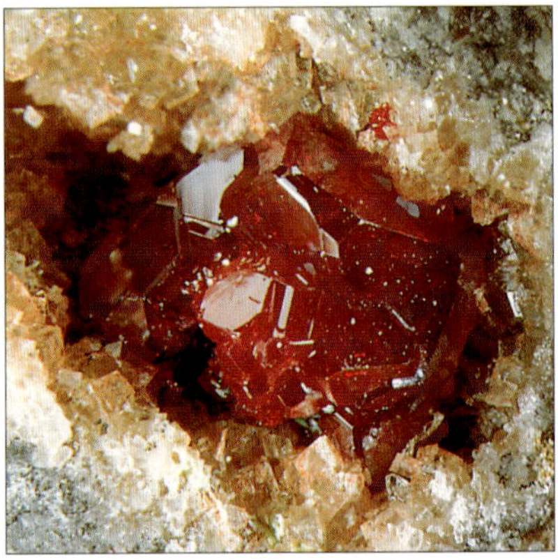

Das Bild rechts zeigt Cuprit als dendritisch verzweigtes Kristallaggregat zusammen mit Markasit (Arizona, USA). Auf dem Bild oben sind Cupritkristalle in einer Geode zu sehen (Zaire).

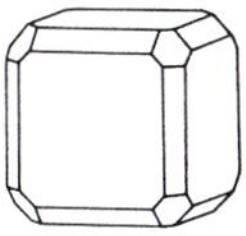

$CaTiO_3$ • Perowskit

Die in der Regel sehr gut ausgebildeten Kristalle dieses Minerals treten entweder in würfeliger oder in oktaedrischer Gestalt auf, wobei die würfeligen Kristalle immer parallel zur Kante gestreift sind. Bisweilen ist Perowskit jedoch auch in Form von derben oder körnigen Aggregaten anzutreffen.

Besondere Merkmale: Perowskit ist hart, schwer und nicht allzu gut parallel zu den Würfelflächen spaltbar. Das Mineral ist spröde und zeigt muscheligen bis unebenen Bruch.

Entstehung: Perowskit kommt in einigen vulkanischen Gesteinen und in Metamorphiten (Serpentin, Talk- und Chloritschiefer) vor; auch in kontaktmetamorphen Gesteinen, wie z. B. Marmor, ist das Mineral anzutreffen. Von den Varietäten des Perowskits seien hier vor allem der niobiumhaltige **Dysanalyt** sowie der cerhaltige **Knopit** hervorgehoben.

Vorkommen: Besonders schöne Kristalle von Perowskit wurden vor allem in den Alpen gefunden, wobei Zermatt im Wallis (Schweiz) sowie Pfitsch in Südtirol als Fundorte besonders erwähnenswert sind; weitere beachtliche Funde wurden im Alatal, im Aostatal sowie im Val Malenco in der Lombardei (alle in Italien) verzeichnet. Wirtschaftlich bedeutende Lagerstätten von Perowskit liegen vor allem im Ural (Russland), in Quebec (Kanada), in den USA und in Brasilien.

Visitenkarte

Kristallsystem
rhombisch

Härte
5,5

Dichte
4

Spaltbarkeit
unvollkommen

Bruch
muschelig, uneben

Farbe
honiggelb bis schwarz

Strichfarbe
gelb bis hellgrau

Glanz
Diamant-, Metallglanz

CuO • Tenorit

Dieses Kupfermineral kommt - wenn auch selten - in sehr dünnen bzw. tafeligen Kristallen vor; zumeist aber ist Tenorit in Form von derben, feinkörnigen oder erdigen Massen anzutreffen. Die erdige Varietät wird **Melaconit** genannt. Tenorit ist spröde und nicht spaltbar, zeigt stahlgraue bis schwarze Farbe, ist undurchsichtig und hat zumeist Metallglanz.

Besondere Merkmale: Tenorit ist von mittlerer Härte, d. h., er lässt sich problemlos mit dem Taschenmesser ritzen.

Entstehung: Tenorit bildet sich durch Verwitterung vor allem in der Oxidationszone von Kupfererzlagerstätten, d. h. in jenen Bereichen, wo die Kupfermineralien den Witterungseinflüssen besonders ausgesetzt sind. Dort ist dieses Mineral oft in Begleitung von Azurit und Malachit anzutreffen, die beide ebenfalls durch Oxidation von Kupfermineralien, wie z. B. Cuprit, entstehen. Daneben bildet sich Tenorit auch als Sublimationsprodukt aus vulkanischen Gasen, wie z. B. am Vesuv und am Ätna.

Vorkommen und Verwendung: In Europa ist Tenorit vor allem in Großbritannien, Spanien, Frankreich, Russland und nicht zuletzt auch in Deutschland anzutreffen, wo vor allem Waldsassen in der Oberpfalz zu erwähnen ist. In den USA liegen namhafte Vorkommen in Kalifornien, Oregon, Arizona und New Mexico. Weitere große Tenoritlagerstätten liegen in Bolivien und Peru. Tenorit wird als Kupfererz wirtschaftlich genutzt.

Visitenkarte

Kristallsystem
monokolin

Härte
3 bis 4

Dichte
6 bis 6,5

Spaltbarkeit
keine

Bruch
uneben, muschelig

Farbe
grau, schwarz

Strichfarbe
schwarz

Glanz
Metallglanz

Spinelle

Die Mineralgruppe der Spinelle umfasst Oxide mit der allgemeinen Formel XY_2O_4, wobei X für zweiwertige Metalle (Magnesium, Eisen, Zink und Mangan) und Y für dreiwertige Metalle (Aluminium, Eisen, Chrom) steht. Die Vertreter der beiden Metalltypen können sich gegenseitig ersetzen, was in der Natur zur Ausbildung von Mischkristallen führt. Zumeist treten Spinelle in oktaedrischen Kristallen auf, wobei auch Zwillingsbildungen häufig vorkommen. Manche der Spinelle sind in Vulkaniten zu finden, andere wiederum treten häufig in Metamorphiten auf.
Die häufigsten Mineralien dieser Gruppe sind **Gahnit**, der eigentliche **Spinell, Magnetit, Chromit** und **Franklinit**.

Gahnit • $ZnAl_2O_4$

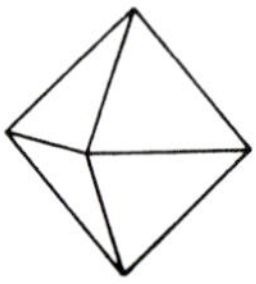

Dieses Spinellmineral, das in der Regel schöne oktaedrische Kristalle bildet, kann in schwarzer, grünlich schwarzer, blauer sowie seltener auch in gelber bis brauner Farbe auftreten.
Besondere Merkmale: Gahnit ist leicht mit anderen Mineralien von gleicher Farbe und Kristallgestalt zu verwechseln, wobei er sich nur vom Magnetit durch dessen Magnetismus klar unterscheiden lässt.
Entstehung: Gahnit entsteht durch Gesteinsmetamorphose und tritt häufig mit Mineralien wie Zinkblende, Bleiglanz und Pyrrhotin vergesellschaftet auf. Vor allem in Brasilien ist Gahnit auch in Diamantseifen anzutreffen.
Vorkommen: Beachtliche Vorkommen von Gahnit liegen vor allem in Schweden (Falun), in den USA (Franklin und Sterling Hill, New Jersey) und in Brasilien. In Deutschland sind vor allem die Vorkommen von Lam und Bodenmais im Bayerischen Wald zu nennen.

Visitenkarte

Kristallsystem
kubisch

Härte
7,5 bis 8

Dichte
4,6

Spaltbarkeit
keine

Bruch
muschelig

Farbe
zumeist dunkelgrün

Strichfarbe
grau

Glanz
Glasglanz

Diese grünlich schwarzen Gahnitkristalle stammen aus Charlemont (Massachusetts, USA).

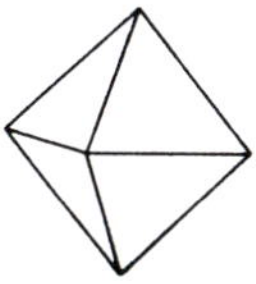

$MgAl_2O_4$ • Spinell

Wegen der Schönheit und Härte seiner Kristalle, die geschliffen auch als Edelsteine Verwendung finden, wird dieses Mineral im Edelsteinhandel auch als **Edelspinell** bezeichnet. Er kann in verschiedenen Farbtönen auftreten, u. a. in Braunschwarz, was durch einen gewissen Eisengehalt bedingt ist (man spricht in diesem Fall vom **Pleonast**), oder in Rubinrot (**Rubinspinell**). Die Kristalle des Spinells zeigen Glasglanz und treten sehr oft in vollkommener oktaedrischer Form auf, wobei auch Zwillingsbildungen recht häufig sind. Bei rotem und blauem Spinell sind des öfteren kleine schwarze Einschlüsse von oktaedrischer Form zu erkennen - es handelt sich dabei um **Herzynit,** einen seltenen Spinell aus Aluminium und zweiwertigem Eisen. Weitere mögliche Einschlüsse sind Kristalle von Calcit, Dolomit, Apatit, Zirkon, Olivin oder Rutil.

Besondere Merkmale: Spinell zeigt in ultraviolettem Licht bisweilen starke Fluoreszenz. Der rote Spinell ändert bei starker Erwärmung seine Farbe und wird hellgelb, nimmt aber, wenn er abkühlt, seinen ursprünglichen Farbton wieder an.

Entstehung: Spinell ist in metamorphem Karbonatgestein und in Schiefern zu finden. Exemplare von Edelsteinqualität sind vor allem in Seifen anzutreffen, wo sich Spinell dank seiner Härte und Verwitterungsbeständigkeit gelegentlich anreichern kann.

Vorkommen: Die wertvollsten Spinelle stammen aus Kambodscha, Indien, Birma, Thailand und Sri Lanka. In Brasilien, im Ural (Russland), in Australien, auf Madagaskar sowie in den USA werden ebenfalls Spinellvorkommen abgebaut. Schöne Spinellkristalle wurden auch in Italien in den vulkanischen Bomben des Monte Somma (Vesuv) gefunden.

Verwendung: Spinell ist vor allem als begehrter Edelstein von Bedeutung, wobei die Exemplare, die sich nicht als Schmucksteine eignen, bisweilen zu Schleifmitteln verarbeitet werden.

Diese dunkelblauen Spinellkristalle stammen aus Franklin (New Jersey, USA). Auf dem Bild oben: rote Spinellkristalle auf weißem Calcit.

Visitenkarte

Kristallsystem
kubisch

Härte
8

Dichte
3,6 bis 3,75

Spaltbarkeit
keine

Bruch
muschelig

Farbe
rot

Strichfarbe
weiß

Glanz
Glasglanz

VERWENDUNG ALS SCHMUCKSTEIN

Die schönsten Spinelle stammen aus Seifenlagerstätten, wobei rote (Rubinspinell oder Rubinbalais), blaue und grüne Spinelle besonders begehrt sind. Auch beim Spinell werden die ästhetischen Vorzüge des Kristalls durch bestimmte Schliffformen betont, wobei in diesem Fall vor allem der Ovalschliff, der Cabochonschliff sowie der Rundschliff angewendet werden. Einige besonders herausragende Steine, die man lange Zeit für Rubine hielt, entpuppten sich nach eingehender Untersuchung schließlich als Spinelle. Zu diesen zählen so berühmte Stücke wie der **Black Prince's Ruby** sowie der aus Indien stammende **Timur Ruby**, die beide zu den britischen Kronjuwelen gehören.

Magnetit • Fe_3O_4

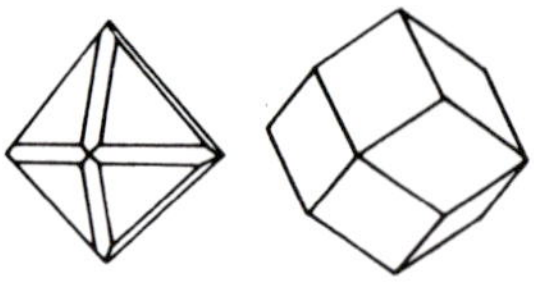

Magnetit ist von allen Eisenerzen jenes mit dem höchsten Eisenanteil (ca. 72%). Oft ist dieses Mineral in vollkommen ausgebildeten oktaedrischen oder rhombendodekaedrischen Kristallen zu finden, deren schwarzglänzende Flächen gestreift sind. Viel häufiger jedoch tritt Magnetit in Form von körnigen oder dichten Aggregaten von eisenschwarzer Farbe mit bläulichem Schillern auf. Das Mineral ist undurchsichtig mit schwarzem Strich. Charakteristisch für den Magnetit ist ein stumpfer Metallglanz. Die Kristalle sind spröde, kaum spaltbar, außerdem schwer und hart, sodass sie mit dem Taschenmesser nur schwer ritzbar sind.

Besondere Merkmale: Die hervorstechende Eigenschaft des Magnetits ist sein starker natürlicher Magnetismus, d. h., er zieht Gegenstände aus Eisen an. Außerdem ist Magnetit relativ verwitterungsbeständig.

Entstehung: Magnetit ist in vielen verschiedenen Gesteinstypen anzutreffen. So findet man ihn z. B. in Form großer Lagerstätten in basischen und ultrabasischen Tiefengesteinen, d. h. in Gesteinen, die aus eisen- und magnesiumreichen Schmelzen entstanden sind, wo Magnetit unter hohen Temperaturen als eines der ersten Mineralien auskristallisiert und sich aufgrund seines hohen spezifischen Gewichts am Boden des Plutons in größeren Lagerstätten anreichert. Magnetit kann aber auch hydrothermalen Ursprungs sein, d. h. er geht aus jenen Restschmelzen hervor, die in der späteren Phase des magmatischen Erstarrungsprozesses nach der Bildung der Granite und Pegmatite noch vorhanden sind. Darüber hinaus ist Magnetit auch in sedimentären Lagerstätten weit verbreitet, und zwar in Sanden, die aus verwitterten magnetitführenden Gesteinen hervorgegangen sind und in denen sich das schwere verwitterungsbeständige Mineral anreichern konnte. Schließlich ist das Mineral auch im sogenannten **Skarn** zu finden, ein Gestein, das durch Kontaktmetamorphose entstanden ist, wobei plutonische Massen das umliegende Gestein durch Hitzeeinwirkung veränderten.

Vorkommen: Große Vorkommen, bei denen sich Magnetit bei hohen Temperaturen im ultrabasischen Bereich ablagert, finden sich vor allem in Kirunavaare (Schweden), wo das Mineral von verschiedenen anderen Eisenverbindungen begleitet wird, die bei der Verhüttung zur Bildung eines besonders hochwertigen, harten Stahls führen. Weitere namhafte Lagerstätten von Magnetit befinden sich in Südafrika, den USA (Iron Spring, Iron Mountains), Russland (Ural), Frankreich (Lothringen) und Finnland. In Deutschland liegen bedeutende Magnetitvorkommen vor allem im Lahn-Dill-Gebiet in Hessen sowie im Sächsischen Erzgebirge und in Thüringen. Besonders schöne Magnetitkristalle wurden u. a. im Zillertal in Tirol, im Binnatal im Schweizer Kanton Wallis und in Italien (Lombardei, Alatal, Vesuv) gefunden.

Verwendung: Magnetit ist das wichtigste Eisenerz und deshalb für die Stahlerzeugung von größter Bedeutung.

Visitenkarte

Kristallsystem
kubisch

Härte
6 bis 6,5

Dichte
5,2

Spaltbarkeit
unvollkommen

Bruch
muschelig

Farbe
eisenschwarz

Strichfarbe
schwarz

Glanz
Metallglanz

Die magnetischen Eigenschaften des Magnetits werden auf dem Bild rechts besonders anschaulich demonstriert; dieses Exemplar stammt von der Insel Elba (Italien). Das Bild oben zeigt typische oktaedrische Magnetitkristalle.

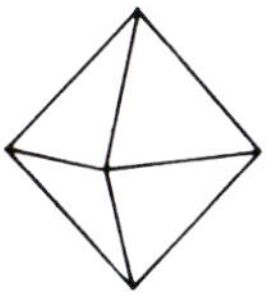

$FeCr_2O_4$ • Chromit

Chromit ist ein Oxid der Metalle Eisen und Chrom, das in reiner Form einen Chromanteil von 46,6% aufweist, wobei in Erzen jedoch fast immer wechselnde Anteile von Magnesium und Aluminium vorhanden sind. Chromit kristallisiert im kubischen Kristallsystem, kommt jedoch nur selten in Gestalt kleiner oktaedrischer Kristalle vor, die im übrigen undurchsichtig und von schwarzer Farbe sind. Zumeist ist das Mineral in körnig kompakten Massen anzutreffen. Chromit hat Metall- bis Fettglanz und weist eine braune Strichfarbe auf. Er ist hart und relativ schwer, außerdem spröde und nicht spaltbar.

Besondere Merkmale: Durch seine braune Strichfarbe sowie seinen schwachen Magnetismus unterscheidet sich Chromit vom Magnetit, der über einen schwarzen Strich und einen starken Magnetismus verfügt.

Entstehung: Chromit kommt häufig in ultrabasischen Tiefengesteinen vor, die reich an Olivin sind, wie etwa den Peridotiten und Duniten; hier bildet sich Chromit stets als frühmagmatische Ausscheidung. Darüber hinaus findet sich das Mineral jedoch auch in Serpentinen, die durch Umwandlung aus Magmatiten hervorgegangen sind. Nach erfolgter Verwitterung von Gesteinen, welche Chromit enthalten, kann sich das Mineral auch in sekundären Lagerstätten in Form von Seifen ablagern.

Vorkommen: Namhafte Vorkommen von Chromit befinden sich u.a. in der Türkei, in Südafrika (Transvaal), Kanada, Neuseeland, Kuba, Zimbabwe, auf den Philippinen sowie in Mazedonien (Ex-Jugoslawien) und Albanien. Chromit ist auch in Österreich zu finden, insbesondere in der Steiermark (z. B. Kraubath).

Verwendung: Chromit ist das einzige wirtschaftlich bedeutende Chromerz, wobei Chrom vor allem zur Stahlveredlung (Chromstahl), zur Herstellung von Eisen-Nickel-Legierungen sowie zum Verchromen eingesetzt wird.

Visitenkarte

Kristallsystem
kubisch

Härte
5,5

Dichte
4,5 bis 4,8

Spaltbarkeit
keine

Bruch
uneben, muschelig

Farbe
schwarz

Strichfarbe
braun

Glanz
Metall-, Fettglanz

Die schwarzen oktaedrischen Kristalle des Chromits, welche hier zu sehen sind, lassen sich in der Natur nur selten antreffen.

Korund • Al_2O_3

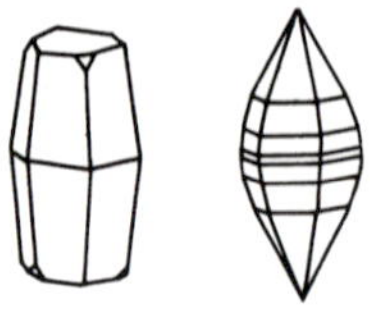

Die Kristalle dieses Oxidminerals präsentieren sich in prismatischer, tafeliger oder rhomboedrischer Gestalt. Aus dem gemeinsamen Auftreten von verschieden steilen Dipyramiden gehen die charakteristischen tonnenförmigen Exemplare des Korunds hervor. Gelegentlich findet man auch typische, sich mehrfach wiederholende polysynthetische Zwillingsbildungen, die sich durch ihre Anwachsstreifen und ihren Lamellenbau auszeichnen. Korund ist in reiner Form völlig farblos, kann aber auch durch verschiedenerlei Bemengungen in einer ganzen Reihe von Farbtönen auftreten. Zu den Varietäten des Korunds zählt man u. a. den unscheinbaren trüben **Gemeinen Korund**, den roten **Rubin**, den blauen **Saphir**, den orangegelben **Padparadscha** sowie den **Schmirgel**, der ein Gemenge aus Korund und verschiedenen Eisenoxiden darstellt. Gelegentlich ist bei Korundkristallen das Phänomen des **Asterismus** zu beobachten, das sind sternförmige Lichtreflexe, die durch Reflexionserscheinungen an kleinen, im Kristall eingelagerten Fasern entstehen, welche in verschiedenen Richtungen angehäuft sind.

Besondere Merkmale: Korund ist nicht spaltbar, wenngleich bisweilen dieser Eindruck durch die Teilbarkeit erweckt wird, die er entlang der bereits erwähnten Anwachsstreifen der Zwillingsflächen zeigt. Korund ist der einzige natürlich vorkommende Stoff mit der Härte 9; allein Diamant vermag ihn zu ritzen. Unter UV-Licht zeigt Korund gelegentlich eine gewisse Fluoreszenz.

Entstehung: Korund kommt vor allem in metamorphen Gesteinen vor, kann darüber hinaus aber auch in Pegmatiten auftreten.

Visitenkarte

Kristallsystem
trigonal

Härte
9

Dichte
3,95 bis 4,1

Spaltbarkeit
keine (gelegentlich Pseudospaltbarkeit bei Zwillingsbildungen)

Bruch
muschelig

Farbe
farblos, verschieden getönt

Strichfarbe
weiß

Glanz
Glas-, Diamantglanz

Diese hexagonal-prismatischen roten Korundkristalle (Rubin) stammen aus Indien (Mysore).

Einige dieser hier abgebildeten Korundkristalle (Saphire) zeigen besonders deutlich die typische Doppelpyramidenform des Minerals.

Vorkommen: Große Kristalle von Korund stammen aus dem Ural (Russland), aus Kanada, den USA und Madagaskar. Als Edelsteine erzielen vor allem jene Exemplare den höchsten Wert, die in Birma, Thailand, Kambodscha, Sri Lanka, Australien und den USA (Montana) gefunden werden. Schmirgel ist vor allem in der Türkei sowie auf der griechischen Insel Naxos zu finden.
Verwendung: Wegen seiner großen Härte wird Korund seit jeher als Schleifmittel eingesetzt, wenngleich natürlicher Korund heute zunehmend von künstlich hergestellten Schleifmitteln ersetzt wird. Weiters verwendet man das Mineral bzw. synthetisch hergestellte Kristalle als Lagerstein für Uhren und andere Präzisionsinstrumente. An erster Stelle steht jedoch nach wie vor die Verwendung von Korunden als Edelstein, wobei hier natürlich in erster Linie Rubin und Saphir zu nennen sind, die heute auch künstlich in Form sehr großer und lupenreiner Kristalle hergestellt werden können.

VERWENDUNG ALS EDELSTEIN

Zum sogenannten edlen Korund zählt man zwei Arten, die als Schmuck seit jeher besonders begehrt sind: Rubin und Saphir. Rubin ist die rote Abart des Minerals, die Spuren von Chrom enthält und die vor allem in dolomitisiertem hochmetamorphem Marmor und auf Seifenlagerstätten anzutreffen ist. Die größten Rubinvorkommen liegen in Oberbirma, Thailand, Sri Lanka und Tansania. Durchsichtige Rubine sind eher klein, Exemplare von 10 Karat stellen schon die Ausnahme dar. Umso außergewöhnlicher erscheinen Rubine wie der **Reeves-Sternrubin** mit seinen 140 Karat, der in der Smithsonian Institution in Washington aufbewahrt wird, sowie der **De-Long-Sternrubin** mit seinen 100 Karat, der im Naturhistorischen Museum von New York zu bewundern ist. Durchsichtige Rubine erhalten stets einen Facettenschliff, während man bei durchscheinenden Exemplaren mit Asterismus den gewölbten Cabochonschliff bevorzugt. Größere Exemplare werden auch für Gravurarbeiten verwendet.
Genau genommen dürfte die Bezeichnung **Saphir** nur für blaue Kristalle des Korunds verwendet werden - im allgemeinen versteht man darunter jedoch alle nicht roten Korunde mit Edelsteinqualität. Saphir ist überwiegend auf Seifenlagerstätten zu finden, deren größte in Australien, Sri Lanka, Birma und Thailand liegen. Zu den weltweit berühmtesten Exemplaren zählen der **Stern von Indien** mit 563 Karat, der im Naturhistorischen Museum von New York zu besichtigen ist, sowie der **Stern von Asien** mit 330 Karat, der in der Smithsonian Institution in Washington aufbewahrt wird. Durchsichtige Saphire erhalten in der Regel einen ovalen oder runden Facettenschliff, bisweilen wird aber auch Herz-, Baguette- oder Navetteschliff angewendet.

Anatas • TiO_2

Visitenkarte

Kristallsystem
tetragonal

Härte
5,5 bis 6

Dichte
3,8 bis 4

Spaltbarkeit
vollkommen

Bruch
muschelig

Farbe
gelb bis schwarz

Strichfarbe
hellgelb

Glanz
Diamant-, Metallglanz

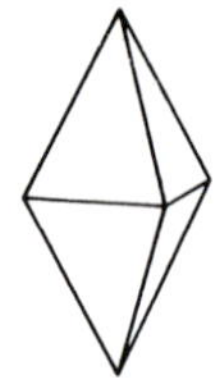

Die meist nur rund 1 bis 3 mm großen, aber sehr schönen Kristalle des Minerals Anatas treten häufig in Gestalt von perfekten Doppelpyramiden auf, die bisweilen aber an den Spitzen auch abgerundet vorkommen können; darüber hinaus sind gelegentlich tafelig ausgeformte Exemplare anzutreffen. Anatas kann in honiggelber, saphirblauer oder schwarzer Färbung auftreten, die Kristalle sind zumeist durchscheinend bis durchsichtig, wobei sie Metall- bis Diamantglanz aufweisen.

Besondere Merkmale: Anatas tritt stets in gut ausgebildeten Kristallen auf, was dieses Mineral relativ leicht erkennbar macht.

Entstehung: Dieses seltene Mineral ist vor allem in den Alpen anzutreffen, wo es in Gneis oder Schiefergestein zusammen mit Rutil, Brookit, Quarz, Titanit, Adular, Hämatit oder Chlorit auftritt.

Vorkommen und Verwendung: Anatas findet sich vor allem in alpinen Klüften, wobei schöne Kristallfunde u. a. im St.-Gotthard-Massiv sowie im Binnatal (Wallis) in der Schweiz zu verzeichnen sind. Weitere Vorkommen liegen in Frankreich (Bourg d'Oisans), den USA (Colorado), Brasilien (Minas Gerais) sowie in Südafrika, wo das Mineral in Sanden zu finden ist.
Anatas wird bisweilen zur Gewinnung von Titan auch wirtschaftlich genutzt.

Brookit • TiO_2

Visitenkarte

Kristallsystem
rhombisch

Härte
5,5 bis 6

Dichte
3,9 bis 4,2

Spaltbarkeit
undeutlich

Bruch
muschelig

Farbe
braun bis schwarz

Strichfarbe
gelbbraun, gelb

Glanz
Metall-, Diamantglanz

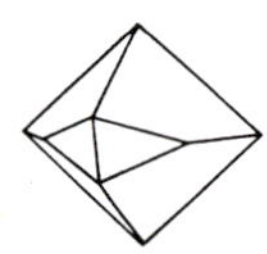

Dieses Titanmineral tritt stets in Form von schönen tafeligen Kristallen auf, die bisweilen eine deutliche Streifung aufweisen. Die Farben des Brookits ähneln jenen des Anatas - sie reichen von Hellbraun bis hin zu Eisenschwarz.

Besondere Merkmale: Wie der Anatas ist auch Brookit quasi unverwechselbar, weil er stets in typischer Kristallform auftritt.

Entstehung: Brookit tritt vor allem in alpinen Klüften auf, wo das Mineral nicht selten in Begleitung von Anatas zu finden ist, wobei Brookit jedoch das seltenere der beiden Mineralien ist.

Vorkommen: Schöne Exemplare von Brookit stammen aus Graubünden (Schweiz), aus Frankreich (Bourg d'Oisans), aber auch aus Österreich (Prägraten in Tirol). Außerhalb der Alpen sind vor allem die Kristallfunde aus dem Ural (Russland) sowie jene aus Magnet Cove (Arkansas, USA) zu erwähnen; die dortigen Exemplare zeigen nicht die typische tafelige, sondern eine eher gedrungen-prismatische Form und werden deshalb auch als eigene Varietät, nämlich **Arkansit**, geführt. In einigen Lagerstätten kommt das Mineral in abbauwürdigen Massen vor, sodass es zur Gewinnung von Titan genutzt werden kann.

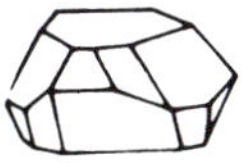

$FeTiO_3$ • Ilmenit

Ilmenit ist ein Oxid der Elemente Eisen und Titan, ein Mineral das mit zwei anderen Mineralien, welche mit dem Ilmenit in ihrer Zusammensetzung und im Kristallgitterbau weitgehend übereinstimmen, Mischkristalle bilden kann - diese beiden Mineralien sind **Geikielit**, ein Oxid der Elemente Eisen und Magnesium, sowie **Pyrophanit**, der vorwiegend aus Eisen und Mangan besteht. Die äußerst selten auftretenden Kristalle des Ilmenits, die dem trigonalen Kristallsystem angehören, ähneln von der Form her jenen des Hämatits und treten in tafeliger Form bzw. als sogenannte **Eisenrose** auf. Zumeist ist Ilmenit jedoch in derben bis körnigen Aggregaten anzutreffen. Das Mineral ist von braunschwarzer Farbe, undurchsichtig und zeigt starken Metallglanz. Ilmenit ist ein relativ hartes und schweres Mineral; er ist spröde, nicht spaltbar und weist einen muscheligen bis unebenen Bruch auf.

Besondere Merkmale: Im Gegensatz zum Hämatit verfügt Ilmenit kaum über magnetische Eigenschaften. Außerdem unterscheidet er sich vom Hämatit durch seine braunschwarze Strichfarbe; Letzterer hat einen rotbraunen Strich.

Entstehung: Ilmenit kommt als Nebengemengteil in vielen siliziumarmen basischen Magmatiten vor, wie z. B. Gabbro und Basalt. Auch in metamorphen Gesteinen und Pegmatiten ist das Mineral bisweilen zu finden. Infolge der Verwitterung von Ilmenit führenden Gesteinen reichert sich das Mineral aufgrund seines hohen spezifischen Gewichts in den dabei entstehenden Sanden an.

Vorkommen: Größere Ilmenitvorkommen befinden sich vor allem in Routivare (Schweden), Kragerö (Norwegen), im Ilmengebirge (Ural, Russland), in Quebec (Kanada) sowie im Staat New York und in Wyoming (USA). Schöne Kristalle von Ilmenit wurden u. a. in Italien (Piemont), Frankreich (Bourg d'Oisans), aber auch in der Schweiz gefunden, wo das Mineral als Eisenrose z. B. am St. Gotthard anzutreffen ist.

Von einiger wirtschaftlicher Bedeutung ist Ilmenit als Rohstoff für die Gewinnung von Titan, einem relativ seltenen Metall, das auf vielerlei Weise industriell genutzt wird.

Visitenkarte

Kristallsystem
trigonal

Härte
5,5 bis 6

Dichte
4,5 bis 5

Spaltbarkeit
keine

Bruch
uneben, muschelig

Farbe
braunschwarz

Strichfarbe
braunschwarz

Glanz
Metallglanz

Das Ilmenitxemplar auf dem Bild links wurde in Froland (Norwegen) gefunden. Auf dem Bild oben: Ilmenitkristalle aus Bancroft (Ontario, Kanada).

Hämatit (Eisenglanz) • Fe_2O_3

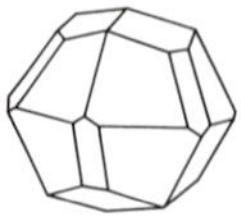

Visitenkarte

Kristallsystem
trigonal

Härte
6,5

Dichte
5,2 bis 5,3

Spaltbarkeit
keine

Bruch
muschelig

Farbe
rötlich bis schwarz

Strichfarbe
rotbraun

Glanz
Metallglanz

Das weit verbreitete Mineral Hämatit ist von grauschwarzer Farbe und starkem Glanz, wobei knollige Aggregate bisweilen auch rötlich grau getönt sein können. Er kristallisiert im trigonalen Kristallsystem in bipyramidalen, rhomboedrischen oder tafeligen Kristallen **(Eisenglanz)** bzw. rosettenartigen Aggregaten **(Eisenrose)**. Zumeist ist Hämatit jedoch in stark glänzenden nierigen **(Roter Glaskopf)**, körnigen, blätterig schuppigen **(Eisenglimmer)** sowie dichten **(Blutstein)**, bisweilen auch erdigen Massen **(Rötel)** zu finden. Hämatit hat Metallglanz; er ist ein sehr schweres, sprödes und nicht spaltbares Mineral und lässt sich mit dem Taschenmesser nicht ritzen. Nach der Mohsschen Härteskala lässt sich seine Härte so einordnen, dass er den weicheren Apatit ritzt, während er selbst vom härteren Quarz geritzt wird (Härte 6,5)

Besondere Merkmale: Hämatit ist vor der Lötlampe nicht schmelzbar; außerdem lässt er nach Erhitzung einen gewissen Magnetismus erkennen. Seine Strichfarbe ist Rotbraun, was ihn von anderen Eisenoxiden (Ilmenit, Magnetit) deutlich unterscheidet.

Entstehung: Hämatit ist häufig als Nebengemengteil in vulkanischen Gesteinen vorhanden; außerdem ist er in Pegmatiten sowie in hydrothermalen Gängen anzutreffen, wobei Letztere aus silikatischen Restschmelzen hervorgegangen sind, die nach der Bildung von Granit und Pegmatit in die Spalten der umliegenden Gesteine eingedrungen und erstarrt sind. Darüber hinaus entsteht Hämatit auch sedimentär aus Limonit **(Brauneisenstein)**, und zwar durch gesteinsverändernde Prozesse mit anschließender Verfestigung der Sedimente - ein Vorgang, der als *Diagenese* bezeichnet wird. Hämatit kann auch pseudomorph nach Magnetit kristallisieren; in diesem Fall wird er **Martit** genannt.

Vorkommen: Wirtschaftlich gesehen sind vor allem die sedimentären Hämatitlagerstätten von Bedeutung, die durch Diagenese oder durch Metamorphose von Eisen führenden Gesteinen entstanden sind. Die größten Vorkommen dieser Art liegen am Lake Superior (USA), in Quebec (Kanada), in Venezuela und Angola. Weitere namhafte Vorkommen von Hämatit befinden sich in der Ukraine, in Schweden, aber auch in Deutschland, wo die Erzlager im Lahn-Dill-Gebiet hervorzuheben sind. Herausragende Eisenglanzkristalle stammen vor allem aus Cumberland (Großbritannien), von der Insel Elba (Italien) sowie aus dem Siegerland (Rheinland). Die Variante **Eisenrose** wurde insbesondere im St.-Gotthard-Massiv sowie im Binnatal in der Schweiz gefunden, wobei allerdings die größten Exemplare (bis zu 15 cm) in Brasilien (Minas Gerais) entdeckt wurden. Aus Brasilien stammt auch die Varietät **Specularit**, die charakteristische plattige Kristalle mit spiegelglatter Oberfläche bildet. Schöne Exemplare von Martit wurden insbesondere in Kanada und den USA entdeckt, wobei vor allem Twin Peaks (Utah) und die Gegend um den Lake Superior als wichtige Fundorte gelten. Nicht zuletzt liegt auch in Österreich, genau gesagt in Waldenstein (Kärnten), eine beachtliche Hämatitlagerstätte in Form von Eisenglimmer.

Die auf dem Bild rechts abgebildeten Kristalle gehören der Hämatitvarietät Eisenglanz an. Das Hämatitaggregat auf dem Bild oben - es handelt sich um die Varietät Roter Glaskopf - stammt aus Egremont (Cumbria, England).

Verwendung: Obwohl Hämatit nicht den größten Eisengehalt aufweist, so hat er doch durch seine weite Verbreitung große wirtschaftliche Bedeutung als Eisenerz.

SiO_2 • Opal

Opal ist ein amorphes (d. h. ohne Kristallstruktur vorkommendes), semiamorphes oder mikrokristallines Mineral, das meist in Form von Krusten oder Knollen von verschiedenerlei Farben vorkommt, wobei an den Bruchflächen sehr oft ein charakteristisches Farbenspiel (Opalisieren) zu erkennen ist. Auch in dichten oder weißgrauen erdigen Massen ist das Mineral anzutreffen. Opal besteht aus Silizium und Sauerstoff im Verhältnis 1:2 (wie Quarz) sowie zusätzlich noch Wasser. Der innere Bau des Minerals wird durch Siliziumoxidkügelchen bestimmt, deren Größe - so nimmt man an - die Schillerfarbe des Minerals bestimmt. Opal ist ein wenig weicher und leichter als Quarz und ist somit ein hartes und ziemlich leichtes Mineral, ist überaus spröde, aber nicht spaltbar. An der Luft verliert Opal allmählich Wasser, wodurch er sein typisches Schimmern einbüßt; in feuchter Umgebung ist das Mineral jedoch in der Lage, wieder Wasser aufzunehmen. Opal besitzt Glasglanz und ist oftmals durchsichtig. Je nach Farbe und Aussehen unterscheidet man verschiedene Opalvarietäten: den porzellanartigen **Edelopal** mit grauer, blauer oder schwarzer Grundfarbe und seinem typischen irisierenden Farbenspiel; den **Feueropal** mit seinen gelb bis rot schimmernden Lichtreflexen; den weißen **Hydrophan** sowie den ebenfalls weiß schimmernden **Hyalit**. Zu den Gesteinen, welche vorwiegend aus Opal aufgebaut sind, gehört z. B. der **Geyserit**, der in unmittelbarer Nähe von Geysiren auftritt, wo Siliziumgel (Opal) von siedend heißem Wasser in Schichten abgelagert wird.

Besondere Merkmale: Unter ultraviolettem Licht lässt Opal oft ein gelbliches oder grünes Fluoreszieren erkennen. Außer in Flusssäure ist Opal in keinerlei Säuren löslich. Infolge von Erhitzung verliert das Mineral seinen Wassergehalt und zerfällt schließlich, wobei es sich in Quarz umwandelt.

Entstehung: Opal ist ein Mineral von sedimentärer Herkunft, das entweder aus siliziumreichem Wasser abgeschieden wird oder sich aus den Schalen verschiedener Meeresorganismen bildet **(Feuersteinknollen).**

Vorkommen: Edelopale von verschiedenen Farben stammen vor allem aus Transsylvanien sowie aus den USA, die schwarzen Opale sind jedoch in Australien anzutreffen. Feueropal ist vorwiegend in Mexiko zu finden. In Island und USA trifft man auf das Opalgestein **Geyserit**.

Visitenkarte

Kristallsystem
amorph

Härte
5,5 bis 6,5

Dichte
2,1 bis 2,2

Spaltbarkeit
keine

Bruch
muschelig

Farbe
farblos, versch. Farben

Strichfarbe
weiß

Glanz
Glas-, Perlmuttglanz

Auf dem Bild links ist ein typisch irisierendes Exemplar von Edelopal zu sehen. Das Bild oben zeigt den roten Feueropal aus Mexiko.

VERWENDUNG ALS SCHMUCKSTEIN

Edelopale sowie die aus Mexiko stammenden Feueropale sind als wertvolle Edelsteine sehr gefragt. Das charakteristische Opalisieren wird am besten durch gerundete Oberflächen zur Geltung gebracht, weshalb bei Steinen für Ringe, Broschen und Ohrringe vorwiegend halbkugelige der Cabochonschliff zur Anwendung gelangt, während man bei Halsketten den Kugelschliff einsetzt.

Quarz • SiO_2

Visitenkarte

Kristallsystem
trigonal
Härte
7
Dichte
2,65
Spaltbarkeit
keine
Bruch
muschelig
Farbe
farblos, verschiedene Fremdfarben
Strichfarbe
weiß
Glanz
Glasglanz

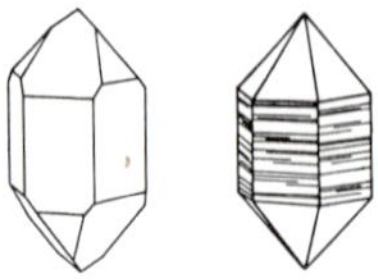

Quarz ist neben den Mineralien der Feldspatgruppe das häufigste und am weitesten verbreitete Mineral der oberen Erdkruste. Die verschiedenen Quarzvarietäten lassen sich grundsätzlich in zwei Gruppen einteilen - jene, die große, gut ausgeformte Kristalle bilden, und jene, die sich aus mikroskopisch kleinen Kristallen zusammensetzen. Zu Ersteren, den makrokristallinen Varietäten, zählt z. B. der farblos-klare **Bergkristall** sowie die verschiedenen durch »Verunreinigungen« fremdfarbigen Varietäten, wie der violette **Amethyst**, der braune **Rauchquarz**, der schwarze **Morion**, der gelbe **Citrin**, der **Blauquarz** oder der rosafarbene **Rosenquarz**. Beim **Aventurin** sind in das Mineral winzige Glimmerschüppchen eingelagert, was ihm ein grünliches Schillern verleiht. **Saphirquarz** oder **Blauquarz** wiederum weist winzige eingelagerte Rutilnadeln auf, während der lauchgrüne **Prasem** seine Farbe winzigen Amphibolnadeln verdankt. Die zweite Gruppe der Quarzmineralien enthält drei sehr bedeutende Varietäten - **Chalcedon**, **Jaspis** und den **Feuerstein** (Flint); der Chalcedon umfasst seinerseits so bekannte Unterarten wie den **Karneol**, den **Achat** sowie den **Onyx**.

Die Kristalle der makrokristallinen Gruppe kommen in Gestalt von länglichen Prismen mit sechsseitigem Querschnitt und pyramidalem Abschluss vor. Dabei kann man bei vielen Exemplaren beobachten, dass drei größere Pyramidenflächen jeweils drei kleineren gegenüberstehen, wobei die Pyramide aus zwei verschieden großen Rhomboedern besteht.

Auf dem Bild rechts: ein Quarzkristall mit eingelagerten Turmalinadeln. Das Bild oben zeigt Quarzkristalle auf Orthoklas (Kalifeldspat).

Besondere Merkmale: Bergkristall ist wegen seiner länglichen Kristallform und Klarheit seiner Kristalle unverkennbar.
Quarz ist ein hartes Mineral (7), das mit dem Taschenmesser nicht geritzt werden kann. Er besitzt die Eigenschaft der Tribolumineszenz, d. h., er wird durch Reiben oder Schlagbeanspruchung veranlasst, eine im Dunkeln sichtbare gelbe Strahlung auszusenden. Wird er auf 200 °C erhitzt, so zeigt er ein blaues oder gelbes Leuchten, eine Eigenschaft, die als Thermolumineszenz bekannt ist. Auch zeigen Quarzkristalle piezoelektrische Eigenschaften, d. h., sie laden sich bei Druckbeanspruchung elektrisch auf.
Entstehung: Quarz ist mit rund 12% am Aufbau der oberen Erdkruste beteiligt. Er kommt als gesteinsbildendes Mineral in allen kieselsäurereichen magmatischen Gesteinen vor. Da das Mi-

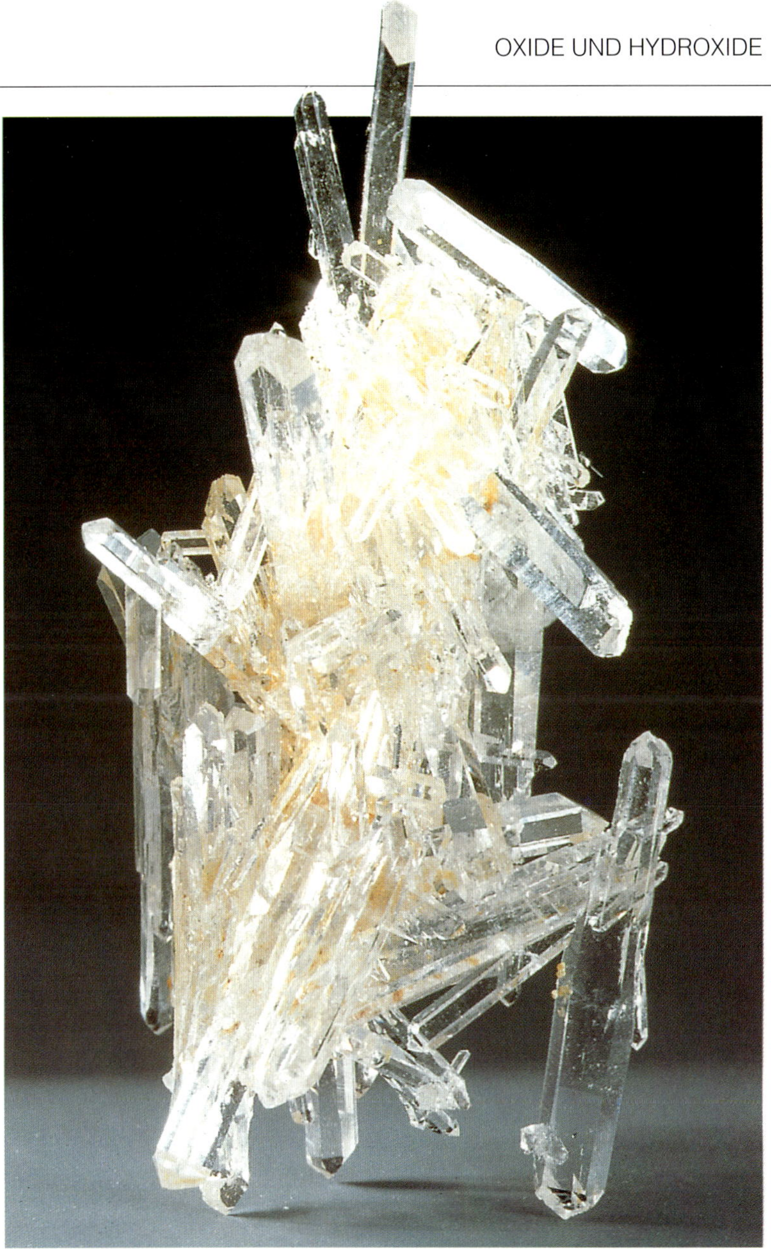

Diese Gruppe von Quarzkristallen stammt aus Arkansas (USA). Oft finden sich Ansammlungen von Quarzkristallen (Drusen) an den Wänden von Gesteinshohlräumen.

neral sehr verwitterungsbeständig ist, findet man es auch in großen Mengen als Quarzsand und in anderen Sedimentgesteinen sowie in den meisten metamorphen Gesteinen.

Vorkommen: Vorzüglich wasserklare Exemplare von Bergkristall wurden z. B. im Marmor von Carrara (Italien), aber auch im St.-Gotthard-Massiv in der Schweiz gefunden. Besonders große und formenreiche Quarzkristalle stammen aus Madagaskar und Brasilien, wo Riesenexemplare von 40 Tonnen und mehr entdeckt wurden. Schöne Bergkristalle sind besonders in Gesteinshohlräumen zu finden, die als alpine Klüfte bezeichnet werden und die vor allem in den Alpen (Hohe Tauern, Montblanc, St. Gotthard) von Mineraliensammlern häufig ausgebeutet worden sind.

Verwendung: Die technischen Anwendungsbereiche von Quarz sind äußerst vielfältig; das Mineral wird als Poliermittel ebenso verwendet wie zur Glasherstellung; die edleren Varietäten sind als Schmucksteine sehr begehrt. Darüber hinaus wird Quarz als Schwingquarz auch zur Steuerung elektrischer Schwingungen (Quarzuhren), bei der Erzeugung von Ultraschall sowie zur Abstimmung der Frequenz von Radiowellen verwendet.

Rauchquarz

Rauchquarz ist eine der am häufigsten auftretenden fremdfarbigen Quarzvarietäten, deren rauchgraue bis braune prismatische Kristalle unverwechselbar sind. Oft schließen sich eine ganze Reihe von Kristallindividuen oder -zwillingen zu Gruppen zusammen, deren Größe von Mikrokristallen bis hin zu Exemplaren von mehreren Metern Länge reichen kann. Die Färbung der (ursprünglich farblosen) Kristalle ist auf die Einwirkung von radioaktiver Strahlung zurückzuführen. Durch Erhitzen auf 300 bis 400 °C verlieren Rauchquarzkristalle häufig ihre charakteristische Färbung, sie können dann jedoch bisweilen auch einen gelben Farbton annehmen. Rauchquarz kann gelegentlich im Inneren Hohlräume mit flüssigen Einschlüssen aufweisen, er kann aber auch Rutilnadeln oder rote Granatkriställchen enthalten.

Vorkommen und Verwendung: Die bedeutendsten Vorkommen von Rauchquarz befinden sich in Brasilien, auf Madagaskar und in Sri Lanka. Riesige Exemplare wurden am Tiesengletscher im Schweizer Kanton Uri gefunden, doch auch in Österreich - und zwar in den Hohen Tauern - werden immer wieder prächtige Rauchquarzkristalle entdeckt. Besonders schöne Exemplare dieses unverwechselbaren Minerals sind auch als Schmucksteine sehr gefragt.

Rauchquarzkristalle, aufgewachsen auf metamorphem Gestein mit der für den Quarz so typischen Kristallform: ein Prisma mit sechsseitigem Querschnitt und pyramidalem Abschluss.

VERWENDUNG ALS SCHMUCKSTEIN

Rauchquarz ist als Schmuckstein vor allem in facettierten Formen erhältlich; zumeist wird dabei Tafel- bzw. Treppenschliff, etwas seltener auch Oval- und Rundschliff angewendet. Sind im Kristall kleine Rutilnadeln eingelagert, greift man eher auf Kugel- bzw. Cabochonschliff zurück. Im Museum von Bern sind vier Rauchquarzexemplare von außergewöhnlichen Ausmaßen zu bewundern, deren Gewicht von 62,5 bis 133,5 kg reicht und denen man die Namen »Großvater«, »König« sowie »Kastor und Pollux« gegeben hat.

Amethyst

Charakteristisch für diese Quarzvarietät ist ihr bisweilen tiefvioletter Farbton. Im Vergleich zu farblosem Quarz sind beim Amethyst die Endpyramiden des Kristalls oft etwas größer ausgebildet. Die Farbe des Amethysts, welche durch Einlagerungen von Eisen sowie radioaktive Bestrahlung verursacht wird, verteilt sich entweder unregelmäßig oder parallel zu den Hauptflächen des Kristalls; somit zeigt sich die kräftige Färbung an den Kristallspitzen. Der Glanz des Minerals entspricht dem von Glas und wird durch die Streifung auf den Kristallflächen oft etwas gemildert. Im Kristallinneren finden sich bisweilen schleierartige Einschlüsse in gezackten Hohlräumen oder aber braune bzw. rötliche Rutilkristallnädelchen, die oft zu Büscheln vereint sind. Wird Amethyst auf 400 bis 500 °C erhitzt, so nimmt er die gelbe Farbe des Citrins an.

Vorkommen: Amethyst ist vor allem in Hohlräumen von Basaltgestein, den sogenannten Geoden oder Basaltmandeln, zu finden; derartige Vorkommen werden in Brasilien, Uruguay und in Indien abgebaut. Geoden, die aus Brasilien stammen, können Größen von über einem Kubikmeter erreichen. In Russland und auf Madagaskar ist Amethyst auch in Hohlräumen von Pegmatiten anzutreffen. In Deutschland war einst vor allem Idar-Oberstein in der Pfalz als Fundort schöner Geoden von Bedeutung. Auch in den österreichischen und Schweizer Alpen werden immer wieder schöne Amethyste gefunden.

Die prächtigen Amethystkristalle auf dem Bild links stammen aus Mexiko. Auf dem Bild oben: Teil einer geöffneten Geode mit Amethystkristallen; bei den gelben Kristallen handelt es sich um Calcit.

VERWENDUNG ALS SCHMUCKSTEIN

Wenngleich sein Wert im Vergleich zu klassischen Edelsteinen, wie Diamant, Rubin und Smaragd eher gering ist, so ist der Amethyst dennoch seit der Antike als Schmuckstein von Bedeutung. Klare und kräftig gefärbte Kristalle werden im Facettenschliff oder aber im Brillantschliff zu runden bzw. ovalen Formen verarbeitet. Bei den undurchsichtigen Exemplaren des Amethysts wird hingegen zumeist Cabochonschliff angewendet. In der Antike wurden durchscheinende Aggregate zu schönen Gefäßen verarbeitet.

Citrin

Die zitronengelbe bis orangegelbe Färbung des Citrins ist auf feinste Einlagerungen von Eisenhydroxid im Kristallgitter zurückzuführen.

Vorkommen und Verwendung: Citrine finden sich vor allem in siliziumreichen Pegmatiten, wo sie nicht selten gemeinsam mit Turmalin, Beryll und Glimmer anzutreffen sind. Die reinsten und größten Kristalle stammen aus Campo Belo und Sete Lagoas (Minas Gerais, Brasilien); daneben kommt Citrin noch in einer Reihe weiterer brasilianischer Lagerstätten vor. Prächtige Exemplare wurden auch im Ural sowie auf Madagaskar gefunden. Weitere Fundorte, an denen jedoch kaum Exemplare von Schmucksteinqualität gewonnen werden, sind Pikes Peak (Colorado, USA), Bourg d'Oisans (Delfinato, Frankreich) sowie verschiedene Stätten in der Gegend von Salamanca (Spanien).

VERWENDUNG ALS SCHMUCKSTEIN

Nur selten findet man Citrine mit einer Qualität, welche eine Verarbeitung zu Schmucksteinen zulässt. Voraussetzung dafür sind hohe Transparenz und einheitliche Färbung; außerdem sollten eventuelle Einschlüsse nicht mit freiem Auge sichtbar sein. Citrin wird nicht nur zu Schmucksteinen, sondern auch zu Ziergegenständen und Skulpturen verarbeitet. Fälschlicherweise werden Citrine im Schmuckhandel häufig als »Rauchtopase« bezeichnet.

Aventurin

Das grünliche Schillern des Aventurins wird durch Einschlüsse von blättchenförmigem Fuchsit verursacht, ein grünes chromhaltiges Mineral aus der Glimmergruppe. Bisweilen enthält Aventurin auch Einschlüsse von braunen, silberfarbigen oder weiß glänzenden Glimmermineralien sowie von rotem Hämatit oder blauem Dumortierit.

Diese Quarzvarietät tritt nie in gut ausgebildeten Kristallen auf; stets zeigt es sich in Form körniger Massen von farblosem Quarz, der unregelmäßig verteilte Einschlüsse von Glimmerschüppchen enthält. Die Lichtreflexionen, die durch diese Einschlüsse verursacht werden, sorgen für das typische grünliche Schillern des Aventurins.

Vorkommen und Verwendung: Aventurin stellt kein Mineral im eigentlichen Sinne dar, sondern eher ein aus Quarzkörnern und Glimmerschüppchen gebildetes Aggregat; die größten Aventurinvorkommen liegen in Indien und Ägypten, wo in früheren Zeiten größere Mengen abgebaut wurden. Beachtliche Lagerstätten liegen außerdem in Russland, Brasilien, Chile und Spanien. Darüber hinaus ist Aventurin auch in Österreich (Steiermark) zu finden.

VERWENDUNG ALS SCHMUCKSTEIN

Je nach Verwendungszweck wird Aventurin in Kugelform für Halsketten oder aber in Knopf- oder Cabochonform für Broschen und Ohrgehänge geschliffen. In früheren Zeiten wurde Aventurin auch zur Herstellung von kostbaren Gefäßen eingesetzt, während man heute bisweilen kleine Skulpturen aus dem Mineral anfertigt.

Weitere Quarzvarietäten

Quarz mit Einschlüssen
Es gibt rund 50 Mineralarten, die als Einschlüsse im Quarz vorkommen können, wobei diese bisweilen eine ganz bestimmte geometrische Anordnung zeigen und dem jeweiligen Kristall dadurch einen besonderen ästhetischen Reiz verleihen. Besonders begehrt sind jene Varietäten, die Einschlüsse feiner Nadeln von Amphibolmineralien, Turmalin, Chlorit oder Rutil aufweisen.
Solche Kristalle werden bisweilen auch **Haarstein (Venushaar)** oder **Nadelstein** genannt.

Blauquarz
Bei dieser Varietät handelt es sich genau genommen um ein Gestein, nämlich Quarzit, das aus Mikrokristallen von Quarz aufgebaut ist und Einschlüsse verschiedener Mineralien enthalten kann, u. a. Sodalith, Dumortierit, Rutil oder Magnetit. Als Schmuckstein wird diese Varietät zumeist in Form von Cabochon geschliffen; darüber hinaus wird Blauquarz auch für Skulpturen oder als Mosaiksteinchen verwendet. Die wichtigsten Vorkommen von Blauquarz liegen in Brasilien (Boquira, Bundesstaat Bahia) sowie in den USA.

Prasem
Gut ausgebildete Kristalle dieser grünen Quarzvarietät lassen sich nur selten finden; zumeist tritt Prasem in mikrokristallinen Massen auf, wobei die grüne Färbung auf Einschlüsse von Amphibolen und Chlorit zurückzuführen ist. In Sammlerkreisen besonders begehrt sind Kristalle, die von der Insel Elba sowie einigen Inseln in der Ägäis stammen. Als Schmuckstein findet Prasem eher selten Verwendung. Exemplare mit besonders kräftiger Färbung werden jedoch gelegentlich zu Kugeln bzw. Cabochons geschliffen.

Regenbogenquarz
Die Vertreter dieser durchsichtigen Quarzvarietät zeigen typisches irisierendes Farbenspiel, das auf feine Risse und Sprünge im Inneren der Kristalle zurückzuführen ist. Besonders schöne Exemplare, wie sie etwa in Brasilien (Minas Gerais) anzutreffen sind, finden auch als Schmucksteine Beachtung, wobei sie zumeist mit Cabochon- oder Kugelschliff versehen werden, da gerundete Oberflächen das Irisieren am besten zur Geltung bringen. In den Alpen wurde diese Quarzvarietät u. a. am St. Gotthard gefunden.

Cristobalit • SiO_2

Visitenkarte

Kristallsystem
tetragonal

Härte
6,5

Dichte
2,2

Spaltbarkeit
keine

Bruch
muschelig

Farbe
gelblich weiß

Strichfarbe
weiß

Glanz
Glasglanz

Cristobalit tritt stets in kleinen, höchstens einige Millimeter großen Kristallen auf, die von pseudooktaedrischer oder pseudowürfeliger Gestalt sein können. Sehr oft ist Cristobalit aber auch in Form von kugel- oder traubenförmigen Aggregaten zu finden, wobei er mitunter eine deutlich faserige Struktur aufweist. Zumeist ist das Mineral in milchig weißer, grauer, gelblicher bis hellbrauner Farbe anzutreffen. Cristobalit ist nicht spaltbar, ziemlich hart, dabei eher spröde und vergleichsweise leicht; er tritt durchscheinend bis undurchsichtig auf und weist Glasglanz auf.

Entstehung: Cristobalit tritt insbesondere in verschiedenen magmatischen Gesteinen auf, wobei vor allem Andesit, Rhyolith, Trachyt und Obsidian als Muttergesteine zu nennen sind; die Bildung des Minerals erfolgt dabei unter hohen Temperaturen. Etwas seltener kommt Cristobalit auch - gemeinsam mit Opal - in Gesteinen vor, welche unter vergleichsweise niedrigen Temperaturen gebildet wurden. Darüber hinaus wurde Cristobalit auch in Mondgestein und in Meteoriten gefunden.

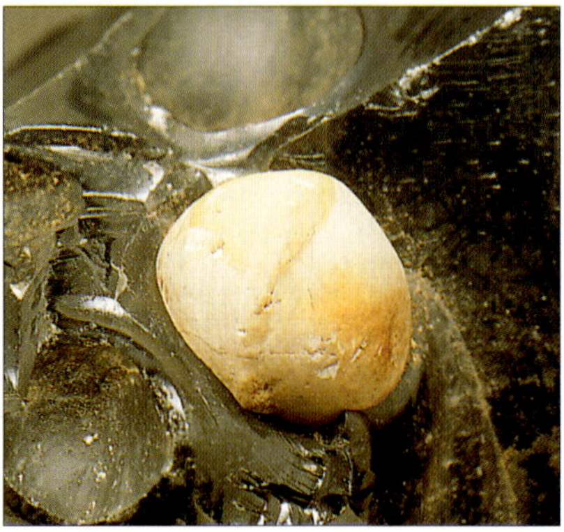

Vorkommen und Verwendung: Beachtliche Vorkommen des Minerals liegen in Deutschland, wo wichtige Fundorte insbesondere in der Eifel (Niedermendig) sowie in Nordhessen (Eschwege) liegen. Darüber hinaus befinden sich nennenswerte Lagerstätten auch im französischen Zentralmassiv, in Indien sowie in den USA, wobei vor allem der Yellowstone-Nationalpark sowie Inyo County in Kalifornien als Fundorte hervorzuheben sind. Nicht zuletzt ist auch jener erste Fundort des Cristobalit, nämlich San Cristobal bei Pachuca in Mexiko, zu nennen, nach dem das Mineral benannt wurde.

Cristobalit ist zwar in rein ästhetischer Hinsicht nicht allzu auffällig - in Sammlerkreisen ist das Mineral jedoch aufgrund seines seltenen Auftretens sehr begehrt.

Dieser traubenförmig ausgebildete Cristobalit auf dem Bild rechts stammt aus Angiona (Italien). Auf dem Bild oben ist ein kugeliges Aggregat des Minerals auf schwarzem Obsidian (vulkanisches Glas) zu sehen (Kalifornien, USA).

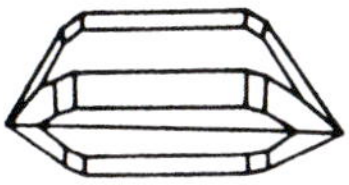

SiO_2 • Tridymit

Tridymit kristallisiert in dünnen sechseckigen Täfelchen oder in Form von fächerförmigen Drillingen, wobei bisweilen auch rosettenartige Aggregate entstehen können. Tridymit ist farblos und durchsichtig ebenso zu finden wie in weißer bis grauweißer Farbe. Das Mineral weist zumeist Glasglanz, an der Basis auch Perlmuttglanz auf. Tridymit ist sehr hart, dabei aber ziemlich leicht. Er ist ein sprödes Mineral mit muscheligem Bruch und kaum vorhandener Spaltbarkeit.

Besondere Merkmale: Tridymit bildet sich unter hohen Temperaturen (zwischen 870 und 1470 °C) als hexagonaler **Hochtridymit**. Bei Temperaturen unter 870 °C ändert das Mineral seine Struktur und wandelt sich für gewöhnlich in Quarz um. Diese Entwicklung kommt auf Grund komplexer physikalischer Gegebenheiten nicht immer zustande, sodass manche Tridymite lediglich ihre Gitterstruktur den niedrigeren Temperaturbedingungen anpassen und so als monokliner **Tieftridymit** bestehen bleiben.

Entstehung: Das Mineral bildet sich als Hochtridymit, wobei er als Sublimationsprodukt in Hohlräumen von bestimmten vulkanischen Gesteinen auftritt, die geologisch relativ jung sind (d. h., die ab dem Tertiär entstanden sind).

Vorkommen: In Deutschland ist Tridymit vor allem in den Trachyten des Siebengebirges (bei Perlenhardt) sowie in der Eifel anzutreffen. In Italien sind vor allem die Tridymit führenden Trachyte von Zovon (Padua) sowie von Monte Calvario (Ätna) zu nennen. Beachtliche Vorkommen von Tridymit befinden sich außerdem am Puy-de-Dôme in Frankreich, in San Cristobal (Mexiko) und an verschiedenen Orten in den USA.

Visitenkarte

Kristallsystem
hexagonal (Hochtridymit)
monoklin (Tieftridymit)

Härte
6,5 bis 7

Dichte
2,27

Spaltbarkeit
keine

Bruch
muschelig

Farbe
farblos, weiß

Strichfarbe
weiß

Glanz
Glas-, Perlmuttglanz

Hexagonale Tridymitkristalltäfelchen mit wiederholten Zwillingsbildungen (Sardinien, Italien).

Chalcedon • SiO_2

Visitenkarte

Kristallsystem
trigonal

Härte
7

Dichte
2,6

Spaltbarkeit
keine

Bruch
uneben, muschelig

Farbe
farblos, verschiedene Farben

Strichfarbe
weiß

Glanz
Wachsglanz

Als Chalcedon bezeichnet man bestimmte mikrokristalline Quarzvarietäten mit feinfaseriger Struktur. Die winzigen parallel gerichteten Fasern sind entweder flachparallel oder konzentrisch schalig angeordnet. Chalcedon kann in geringer Dicke durchscheinend sein, ist aber zumeist undurchsichtig, wobei in der Regel Wachsglanz auftritt. Chalcedon ist ein Mineral von großer Zähigkeit und relativ großer Härte. Als Chalcedon im eigentlichen Sinn gelten eigentlich nur die milch- oder opalfarbenen, weißlichen, graublauen oder blassbraunen Exemplare des Minerals, wobei die Farben entweder in mehreren Schichten bzw. Bändern oder in Flecken von wechselnder Farbtiefe verteilt sind.

Besondere Merkmale: Bereits leichte Erwärmung bzw. längere Sonnenbestrahlung können bei manchen Chalcedonen zur Änderung der Farbe von Gelblich oder Braun hin zu Rot oder Orangerot führen.

Entstehung: Chalcedon kommt häufig in Form von Krusten und Hohlraumfüllungen in magmatischen und sedimentären Gesteinen vor, wo er sich aus siliziumreichen Lösungen absetzt. Bisweilen entsteht Chalcedon auch dadurch, dass Siliziumoxid in Form von Kieselgel andere Substanzen, wie z. B. Holz, Knochen, Muschelschalen oder Korallen, ersetzt und dabei deren Struktur beibehält.

Vorkommen: Chalcedon wurde schon in der Antike in Bombay (Indien) und in der Toskana (zur Zeit der Etrusker) abgebaut. Heute liegen die bedeutendsten Vorkommen des Minerals in Brasilien und Uruguay.

Verwendung: Während in der Antike aus Chalcedon u. a. Petschafte zum Siegeln oder figürliche Darstellungen, sogenannte Kameen, geschnitten wurden, wird das Mineral heute vor allem zur Herstellung von Gebrauchsgegenständen, wie z. B. von Besteckgriffen, Geschirrteilen, Brieföffnern oder Aschenbechern verwendet. Jene Varietäten, die als Schmucksteine Verwendung finden, werden in der Regel zu Cabochons verarbeitet.

Varietäten: Die bekanntesten und gebänderten Varietäten des Chalcedons sind der **Achat**, der in weißer, rötlich brauner oder gelblicher Farbtönung anzutreffen ist, sowie der schwarzweißfarbene gebänderte **Onyx**. Zu den durchscheinenden Varietäten mit gleichmäßiger Farbverteilung zählen der orangerote **Karneol**, der rötlich braune **Sarder** sowie der grüne **Chrysopras**. Weniger bekannt sind die Varietäten **Heliotrop**, ein dunkelgrüner Chalcedon mit roten punktförmigen Einschlüssen, und der **Moosachat**, ein farbloser, durchscheinender Chalcedon mit grünen, moosähnlich erscheinenden Hornblendeeinschlüssen.

Dieses prächtige Exemplar eines Chalcedons stammt aus Hüttenberg (Kärnten).

Varietäten des Chalcedons

Achat
Bereits in der Antike fertigte man aus diesem Mineral Petschafte zum Siegeln oder Amulette an. Achat weist eine gleichmäßig gebänderte Farbverteilung auf, wobei die Farben eher blass sind - es überwiegen graue, gelbe, braune, seltener auch grünliche und blaue Farbtöne. Die bedeutendsten Vorkommen von Achat befinden sich in Brasilien und Uruguay. Blauschwarz gebänderter Achat wird oft zu Kugeln und Steinen für Siegelringe verschliffen; die rötlich weiß gebänderte Varietät **(Sardonyx)** wird durch Gravur seit der Antike zu wertvollen Kameen verarbeitet.

Moosachat
Diese Chalcedonvarietät ist zumeist hell und einheitlich gefärbt mit charakteristischen dendritisch verzweigten Einschlüssen, die in ihrer Gesamtwirkung moosähnlich erscheinen können. Bisweilen können auch Eisenoxide eingelagert sein, welche dem Mineral einen ansprechenden rotbraunen Farbton verleihen. In größeren Mengen ist Moosachat vor allem in Brasilien und Indien zu finden. Gewöhnlich wird diese Varietät zu dünnen Scheiben, Cabochons oder Kugeln für Halsketten verschliffen; aber auch Anhänger und Broschen werden aus Moosachat angefertigt.

Karneol
Besonders begehrt sind jene Exemplare des Karneols, die eine einheitliche orangerote Färbung aufweisen. Da Karneol in der Regel undurchsichtig ist, sind nur selten Einlagerungen zu erkennen; bisweilen bilden flüssige Einschlüsse in Tröpfchenform eine Art Schleier, oder aber das Mineral weist feine Bruchlinien auf. Karneol zeigt im UV-Licht für gewöhnlich eine weißblaue Fluoreszenz, wobei die aus Indien stammende Varietät ein grünlich gelbes Leuchten zeigt. Karneol findet häufig für Gravurarbeiten Verwendung.

Chrysopras
Dieses durchscheinende, apfelgrüne Mineral ist wohl die wertvollste Chalcedonvarietät. Die grüne Farbe wird durch feinste Einschlüsse von nickelhaltigen Mineralien verursacht; bei Erwärmung oder Sonnenbestrahlung kann die Farbe jedoch ausbleichen. Chrysopras ist vor allem in Australien, im Ural (Russland), in Kalifornien (USA) und in Brasilien anzutreffen. Häufig schleift man dieses Mineral zu ovalen Täfelchen für Broschen und Ohrgehänge oder zu Kugeln für Halsketten und Armkettchen.

Pyrolusit • MnO_2

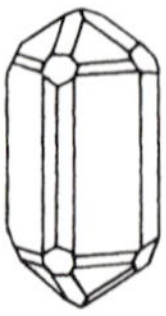

Visitenkarte

Kristallsystem
tetragonal
Härte
6 bis 6,5
Dichte
4,7 bis 5,1
Spaltbarkeit
vollkommen (bei Kristallen)
Bruch
muschelig
Farbe
dunkelgrau, Schwarz
Strichfarbe
schwarz
Glanz
Metallglanz, matt

Das Mineral Pyrolusit ist von dunkelgrauer bis schwarzer Farbe und tritt häufig gemeinsam mit anderen Manganmineralien in körnig erdigen Massen auf, die mit dem englischen Ausdruck **Wad** bezeichnet werden. Daneben kommt Pyrolusit auch in Form strahliger oder dendritisch verzweigter Aggregate vor. Dunkelgraue prismatische Kriställchen - bisweilen als **Polianit** bezeichnet - sind hingegen nur sehr selten anzutreffen.

Besondere Merkmale: Die erdigen Massen des Minerals sind sehr weich und hinterlassen einen deutlichen schwarzen Strich, deshalb wird Pyrolusit auch als Weichmanganerz bezeichnet. Erst bei erhöhter Temperatur nimmt Pyrolusit an Härte zu.

Entstehung: Charakteristisch für Pyrolusit ist seine sedimentäre Entstehungsweise; so hat sich das Mineral vielfach in Seen, Sümpfen und Lagunen sowie in der Tiefsee abgelagert. Außerdem bildet sich Pyrolusit auch sekundär in der Oxidationszone manganhaltiger Mineralien.

Vorkommen und Verwendung: Große Vorkommen von erdigen Pyrolusitmassen finden sich in Georgien, der Ukraine, in Indien (Hochland von Dekhan), Brasilien (Minas Gerais) sowie in Südafrika. In Deutschland wurden schöne Pyrolusitkristalle gefunden, wobei vor allem die Lagerstätten aus dem Siegerland (Rheinland) sowie aus Thüringen zu nennen sind. Pyrolusit ist für die Gewinnung von Mangan wirtschaftlich von großer Bedeutung.

Psilomelan • $(Ba, H_2O)_4 Mn_{10}O_{20}$

Visitenkarte

Kristallsystem
monoklin
Härte
5 bis 6
Dichte
4,7
Spaltbarkeit
keine
Bruch
uneben
Farbe
grauschwarz
Strichfarbe
schwarzbraun
Glanz
Metallglanz, matt

Unter dieser Bezeichnung versteht man ein Manganerz, das hauptsächlich aus einer Mischung verschiedener Manganoxide besteht. Psilomelan oder **Hartmanganerz**, wie das Mineral im Gegensatz zum Pyrolusit auch genannt wird, tritt in erdigen oder feinkörnig dichten Massen auf; auch stalaktitische und dendritische Aggregate sind bisweilen anzutreffen. In kompakter Form ist Psilomelan ein hartes und ziemlich schweres Mineral; er ist außerdem undurchsichtig, zeigt Metallglanz und hat eine schwarze bis braunschwarze Strichfarbe.

Besondere Merkmale: Wenn man Psilomelanpulver in einem Reagenzglas erhitzt, so wird Wasserdampf frei, der an den Wänden des Glases kondensiert.

Entstehung: Psilomelan ist wie Pyrolusit ein typisch sedimentäres Mineral. Es kann aber auch sekundär in der Oxidationszone anderer Manganmineralien gebildet werden.

Vorkommen und Verwendung: Große Lagerstätten von Psilomelan befinden sich vor allem in Georgien und der Ukraine. In Deutschland sind vor allem im Schwarzwald (Eisenbach) und im Sächsischen Erzgebirge größere Vorkommen zu verzeichnen.

Wo Psilomelan in größeren Mengen auftritt, wird das Mineral zur Mangangewinnung abgebaut.

SnO_2 •Kassiterit

Kassiterit ist chemisch gesehen Zinndioxid, das überdies oft kleine Mengen an Eisen und seltenen Elementen, wie z. B. Tantal und Niobium, enthält. Die Kristalle des Minerals, die von der Form her jenen des häufiger vorkommenden Rutils ähnlich sind, treten häufig in gedrungen säuliger Form auf, bisweilen in Doppelpyramiden, seltener auch in langstängelig nadeliger Form (Nadelzinn); charakteristisch ist die vertikale Streifung der Prismenflächen. Daneben tritt Kassiterit auch in Einzelkörnern oder in Form von körnigen, knolligen, nierigen oder glaskopfartigen Massen auf, wobei letztere sich durch ihre konzentrisch schalige holzartige Struktur auszeichnen (Holzzinn). Die Kristalle des Minerals haben Diamantglanz und sind durchsichtig bis durchscheinend. Kassiteritkristalle können in gelblicher, brauner bis hin zu schwarzer Farbe auftreten und besitzen einen gelblichen bis weißen Strich.

Besondere Merkmale: Kassiterit ist sehr hart und schwer und weist keine wirklich deutliche Spaltbarkeit auf. Das Mineral zeichnet sich außerdem durch seinen hohen Schmelzpunkt aus.

Entstehung: Kassiterit ist häufig in Pegmatiten anzutreffen, kommt darüber hinaus aber auch in bestimmten magmatischen Tiefengesteinen, den sogenannten **Greisen**, vor, wo er oft in Gesellschaft von fluorhaltigen Mineralien wie Topas, Fluorit oder Zinnwaldit anzutreffen ist.

Vorkommen: Besonders schöne Kassiteritkristalle wurden im Sächsisch-Böhmischen Erzgebirge gefunden, wobei vor allem Marienbad, Zinnwald und Altenberg hervorzuheben sind. Weitere herausragende Kristallfunde gab es in der Vergangenheit im englischen Cornwall, wo insbesondere Redruth, St. Agnes und St. Just zu nennen sind. Heute stammen die schönsten Exemplare von Kassiterit aus Bolivien und Portugal (Panasqueira); körnige Kassiterite, die in Malaysia abgebaut werden, sind weniger für den Sammler als vielmehr für die Metallindustrie von Bedeutung.

Verwendung: Kassiterit ist das häufigste und wichtigste Zinnerz, wobei Zinn u. a. zur Herstellung von verzinntem Weißblech sowie von Legierungen wie Bronze genutzt wird.

Visitenkarte

Kristallsystem
tetragonal

Härte
7

Dichte
6,8 bis 7,1

Spaltbarkeit
unvollkommen

Bruch
muschelig

Farbe
gelb bis braunschwarz

Strichfarbe
gelblich, weiß

Glanz
Diamantglanz

Auf dem Bild links schön entwickelte tafelige Kassiteritkristalle.
Das Bild oben zeigt nadelige Kassiteritkristalle aus Cornwall (England).

Rutil • TiO_2

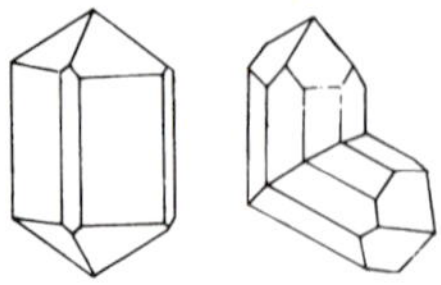

Visitenkarte

Kristallsystem
tetragonal

Härte
6

Dichte
4,3

Spaltbarkeit
vollkommen

Bruch
muschelig

Farbe
rot bis gelbbraun

Strichfarbe
braun

Glanz
Metall- bis Diamantglanz

Dieses Titanmineral, das bisweilen in großen Mengen auf Seifenlagerstätten auftritt, präsentiert sich für gewöhnlich in roter, gelber oder brauner Färbung. Die eisenhaltige Varietät des Rutils **(Nigrin)** ist hingegen schwarz, während jene Varietäten, die Niobium bzw. Tantal enthalten, einen schwärzlich grauen Farbton aufweisen. Rutil bildet gedrungene oder langprismatische bis nadelige Kristalle mit vertikaler Streifung. Recht häufig sind die charakteristischen Berührungszwillinge des Minerals, die sogenannten »Kniezwillinge«. Als Einschluss im Quarz bildet Rutil lange, feine, oftmals gekrümmte Nädelchen, die von rötlich brauner bis gelblicher Farbe sein können und oft über 3 cm lang sind.

Besondere Merkmale: Nur in seltenen Fällen tritt Rutil durchsichtig und mit Diamantglanz auf; zumeist ist das Mineral undurchsichtig bis durchscheinend. Rutil ist hart und schwer, gut spaltbar und ziemlich spröde. Charakteristisch ist außerdem, dass das Mineral von Säuren nicht angegriffen wird und einen sehr hohen Schmelzpunkt aufweist. Von Brookit bzw. Anatas unterscheidet er sich durch seine typische Kristallform.

Entstehung: Rutil kommt häufig als Nebengemengteil in Intrusivkörpern von Magmatiten, wie z. B. Granit, Syenit und Diorit, sowie in metamorphen Gesteinen, wie etwa Gneis und Glimmerschiefer, vor. Darüber hinaus ist das Mineral in Form gut ausgebildeter Kristalle in alpinen Klüften zu finden. Nicht zuletzt tritt Rutil auch in Sanden auf, die aus der Verwitte-

Rötliche Rutilkristalle auf Hämatit aus Brasilien: die Richtung des Kristallwachstums folgt den Flächen des Hämatits.

rung von Rutil führenden Gesteinen hervorgegangen sind (Seifenlagerstätte).

Vorkommen: Besonders schöne Rutilkristalle stammen aus den USA, wobei insbesondere die Bundesstaaten Georgia (Grave Mountain) und Kalifornien (White Mountains) zu nennen sind. Prächtige Exemplare wurden auch in alpinen Klüften gefunden, u. a. im Binnatal im Schweizer Kanton Wallis sowie im Zillertal in Tirol. Auch in den Quarzgängen bei Castione im Kanton Tessin wurden schön ausgebildete Rutilkristalle entdeckt. Aus Brasilien stammen gelbe nadelförmige Rutilkristalle, großteils in Quarz eingeschlossen.

Verwendung: Aus den großen abbauwürdigen Lagerstätten, die vor allem in Norwegen, Australien, Brasilien und in den USA liegen, erhält man jene Mengen an Rutil, welche die Verhüttung zu Titan ermöglichen - einem Metall, das zur Herstellung von Spezialstahl sowie verschiedener anderer Legierungen eingesetzt wird.

Auf dem Bild links sind die typischen »Kniezwillinge« des Minerals zu sehen. Das Bild oben zeigt Rutilkristallnadeln auf Muttergestein.

Wolframit • (Fe, Mn)WO_4

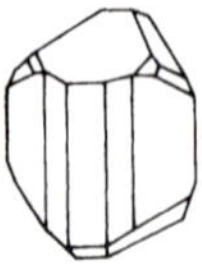

Dieses Wolframmineral kristallisiert im monoklinen Kristallsystem in Form von dicktafeligen, blätterigen oder stängeligen Kristallen, die durchscheinend bis undurchsichtig auftreten und von rötlich brauner bis braunschwarzer Farbe sind, wobei der Strich dunkelbraun ist. Häufiger jedoch ist Wolframit in derben, körnigen oder büscheligen Aggregaten anzutreffen. Er weist für gewöhnlich halbmetallischen Glanz auf, zeigt auf Spaltflächen aber bisweilen Harzglanz. Wolframit ist in Säuren unlöslich und überaus verwitterungsbeständig, sehr schwer, relativ hart und spröde. Die Bezeichnung *Wolframit* gilt für jene Mischkristalle, die hinsichtlich ihrer chemischen Zusammensetzung zwischen dem manganhaltigen **Hübnerit** und dem eisenhaltigen **Ferberit** liegen, welche die Endglieder dieser Mischreihe darstellen.

Besondere Merkmale: Wolframit kann unter Umständen mit einigen Sulfiden sowie mit den Mineralien der Columbitgruppe verwechselt werden. Von Letzteren unterscheidet er sich durch die deutliche Spaltbarkeit sowie die Tatsache, dass gut ausgebildete Columbitkristalle stets allseitig von pegmatitischem Muttergestein eingeschlossen sind. Von den Sulfiden kann man Wolframit chemisch unterscheiden, indem man ihn mit Natriumcarbonat oder Kaliumhydrogensulfat schmilzt und daraufhin etwas verdünnte Schwefelsäure sowie einige Zinkstückchen dazugibt; auf diese Weise erhält man eine intensive blaue Färbung.

Entstehung: Typisch für Wolframit ist seine pneumatoloytische Entstehungsweise, d. h., er bildet sich aus jenen magmatischen Restschmelzen, die nach der Bildung der Granite verblieben sind. Diese heißen Lösungen dringen in die Spalten des umliegenden Gesteins ein, wo sie sich abkühlen und jene Quarzgänge bilden, in denen neben anderen Mineralien auch Wolframit auskristallisiert. Als äußerst verwitterungsbeständiges und sehr schweres Mineral kann sich Wolframit auch in Seifenlagerstätten anreichern, welche aus verwittertem Gesteinsmaterial hervorgehen und als Flusssediment abgelagert wird.

Vorkommen: Große Wolframitlagerstätten liegen in Südchina, Australien (Queensland), Bolivien (La Paz), Kanada, den USA (Kalifornien und Colorado) sowie in Malaysia und Birma. In Europa kommt Wolframit vor allem in England (Cornwall und Cumberland), Portugal (Panasqueiro), Spanien sowie auch in Deutschland vor, wo u. a. die Lagerstätten von Altenberg und Ehrenfriedersdorf im Sächsischen Erzgebirge sowie von Tirpersdorf und Pechtelsgrün im Vogtland zu erwähnen sind.

Verwendung: Wolframit ist das wirtschaftlich wichtigste Wolframerz, das bis zu 60% dieses Metalls enthalten kann. Wolfram wird aufgrund seines hohen Schmelzpunktes u. a. zur Herstellung von Glühdrähten in Glühbirnen verwendet und als extrem hartes Wolframkarbid (Widia) zur Erzeugung von Spezialbohrkronen und Schneidewerkzeugen eingesetzt.

Visitenkarte

Kristallsystem
monokolin

Härte
5 bis 5,5

Dichte
7,14 bis 7,54

Spaltbarkeit
vollkommen

Bruch
uneben

Farbe
rötlich braun, braunschwarz

Strichfarbe
dunkelbraun, schwarz

Glanz
Metall- bis Harzglanz

Dieses Ferberitkristall stammt aus Panasqueira (Portugal); bei Ferberit handelt es sich um das eisenhaltige Endglied der Wolframit-Mischreihe.

Limonit

Die wechselnde chemische Zusammensetzung dieses Eisenerzes lässt sich nicht genau definieren denn es handelt sich dabei um ein Gemenge verschiedener Eisenoxide, insbesondere von Goethit und Lepidokrokit. Limonit ist niemals in Form von Kristallen anzutreffen - für gewöhnlich tritt er in porösen pulverartigen Massen von gelblicher oder gelbbrauner Farbe auf; außerdem kommt Limonit auch in Form von Kügelchen als Brauneisenoolith oder in nieriger Form mit schwarz glänzender Oberfläche als **Brauner Glaskopf** vor.

Besondere Merkmale: Die Härte des Limonits ist schwer zu bestimmen, da die Aggregate leicht zerbröckeln. Wie hart das Mineral tatsächlich ist, hängt davon ab, welche Bestandteile in welchen Anteilen vorhanden sind. Für gewöhnlich ist Limonit mit dem Taschenmesser ritzbar.

Entstehung: Limonit ist ein sekundäres Eisenerz, welches sich in der Oxidationszone verschiedener Eisenlagerstätten bildet - das ist ein Bereich, der bergmännisch als *Eiserner Hut* bezeichnet wird. In subtropischen oder tropischen Klimazonen entsteht Limonit auch infolge der Verwitterung eisenhaltiger Carbonate und Silikate (Lateritische Eisenerze). Darüber hinaus kann Limonit auch organischen Ursprungs sein, wobei er durch Ausflockung von Eisenhydroxiden in flachen Seen, und zwar unter Mitwirkung bestimmter Eisenbakterien, entsteht.

Vorkommen: Die wirtschaftlich wichtigsten Lagerstätten - sie sind übrigens durch die bereits erwähnten Verwitterungsprozesse in feucht-tropischen Regionen entstanden - liegen in Kuba, Venezuela, Brasilien, Angola, Kongo, Kanada und Indien. Die bekannten Minetteerze von Elsass-Lothringen sind Limonitoolithe. In Deutschland findet sich Limonit vor allem in Salzgitter (Niedersachsen).

Verwendung: Limonit ist ein wichtiges Eisenerz, dessen Wert allerdings oft dadurch gemindert wird, dass es durch Spuren von Phosphor und Chrom verunreinigt ist, wobei vor allem die Chrombeimengung das Erz für die Verhüttung im Hochofen ungeeignet macht. Die erdig pulverige Varietät von Limonit, der **Eisenocker**, wird u. a. als Farbstoff genutzt.

Visitenkarte

Kristallsystem
variabel

Härte
5 bis 5,5

Dichte
ca. 4

Spaltbarkeit
keine

Bruch
muschelig oder erdig

Farbe
gelbbraun, schwarz

Strichfarbe
gelbbraun

Glanz
erdig, halbmetallisch

Limonit in seiner erdigen, typisch rostbraunen Form.

Manganit • MnO(OH)

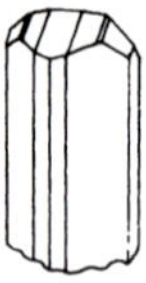

Visitenkarte

Kristallsystem
monokolin
Härte
4
Dichte
4,3 bis 4,4
Spaltbarkeit
vollkommen
Bruch
uneben
Farbe
braunschwarz
Strichfarbe
braunschwarz
Glanz
Metallglanz

Die Kristalle dieses Manganminerals sind in der Regel langprismatisch mit deutlich vertikaler Streifung. Bisweilen trifft man auch auf die typischen abgewinkelten Durchkreuzungszwillinge dieses Minerals. Viel häufiger als in Kristallform ist Manganit jedoch in strahlig büscheligen, körnigen oder erdigen Aggregaten anzutreffen.

Besondere Merkmale: Wenn man pulverigen Manganit in einem Reagenzglas über der Gasflamme erhitzt, so bildet sich Wasserdampf, der an den Wänden des Glases in feinen Tröpfchen kondensiert. Durch diese Eigenschaft lässt sich Manganit vom Pyrolusit unterscheiden, der dem Manganit zwar äußerlich ähnlich ist, aber kein Wasser enthält.

Entstehung: Manganit kommt in hydrothermalen Gängen vor, die sich bei vergleichsweise tiefen Temperaturen gebildet haben; dort wird das Mineral oft von Baryt und Calcit begleitet. Außerdem ist Manganit zusammen mit anderen Manganmineralien in sedimentären Lagerstätten anzutreffen, die sich auf dem Grunde ehemaliger Meere abgelagert haben.

Vorkommen: Herausragende Manganitkristalle von bis zu 8 cm Länge stammen aus den deutschen Lagerstätten von Ilfeld im Südharz sowie Ilmenau, Elgersburg und Öhrenstock in Thüringen. Schöne Exemplare wurden auch in Negaunee (Michigan, USA) gefunden.

Goethit • FeO(OH)

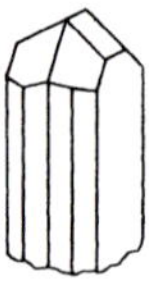

Visitenkarte

Kristallsystem
rhombisch
Härte
5 bis 5,5
Dichte
4,3
Spaltbarkeit
vollkommen
Bruch
uneben
Farbe
braun, schwarz, gelblich
Strichfarbe
gelbbraun
Glanz
Diamant-, Seidenglanz

Dieses Mineral bildet für gewöhnlich prismatisch nadelige Kristalle mit vertikaler Streifung; in seltenen Fällen sind auch feine Kristalltäfelchen anzutreffen. Einzelkristalle sind sehr selten - zumeist finden sich die Kristallindividuen zu strahligen oder faserigen Aggregaten vereint. Am häufigsten ist Goethit in derben, dichten, stalaktitischen oder nierenförmigen Massen anzutreffen, wobei er eine strahlige oder erdige Struktur zeigt. Während die Kristalle schwarzbraune Farben zeigen, sind derbe Massen des Minerals in rötlicher oder gelbbrauner Färbung anzutreffen. Erdiger Goethit, der auch als Farbstoff Verwendung findet, tritt in gelblich brauner bis ockergelber Farbe auf.

Besondere Merkmale: Erhitzt man pulverisierten Goethit in einem Reagenzglas über der Gasflamme, so bildet sich rötlicher Hämatit, wobei Wasserdampf freigesetzt wird.

Entstehung: In erster Linie entsteht Goethit durch Verwitterung anderer Eisenmineralien, wie z. B. Pyrit, Magnetit und Siderit. Oftmals sind schöne Kristallgruppen des Minerals in Quarzgeoden mit hydrothermalem Ursprung zu finden. Da Goethit ein wesentlicher Bestandteil der verschiedenen Limonite ist, findet er sich auch im sogenannten Eisenocker.

Vorkommen und Verwendung: Goethit ist - so wie Limonit - in Salzgitter (Niedersachsen) anzutreffen; weitere Vorkommen befinden sich im Odenwald, in der Eifel, im Schwarzwald sowie im Erzgebirge. Goethit ist zur Eisengewinnung von Bedeutung.

Carbonate

Unter den vielen Mineralien, aus denen sich die Lithosphäre zusammensetzt, nehmen die Carbonate sowohl in mineralogischer und petrographischer als auch in wirtschaftlicher Hinsicht eine bedeutende Stellung ein.
Carbonate sind am Aufbau vieler sedimentärer, magmatischer und metamorpher Gesteine beteiligt. Sie stellen den Hauptbestandteil der Kalkgesteine, also jener Sedimentite, die vorwiegend aus Calciumcarbonat aufgebaut sind, und von Dolomit, einem Gestein, das aus Calcium-Magnesium-Carbonat besteht. Auch der kristalline Marmor, ein ursprünglich sedimentäres Gestein, welches durch Gesteinsmetamorphose stark verändert wurde und in deren Verlauf es zur Umkristallisation des Calciumcarbonates kam, besteht chemisch gesehen aus Calcit.
Die Carbonate werden in der Industrie vielfältig eingesetzt - sie finden zur Erzeugung von Baustoffen und feuerfesten Produkten ebenso Verwendung wie etwa in der Keramikindustrie. Außerdem eignen sich einige ihrer Vertreter zur Gewinnung von Eisen, Magnesium, Zink, Mangan, Blei, Barium usw.

$BaCO_3$ • Witherit

Witherit kristallisiert häufig in Form von Drillingen, die sich aus scheinbar hexagonalen Bipyramiden zusammensetzen, welche parallel zur Basis gestreift sind; auch tafelige Witheritkristalle sind bisweilen anzutreffen. Weitaus häufiger kommt das Mineral jedoch in faserigen, traubigen oder körnigen Aggregaten vor. Witherit ist nach den Prismenflächen gut spaltbar. Das Mineral ist zumeist farblos, weiß oder grau, kann aber auch in gelben, grünen oder braunen Farbtönen auftreten, wobei die Strichfarbe stets Weiß ist. Witherit ist durchsichtig oder durchscheinend und weist Glas- oder Fettglanz auf.
Besondere Merkmale: Unter ultraviolettem Licht zeigt Witherit ein weißblaues Leuchten, welches auf der Erscheinung der Fluoreszenz bzw. Phosphoreszenz beruht. Das Mineral löst sich in Salzsäure und Salpetersäure unter Schäumen auf. Aufgrund des Bariumgehalts verleiht Witherit der Gasflamme eine gelblich grüne Färbung.
Entstehung: Witherit entsteht bei vergleichsweise niedrigen Temperaturen und ist somit ein typisches Mineral der hydrothermalen Gänge.
Vorkommen: Große Witheritkristalle wurden in Illinois und anderen Gebieten der USA gefunden, wo das Mineral von Calcit und Fluorit begleitet wird. Wirtschaftlich bedeutende Lagerstätten befinden sich vor allem in England (Cumberland und Durham), wo auch prächtige Kristalle entdeckt wurden. Dichte Massen von Witherit sind in Kalifornien (USA) und Sibirien (Russland) anzutreffen. Witherit ist auch in Österreich zu finden, wobei vor allem Leogang im Salzburger Land sowie Peggau in der Steiermark zu nennen sind. In Deutschland ist Witherit u. a. in Freiberg (Sachsen) sowie Andreasberg (Harz) anzutreffen.
Witherit wird zur Gewinnung von Barium sowie zur Herstellung von Spezialglas genutzt.

Pseudohexagonale Witheritkristalle aus Fallowfield (Northumberland, England).

Visitenkarte

Kristallsystem
rhombisch

Härte
3 bis 3,5

Dichte
4,29

Spaltbarkeit
vollkommen

Bruch
uneben

Farbe
farblos, weiß, grau, gelblich

Strichfarbe
weiß

Glanz
Glas- bis Fettglanz

Calcit (Kalkspat) • $CaCO_3$

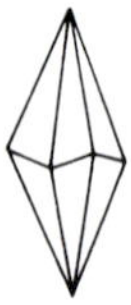

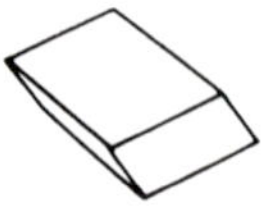

Visitenkarte

Kristallsystem
trigonal

Härte
3

Dichte
2,71

Spaltbarkeit
vollkommen

Bruch
muschelig

Farbe
farblos, verschiedene Farben

Strichfarbe
weiß

Glanz
Glas- bis Perlmuttglanz

Calcit tritt in der Natur in verschiedener Kristalltracht auf - die Kristalle des Minerals können von prismatischer, rhomboedrischer, skalenoedrischer oder tafeliger Gestalt sein. Daneben kommt Calcit in körnigen, faserigen, stängeligen oder stalaktitischen Aggregaten vor. Im Kalkgestein tritt das Mineral in dichter Form ohne sichtbare Kristallstruktur auf. Auch die farbliche Vielfalt des Minerals ist bemerkenswert: Außer in Weiß kommt Calcit in rosafarbenen, gelblichen, braunen und grünen Tönungen vor. Calcit in Form von körnig spätigen Massen, welche durch Gesteinsumwandlung entstanden sind, werden als **Marmor** bezeichnet. Calcit ist außerdem maßgeblich an der Bildung der sogenannten Tropfsteine beteiligt, die sich in den Höhlen von Kalkgebirgen aus herabtropfendem Wasser abscheiden und die entweder als Zapfen von den Decken hängen (Stalaktiten) oder als Säulen aus dem Boden aufragen (Stalagmiten).
Aus Calcit bestehen außerdem die sogenannten Oolithe - diese entstehen im bewegten Wasser durch Aggregation von Calciumcarbonat zu kugeligen Aggregaten - und Pisolithen (Erbsensteinen).

Calcit, eines der am weitesten verbreiteten Mineralien überhaupt, tritt in vielen verschiedenen Kristallformen auf. Auf dem Bild oben sind perfekte rhomboedrische Kristalle zu sehen; auf dem Bild rechts Calcitzwillinge.

Besondere Merkmale: Calcitkristalle zeigen unter ultraviolettem Licht bisweilen eine rötliche, gelbe, rosafarbene oder blaue Fluoreszenz. Auch das Phänomen der Thermolumineszenz ist gelegentlich zu beobachten. Calcit löst sich in Salzsäure unter kräftigem Schäumen auf und ist ein eher weiches Mineral, das mit dem Taschenmesser gut ritzbar ist. Calcit zeigt darüber hinaus das Phänomen der Doppelbrechung - dies bedeutet, dass ein Lichtstrahl beim Eintritt in den Kristall unterschiedlich stark gebrochen und dabei in zwei Teilstrahlen zerlegt wird, die sich mit unterschiedlicher Lichtgeschwindigkeit fortpflanzen.
Entstehung: Calcit entsteht am häufigsten durch Sedimentation - einerseits durch anorganische Fällung als Kalkschlamm, wie sie im Flachwasserbereich tropischer Meere vorkommt, andererseits durch Sedimentation von Schalen und Skeletten jener Meeresorganismen, die Calciumcarbonat aus dem Wasser zum Aufbau dieser Teile verwenden. Darüber hinaus kann Calcit auch metamorphen und - in seltenen Fällen - magmatischen Ursprungs sein. Kalkgesteine bedecken nicht weniger als 40% der Erdoberfläche, wenngleich ihr Gewichtsanteil an der Erdkruste nur 4% ausmacht.
Vorkommen: Besonders klare Calcitkristalle - wegen ihrer starken Doppelbrechung auch **Isländischer Doppelspat** genannt - wurden vor allem in den Hohlräumen basaltischer Gesteine in Island gefunden. Aus Cumberland (England) stammen prächtige rosafarbene und grünliche Kristalle. In den USA ist insbesondere Joplin (Missouri) als Fundort zu nennen. Calcitkristalle von bemerkenswerter Schönheit wurden aber auch in Deutschland gefunden, wobei vor allem Freiberg, Bräunsdorf und Schneeberg im Erzgebirge sowie St. Andreasberg im Harz zu erwähnen sind. Bemerkenswerte Kristallgruppen wurden in Fontainebleau (Frankreich) und Michigan (USA) entdeckt, wobei sich letztere durch dendritische Kupfereinschlüsse auszeichnen.
Verwendung: Kalkstein ist vor allem für die Bauwirtschaft von großer Bedeutung - sei es als Zementrohstoff, als Bau- oder Dekorationsstein. In der chemischen Industrie wird Kalkstein vor allem zur Herstellung von Ätznatron, Soda und Chlorkalk genutzt. Außerdem wird Kalkstein als Flussmittel in der Hüttenindustrie und zur Herstellung von Düngemitteln verwendet.
Varietäten: Häufig wird beim Calcit das Element Calcium durch kleine Mengen anderer Elemente ersetzt (z. B. Mangan, Eisen, Zink, Kobalt, Barium, Blei oder Strontium), was zur Ausbildung verschiedener Varietäten führt - u. a. spricht man von **Mangano-Calcit**, **Zinco-Calcit**, **Strontio-Calcit** bzw. **Plumbo-Calcit**.

Aggregat von skalenoedrischen Calcitkristallen.

Magnesit • $MgCO_3$

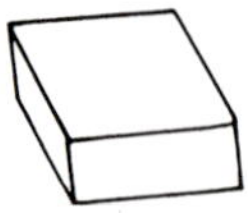

Visitenkarte

Kristallsystem
trigonal

Härte
4 bis 4,5

Dichte
3

Spaltbarkeit
vollkommen

Bruch
muschelig

Farbe
farblos, verschiedene Farben

Strichfarbe
weiß

Glanz
Glasglanz

Dieses Carbonatmineral gehört zur Calcitgruppe und kristallisiert, so wie Calcit, im trigonalen Kristallsystem, wobei Magnesitkristalle jedoch einfacher gebaut und weitaus weniger formenreich sind als die des Calcits. Die selten anzutreffenden Kristalle zeigen sich vorwiegend in rhomboedrischer bzw. dicktafeliger Form. Magnesit tritt meist in körnig spätigen Massen von weißlich grauer Farbe auf, die undurchsichtig sind und einen muscheligen Bruch aufweisen, daneben ist das Mineral auch in erdigen Massen sowie in feinkörnig dichten (mikrokristallinen) Aggregaten zu finden. Magnesit enthält bisweilen noch andere Elemente, die das Magnesium teilweise ersetzen können - insbesondere Eisen, was zur Bildung der Varietäten **Breunnerit** und **Mesitinspat** führt.

Besondere Merkmale: Bisweilen lässt Magnesit unter ultraviolettem Licht eine bläuliche oder grünliche Fluoreszenz erkennen. Träufelt man etwas verdünnte kalte Salzsäure auf das Mineral, so schäumt es im Gegensatz zum Calcit nicht auf, was ein wichtiges Unterscheidungsmerkmal darstellt.

Entstehung: Magnesit ist ein recht weit verbreitetes Mineral, das Gemengteil verschiedener Gesteinsarten ist. Größere kompakte Massen des Minerals haben sich entweder durch Zersetzung von magnesiumreichen Gesteinen, wie z. B. Peridotit und Serpentingestein, gebildet oder sind aus sedimentären Kalken hervorgegangen, in welchen durch eindringendes magnesiumreiches Wasser Calcium durch Magnesium ersetzt wurde. Darüber hinaus tritt Magnesit auch in hydrothermalen Gängen sowie in manchen Pegmatiten auf.

Vorkommen: Beachtliche Magnesitlagerstätten befinden sich in Polen (Schlesien), Griechenland (Euböa), Italien (Lombardei, Piemont, Toskana und Südtirol), Korea und China. Nicht zuletzt sind auch in Österreich bedeutende Vorkommen zu verzeichnen, vor allem in der Steiermark und in Kärnten, wobei Veitsch, Trieben, Oberdorf und Radenthein als Fundorte hervorzuheben sind. Schöne Breunneritkristalle wurden vor allem im Zillertal (Tirol) sowie im St.-Gotthard-Massiv (Schweiz) gefunden.

Verwendung: Magnesit wird vor allem zur Erzeugung von hochfeuerfesten Baustoffen benötigt. Außerdem wird das Mineral zur Gewinnung von Magnesium genutzt, einem Leichtmetall, das vor allem zur Herstellung von Legierungen eingesetzt wird. Von wirtschaftlicher Bedeutung sind auch Magnesiumsalze, die in der Medizin (als Bittersalz) sowie in der Baustoffindustrie zur Erzeugung bestimmter Zemente verwendet werden.

Magnesitkristalle, vergesellschaftet mit Quarz.

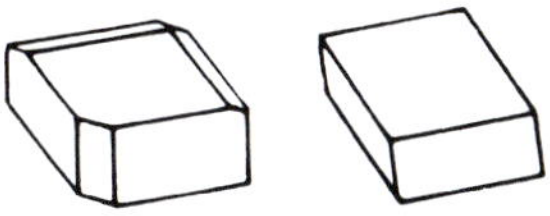

$FeCO_3$ • Siderit (Eisenspat)

Siderit kristallisiert im trigonalen Kristallsystem, wobei die rhomboedrischen Kristalle mit ihren bisweilen gekrümmten Flächen aber nur selten anzutreffen sind. Viel häufiger kommt Siderit in spätigen oder derben Massen bzw. in feinkörnig dichten, kugeligen und traubenförmigen Aggregaten vor. Siderit ist für gewöhnlich in blassgelber bis brauner Farbe zu finden; manganreiche Varietäten treten eher in schwarzer Färbung auf. Siderit ist durchscheinend bis durchsichtig und zeigt Glas- bis Perlmuttglanz. Das Mineral ist relativ hart, schwer, eher spröde und weist einen muscheligen Bruch auf. Bemerkenswert ist die sehr gute Spaltbarkeit nach den Rhomboederflächen.

Besondere Merkmale: Siderit ist ausschließlich in warmer Salzsäure löslich, wobei er heftig aufschäumt; er unterscheidet sich dadurch vom Calcit, der auch in kalter verdünnter Salzsäure löslich ist.

Entstehung: Siderit ist in einer Reihe von Gesteinstypen anzutreffen - so ist er etwa in metasomatisch umgewandelten sedimentären Lagerstätten zu finden, wo er durchaus auch in abbauwürdigen Mengen vorliegen kann. Außerdem ist das Mineral auch in hydrothermalen Erzgängen anzutreffen, die bei mittleren bis niedrigen Temperaturen gebildet wurden. Darüber hinaus ist Siderit auch in verschiedenen metamorphen und magmatischen Gesteinen zu finden.

Vorkommen: Größere Vorkommen von Siderit liegen in Österreich, wo vor allem der Erzberg in der Steiermark sowie Hüttenberg in Kärnten hervorzuheben sind. In Deutschland befinden sich beachtliche Sideritlagerstätten im Siegerland (Rheinland), im Harz (Neudorf), im Thüringer Wald (Schmalkalden, Kamsdorf) sowie im Sächsischen Erzgebirge. Große Sideritlagerstätten findet man außerdem in Böhmen, Portugal (Panasqueiro), Spanien und England (Tavistock in Devonshire sowie Camborne Redruth in Cornwall). Berühmt sind auch die spektakulär aussehenden spätigen Massen, die mit Kryolith in Ivigtut auf Grönland zu finden sind, sowie die prächtigen Kristalle, die am Mont Saint-Hilaire in Quebec (Kanada) entdeckt wurden.

Verwendung: Siderit ist trotz seines relativ geringen Eisengehalts wegen seiner leichten Verhüttung ein wertvolles Eisenerz.

Visitenkarte

Kristallsystem
trigonal

Härte
4 bis 4,5

Dichte
3,7 bis 3,9

Spaltbarkeit
vollkommen

Bruch
muschelig

Farbe
hellgelb bis schwarz

Strichfarbe
weiß

Glanz
Glas- bis Perlmuttglanz

Auf dem Bild links ist Siderit zoniert vergesellschaftet mit Quarz zu sehen (Wheal Maudin, Cornwall, England). Das Bild oben zeigt braunen linsenförmigen Siderit.

Smithsonit (Zinkspat) • $ZnCO_3$

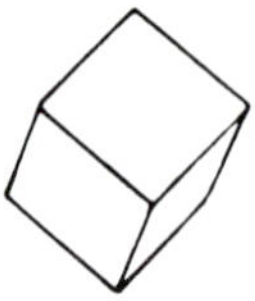

Visitenkarte

Kristallsystem
trigonal

Härte
5

Dichte
4,3 bis 4,5

Spaltbarkeit
vollkommen

Bruch
muschelig

Farbe
farblos, verschiedene Farben

Strichfarbe
weiß

Glanz
Glas- bis Perlmuttglanz

Gut ausgebildete Kristalle dieses schönen Minerals sind aufgrund ihrer Seltenheit in Sammlerkreisen überaus begehrt. Smithsonit bildet kleine rhomboedrische Kristalle mit bisweilen gekrümmten, faltig aussehenden Flächen; in seltenen Fällen können auch skalenoedrische Exemplare vorkommen. Für gewöhnlich tritt Smithsonit (oder **Zinkspat**) in Form von krustigen, nierigen, traubigen oder stalaktitischen Aggregaten auf; das Mineral ist aber auch in körniger, dichter oder erdiger Form anzutreffen. Smithsonit kann farblos oder weiß ebenso auftreten wie in gelben, braunen, grünen, blauen, rosaroten oder purpurnen Farbtönen, was durch geringe Mengen von Kadmium, Kobalt, Mangan oder Kupfer bedingt ist. Smithsonit kann durchscheinend oder durchsichtig sein, wobei das Mineral Glas- bis Perlmuttglanz aufweist. Smithsonit ist ein relativ hartes und schweres Mineral, dessen Kristalle eine gute Spaltbarkeit nach den Rhomboederflächen aufweisen und das in derber, krustiger Form einen muscheligen Bruch zeigt.

Besondere Merkmale: Gelegentlich lässt Smithsonit im ultravioletten Licht rosa Fluoreszenz erkennen. Er ist in konzentrierter kalter Salzsäure unter Aufschäumen löslich, was ihn vom Hemimorphit in krustiger Form unterscheidet, dem das Mineral äußerlich ähnlich ist.

Entstehung: Smithsonit bildet sich häufig sekundär in der Oxidationszone von Zinklagerstätten. Außerdem wird Smithsonit auch aus sulfatischen Zinklösungen in Reaktion mit Kalkstein oder Dolomit ausgefällt.

Vorkommen: Größere Vorkommen von Smithsonit befinden sich u. a. in Bleiberg (Kärnten) sowie in einigen deutschen Lagerstätten, von denen vor allem Altenberg bei Aachen und Wiesloch in Baden-Württemberg hervorgehoben seien. Besonders spektakulär sind die grünen bzw. blau gefärbten Aggregate, die in der Lagerstätte von Lavrion bei Athen gefunden wurden, sowie die schönen Kristalle aus Kabwe (Sambia) und Tsumeb (Namibia). Erwähnenswert sind aber auch die Vorkommen in Italien, wo das Mineral in der Lombardei, in Südtirol sowie nicht zuletzt auf Sardinien anzutreffen ist, wo auch die eisenhaltige Varietät, der **Monheimit,** zu finden ist.

Verwendung: Smithsonit wird zur Gewinnung von Zink wirtschaftlich genutzt. Die prachtvoll gefärbten Kristalle sind als Schmucksteine (oft in Form von Cabochons) sehr gefragt.

Die weißen rhomboedrischen Smithsonitkristalle auf dem Bild rechts stammen aus Chessy (Frankreich). Auf dem Bild oben ist ein traubiges Aggregat aus Tsumeb (Namibia) zu sehen.

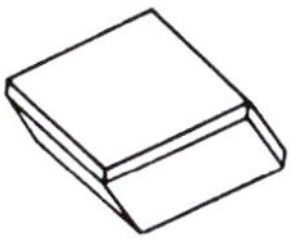

$MnCO_3$ • Rhodochrosit (Manganspat)

Für gewöhnlich tritt dieses Mineral in Form von körnig spätigen bis dichten Aggregaten auf, es kann aber auch gebänderte Krusten mit traubig nieriger Oberfläche bilden. Rhodochrosit ist in der Regel undurchsichtig und von rosaroter Farbe mit bisweilen violetten oder gelblichen Tönungen. Das Mineral zeigt für gewöhnlich Glas- oder Perlmuttglanz, der jedoch bei Aggregaten oft durch einen braunschwarzen Überzug von Manganoxid überdeckt ist. Gut ausgebildete Kristalle sind zwar selten, dafür aber umso prächtiger - sie können durchscheinend bis durchsichtig sein und bilden wohlgeformte Rhomboeder oder Skalenoeder, die bisweilen in wunderschönen Drusen von leuchtend roter bis orangeroter Farbe ausgebildet sind.

Besondere Merkmale: Verwechselt wird Rhodochrosit bisweilen mit Rhodonit, einem rosafarbenen Mangansilikat, mit Thulit, einem manganhaltigen, ebenfalls rosafarbenen Silikat der Elemente Aluminium und Calcium, sowie mit rosafarbenem Calcit. Von letzterem unterscheidet sich Rhodochrosit dadurch, dass er nur in warmer Salzsäure löslich ist, während Calcit auch von stark verdünnter kalter Salzsäure gelöst wird. Vom Rhodonit sowie vom Thulit unterscheidet sich Rhodochrosit durch seine geringere Härte.

Entstehung: Rhodochrosit kommt häufig in Erz führenden hydrothermalen Gängen vor, kann aber auch durch Einwirkung hydrothermaler Lösungen auf Gesteine mit manganhaltigen Mineralien entstehen. In seltenen Fällen kann Rhodochrosit auch sedimentären Ursprungs sein.

Vorkommen: Eine typische hydrothermale Rhodochrositlagerstätte ist jene von Butte in Montana (USA), wo das Mineral in derben Aggregaten auftritt, wie sie beispielsweise auch in Argentinien zu finden sind, während aus Colorado (USA) prächtige Kristalle stammen, die z. T. zu Schmucksteinen geschliffen werden. Die schönsten Rhodochrositkristalle sind, was Farbe und Transparenz betrifft, jedoch in Hotazel (Südafrika) zu finden. In Deutschland sind vor allem die Vorkommen von Elbingerode im Harz zu nennen, während das Mineral in Österreich vor allem im Salzburger Land (Abtenau bzw. am Hochkranz bei Lofer) zu finden ist.

Verwendung: Wo Rhodochrosit in abbauwürdigen Mengen auftritt, wird es zur Gewinnung von Mangan wirtschaftlich genutzt. Mangan wird vor allem zur Herstellung von Spezialstahl sowie zur Desoxidation von Stahlschmelzen verwendet.

VERWENDUNG ALS SCHMUCKSTEIN

Seltene, durchsichtige Exemplare des Minerals werden für gewöhnlich im Treppenschliff mit wenigen rechteckigen oder achteckigen Flächen facettiert, dichte Varietäten werden hingegen zu Kugeln für Halsketten, zu Cabochons oder Armreifen verarbeitet. Je nachdem, ob das Aggregat parallel oder senkrecht zur Längsrichtung der Kristalle geschnitten wird, lassen sich hier recht spektakuläre Farbeffekte erzielen.

Visitenkarte

Kristallsystem
trigonal

Härte
3,5 bis 4

Dichte
3,3 bis 3,7

Spaltbarkeit
vollkommen

Bruch
uneben

Farbe
rosa, orangerot

Strichfarbe
weiß

Glanz
Glas- bis Perlmuttglanz

Das Bild oben zeigt Rhodochrositkristalle in rhomboedrischer Gestalt auf Muttergestein; die typische orangerote Färbung ist auf das Mangan zurückzuführen (Colorado, USA).

Aragonit • $CaCO_3$

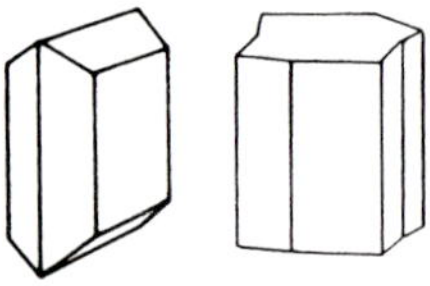

Visitenkarte

Kristallsystem
rhombisch

Härte
3,5 bis 4

Dichte
2,95

Spaltbarkeit
unvollkommen

Bruch
muschelig

Farbe
farblos, verschiedene Farben

Strichfarbe
weiß

Glanz
Glasglanz

Aragonit kristallisiert im rhombischen Kristallsystem für gewöhnlich in Form nadelig spießiger Kristalle, die häufig zu strahligen Aggregaten vereint sind, und bildet gelegentlich auch hexagonale Kristalldrillinge mit typischen Verwachsungsnähten bzw. Längsfurchen. Darüber hinaus liegt das Mineral in körnigen, stalaktitischen, faserigen, derben oder krustigen Aggregaten vor. Aragonit kann farblos und durchsichtig sein, tritt aber auch durchscheinend und in verschiedenen Farbtönen auf, wobei die Kristalle Glas- oder Fettglanz aufweisen. Das Mineral ist härter als Calcit, außerdem spröde und zeigt geringe Spaltbarkeit. Vom Aragonit sind eine ganze Reihe von Varietäten bekannt - darunter die **Eisenblüte**, die sich durch ihre verästelten Aggregate auszeichnet und die als Auswaschungsprodukt auf Eisenerzlagerstätten (u. a. der Steiermark) zu finden ist; weitere Varietäten sind der **Pisolith**, der **Tarnowitzit** sowie der **Nicholsonit**, wobei die beiden letzteren Blei bzw. Zink enthalten.

Besondere Merkmale: Aragonit ist in kalter verdünnter Salzsäure unter kräftigem Schäumen löslich, eine Eigenschaft, die dem Calcit ähnlich ist. Von diesem unterscheidet er sich aber dadurch, dass er nicht allzu gut spaltbar ist. Bisweilen lässt Aragonit im ultravioletten Licht eine gewisse Fluoreszenz erkennen, die blau, rosa oder gelb auftreten kann. Bei normalen Druck- und Temperaturbedingungen ist Aragonit recht instabil, d. h., er neigt dazu, sich allmählich in Calcit umzuwandeln, ein Prozess, der durch erhöhte Temperaturen noch beschleunigt wird.

Entstehung: Aragonit kommt deutlich seltener vor als Calcit. Er bildet sich vorwiegend bei vergleichsweise niedrigen Temperaturen - oftmals in der Oxidationszone von Eisenerzlagerstätten, in Hohlräumen vulkanischer Gesteine oder in heißen Quellen. Auch in Sedimenten und in metamorphen Gesteinen ist das Mineral anzutreffen.

Vorkommen: Größere Lagerstätten, welche sich in der Oxidationszone von Eisen führenden Carbonatgesteinen gebildet haben, befinden sich in Kamsdorf (Thüringen) sowie am Steirischen Erzberg bzw. in Hüttenberg (Kärnten). Zu den Vorkommen, die in Hohlräumen vulkanischer Gesteine entstanden sind, gehören jene von Sasbach (Kaiserstuhl, Baden) und Eschwege (Blaue Kuppe). Prächtige Drillingskristalle stammen aus Molina in Aragonien, im Nordosten Spaniens, aber auch in Böhmen wurden schöne Exemplare gefunden. Herausragende Aragonitkristalle waren stets auch in den Schwefellagerstätten Siziliens zu finden.
Als Ornamentstein werden jedoch meist die alabasterweißen Exemplare von Aragonit verwendet.

Das Bild rechts zeigt prismatische Aragonitkristalle, überkrustet von weißem Calcit und Schwefel. Auf dem Bild oben: ein prismatischer Aragonit mit Pyrit.

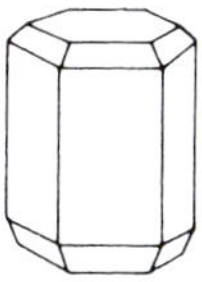

$SrCO_3$ • Strontianit

Strontianit kommt zumeist in nadeligen bzw. spießigen Kristallen vor, die oft zu büscheligen oder strahligen Aggregaten verwachsen sind. Daneben sind bisweilen auch tafelige Formen anzutreffen. Häufiger jedoch tritt dieses Mineral in derben bzw. feinkörnigen Massen auf. Strontianit ist nach den vertikalen Prismenflächen gut spaltbar, spröde und von meist weißer Färbung, kann jedoch auch in rosaroten, grauen oder grünen Farbtönen auftreten, wobei das Mineral stets weißen Strich aufweist. Strontianit zeigt auf den Kristallflächen Glasglanz und ist bisweilen durchsichtig oder durchscheinend.

Besondere Merkmale: Unter ultraviolettem Licht zeigt das Mineral bisweilen ein blaues Leuchten; bei Erwärmung kann auch das Phänomen der Thermolumineszenz auftreten. Strontianit ist in verdünnter Salzsäure unter Aufschäumen löslich; außerdem verleiht er der Gasflamme eine karminrote Färbung, eine Erscheinung, die auf den Strontiumgehalt zurückzuführen ist.

Entstehung: Strontianit ist ein typisches Mineral der hydrothermalen Zone, d. h., er bildet sich aus jenen Restschmelzen, welche nach der Bildung der Granite und Pegmatite in die Spalten des umliegenden Gesteins eindringen und dort erstarren. Meist tritt das Mineral vergesellschaftet mit anderen typischen Gangmineralien auf, wie z. B. Calcit, Coelestin, Baryt und Bleiglanz.

Vorkommen: In Strontian (Schottland), dem ersten Fundort dieses Minerals, tritt Strontianit in Erzgängen mit Bleiglanz und Baryt auf. Schöne Kristalle wurden in Australien, aber auch in Deutschland gefunden, wo insbesondere die Lagerstätte von Bräunsdorf bei Freiberg hervorzuheben ist. Größere abbauwürdige Vorkommen befinden sich in Clausthal-Zellerfeld im Harz und im Münsterland in Westfalen. In Österreich ist Strontianit in den Erzgängen bei Leogang (Salzburg) zu finden. Auch in Spanien, Mexiko und den USA (Strontian Hills in Kalifornien) liegen große Vorkommen.

Verwendung: Strontianit ist ein wichtiger Rohstoff zur Gewinnung von Strontium, das auf Grund seiner Flammenfärbung in der Pyrotechnik eingesetzt wird, aber darüber hinaus auch bei der Zuckergewinnung sowie in der Glasindustrie von Bedeutung ist.

Visitenkarte

Kristallsystem
rhombisch

Härte
3,5

Dichte
3,7

Spaltbarkeit
unvollkommen

Bruch
muschelig

Farbe
farblos, verschiedene Farben

Strichfarbe
weiß

Glanz
Glasglanz

Cerussit (Weißbleierz) • $PbCO_3$

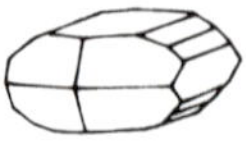

Cerussit tritt zumeist in tafeligen oder nadelig spießigen Kristallen auf, die sich gut nach den Prismenflächen spalten lassen. Bisweilen kommt das Mineral auch in dichten, feinkörnigen, büscheligen sowie stern- oder wabenförmigen Aggregaten und pulverig erdigen Massen vor. Cerussit in Kristallform ist farblos oder weiß bis grau und weist einen weißen Strich auf. Die Kristalle sind durchsichtig bis durchscheinend, zeigen mitunter sogar Diamantglanz und lassen im ultravioletten Licht eine gelbliche Lumineszenz erkennen.

Besondere Merkmale: Cerussit ist leicht schmelzbar, und ist im Gegensatz zu vielen anderen Carbonaten nicht in Salzsäure löslich, dafür aber in Salpetersäure, wobei das Mineral heftig aufschäumt; durch diese Eigenschaft unterscheidet sich Cerussit vom Anglesit, einem Bleisulfat, das dem Cerussit sehr ähnlich ist.

Entstehung: Cerussit kommt häufig in der Oxidationszone von Bleierzlagerstätten vor, wo er sich zusammen mit Mineralien wie Anglesit infolge chemischer Zersetzungsprozesse aus primären Bleimineralien, wie z. B. Galenit (Bleiglanz), bildet.

Vorkommen und Verwendung: Besonders klare Cerussitkristalle stammen aus Tsumeb (Namibia) sowie aus New Mexico, Phoenixville (Pennsylvania) und Leadville (Colorado, alle in den USA). Weitere beachtliche Kristallfunde sind in Broken Hill (Australien), in Tunesien, Sibirien (Russland), Böhmen und auf Sardinien (Italien) zu verzeichnen. In Deutschland liegt Cerussit an verschiedenen Fundorten vor - u.a. in Johanngeorgenstadt im Sächsischen Erzgebirge, im Oberharz, in Mechernich in der Eifel sowie in Siegen.

Cerussit ist vor allem für die Bleigewinnung von Bedeutung, während die Gewinnung von Silber, das in geringen Anteilen vorhanden sein kann, kaum wirtschaftlich ist. Wegen seiner bisweilen sehr schönen Kristalle ist Cerussit speziell für Mineraliensammler, aber auch für die Wissenschaft durchaus interessant.

Visitenkarte

Kristallsystem
rhombisch

Härte
3 bis 3,5

Dichte
6,5

Spaltbarkeit
unvollkommen

Bruch
muschelig

Farbe
farblos, verschiedene Farben

Strichfarbe
weiß

Glanz
Diamantglanz

Diese nadelförmigen Cerussitkristalle in braunem Goethit stammen aus Sardinien.

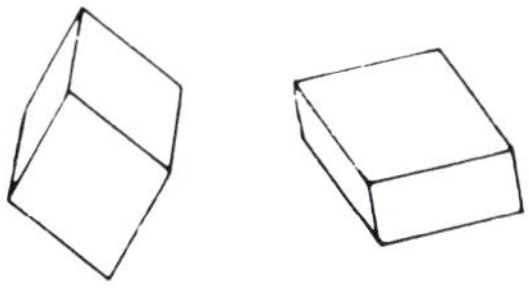

$CaMg(CO_3)_2$ • Dolomit

Dolomit (oder **Dolomitspat**) tritt für gewöhnlich in Rhomboedern auf, die von regelmäßigen Rhombenflächen begrenzt sind. Typisch für dieses Mineral sind die sattelförmigen Aggregate, die aus zwei Kristallen mit gekrümmten Flächen bestehen. Die sehr gut spaltbaren Dolomitkristalle können entweder farblos und durchsichtig oder aber weißgrau, gelblich, rosa gefärbt und undurchsichtig sein. Farblose Kristalle lassen Glasglanz erkennen, während die sattelförmigen Kristallaggregate Perlmuttglanz aufweisen. Darüber hinaus tritt Dolomit aber auch in spätigen, körnigen, dichten bzw. porösen Massen auf.

Besondere Merkmale: Dolomit lässt sich mit dem Taschenmesser leicht ritzen und ist überdies nicht sehr schwer. Vom Calcit lässt er sich dadurch unterscheiden, dass er beim Auftropfen von kalter verdünnter Säure nicht aufschäumt.

Entstehung: Dolomit ist ein weit verbreitetes Mineral, das ein wesentlicher Bestandteil des Dolomitgesteins und des Dolomitmarmors ist. Die Entstehung von Dolomitgestein geht auf Meereskalke zurück, welche durch Imprägnation mit magnesiumreichen Wasser »dolomitisiert« wurden, wobei das Calcium teilweise durch Magnesium ersetzt wurde. Dolomit tritt außerdem in hydrothermalen Gängen auf, die sich unter niedrigen Temperaturen in verschiedenen metamorphen Gesteinen gebildet haben.

Vorkommen: Namhafte Vorkommen von Dolomit sind von Österreich bekannt, wo insbesondere Pfitsch und Hall in Tirol, Leogang in Salzburg sowie Trieben in der Steiermark zu erwähnen sind. In Deutschland ist vor allem Wölsendorf in der Oberpfalz als Fundort zu nennen, während in der Schweiz das Binnatal beachtliche Dolomitvorkommen aufzuweisen hat. Wesentliche gesteinsbildende Funktion hat Dolomit vor allem in Südtirol (Gebirgszug der Dolomiten).

Verwendung: Dolomit in reiner Form wird zur Gewinnung von Magnesium genutzt, ein Leichtmetall, welches zur Herstellung von besonders leichten Legierungen verwendet wird. Aus dem Mineral werden auch Magnesiumsalze gewonnen, die in der Medizin als Abführmittel (Bittersalz) eingesetzt werden. Darüber hinaus wird Dolomit in der Baustoffindustrie zur Herstellung spezieller Zemente eingesetzt.

Visitenkarte

Kristallsystem
trigonal

Härte
3,5 bis 4

Dichte
2,85 bis 2,95

Spaltbarkeit
vollkommen

Bruch
muschelig

Farbe
farblos, verschiedene Farben

Strichfarbe
weiß

Glanz
Glas- bis Perlmuttglanz

Bild links: Dolomitkristalle aus der Lagerstätte von Traversella (Turin, Italien). Auf dem Bild oben: Dolomit mit Pyritkriställchen.

Ankerit (Braunspat) • $CaFe(CO_3)_2$

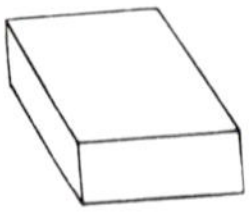

Dieses Mineral kristallisiert im trigonalen Kristallsystem in rhomboedrischen Kristallen, die für gewöhnlich zu Gruppen verwachsen sind. Viel häufiger jedoch ist das Mineral in körnigen, spätigen oder auch dichten Aggregaten anzutreffen. Ankerit ist nach den Rhomboederflächen ausgezeichnet spaltbar. Das Mineral kann in weißer und grauer Färbung ebenso auftreten wie in gelblich braunen oder braunen Farbtönen - wobei das Mineral umso dunkler ist, je mehr Eisen enthalten ist. Ankerit ist spröde, durchscheinend und weist Glas- bis Perlmuttglanz auf. An der Luft oxidiert das Mineral rasch, wodurch es nachdunkelt.

Besondere Merkmale: Ankerit ist in warmer Salzsäure löslich.

Entstehung: Ankerit ist vor allem in Erzgängen anzutreffen. Außerdem kann das Mineral auch sekundär in einigen vulkanischen Gesteinen, wie z. B. Diorit und Quarzporphyr, auftreten.

Vorkommen und Verwendung: Größere Ankeritvorkommen befinden sich u. a. in Frankreich, Ungarn, in den USA, Kolumbien, Namibia und Algerien. Auch in Österreich ist das Mineral an einigen Orten zu finden, insbesondere in Hüttenberg (Kärnten) sowie Eisenerz (Steiermark). In Deutschland ist vor allem Freiberg in Sachsen als Fundort zu nennen.

Ankerit kommt zwar recht häufig vor, hat aber dennoch keine allzu große wirtschaftliche Bedeutung, da das Mineral selten in abbauwürdigen Mengen vorliegt und darüber hinaus einen eher geringen Eisengehalt aufweist. Aus diesen Gründen ist Ankerit vor allem für die Wissenschaft und Sammler von Interesse.

Visitenkarte

Kristallsystem
trigonal

Härte
3,5 bis 4

Dichte
2,97

Spaltbarkeit
vollkommen

Bruch
muschelig

Farbe
farblos, verschiedene Farben

Strichfarbe
weiß

Glanz
Glas- bis Perlmuttglanz

Bild rechts: Ankeritkristall auf Muttergestein (Bozen, Südtirol). Die Kristalle auf dem Bild oben stammen aus dem Val Chisone (Turin, Italien).

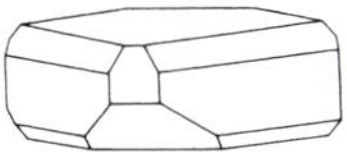

$Cu_3(CO_3)_2(OH)_2$ • Azurit

Azurit kristallisiert im monoklinen Kristallsystem in Gestalt von flächenreichen säuligen oder dicktafeligen Kristallen, häufig auch in Form schöner Drusen. Darüber hinaus kommt das Mineral auch krustenartig bzw. in nierig traubigen, derben oder erdigen Massen vor. Auch Pseudomorphose nach Cuprit und anderen Mineralien tritt gelegentlich auf. Azurit ist von tiefblauer Farbe, zeigt Glasglanz und kommt zumeist durchscheinend, in seltenen Fällen auch durchsichtig vor, die Strichfarbe des Minerals ist Blau. Azurit ist relativ schwer, spröde und nicht sehr hart, sodass er mit dem Taschenmesser leicht geritzt werden kann.

Besondere Merkmale: Aufgrund seiner besonderen Eigenschaften ist Azurit kaum mit einem anderen Mineral zu verwechseln. Das Mineral ist in verdünnten Säuren unter Aufbrausen löslich. Charakteristisch ist weiters die grüne Färbung, die Azurit der Gasflamme verleiht - eine Eigenschaft, die durch den Kupfergehalt bedingt ist. Azurit ist nicht sehr stabil - er verwandelt sich nach und nach zu Malachit.

Entstehung: Azurit entsteht als Oxidationsprodukt in Kupfer führenden Erzlagerstätten, wo das Mineral oft von einem weiteren Kupfercarbonat, dem Malachit, begleitet wird, wobei Malachit sich häufig pseudomorph nach Azurit bildet. Darüber hinaus ist das Mineral auch als Imprägnation in Sandsteinen zu finden. Außer mit Malachit tritt Azurit häufig in Gesellschaft von Kupferglanz, Aragonit, Limonit und Calcit auf.

Vorkommen: Die schönsten Azuritkristalle stammen aus Chessy (Lyon, Frankreich), aus Tsumeb (Namibia), Laurion (Griechenland) sowie von verschiedenen Fundorten in Arizona (USA). In Broken Hill (Australien) wurden außergewöhnliche Kristalle gefunden, die durch Pseudomorphose von Malachit nach Azurit entstanden sind. Beträchtliche Vorkommen befinden sich auch in den Kupfererzlagerstätten Chiles. In Deutschland ist vor allem Mechernich in der Eifel als Fundort von Azurit zu nennen. Erwähnenswert sind schließlich auch die Azuritkristalle, die auf Sardinien (Italien) gefunden wurden.

Verwendung: Auch wegen seiner außergewöhnlichen Farbe und seines Glanzes ist Azurit als Ornamentstein sehr gefragt. Auch als Schmuckstein wird das Mineral bisweilen verwendet, wenngleich der Umstand, dass er sehr spröde und relativ weich ist, ihn dafür nicht allzu geeignet erscheinen lässt. Einst wurde aus Azurit ein blauer Farbstoff gewonnen, der in der Malerei Verwendung fand - wobei die Farbe sich jedoch als nicht stabil erwies und sich mit der Zeit unter Wasseraufnahme von Feuchtigkeit in das Grün des Malachits umwandelte.

Visitenkarte

Kristallsystem
monoklin

Härte
3,5 bis 4

Dichte
3,7 bis 3,9

Spaltbarkeit
vollkommen

Bruch
muschelig

Farbe
tiefblau

Strichfarbe
hellblau

Glanz
Glasglanz

Bild links: strahlige Kristallaggregate von Azurit mit Olivenit (Frankreich).
Bild oben: prismatische Azuritkristalle, begleitet von grünem Malachit.

Malachit • $Cu_2CO_3(OH)_2$

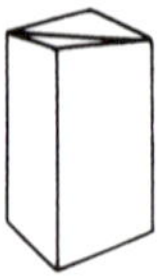

Visitenkarte

Kristallsystem
monoklin

Härte
4

Dichte
4

Spaltbarkeit
gut

Bruch
muschelig

Farbe
smaragdgrün

Strichfarbe
grün

Glanz
Glas-, Wachs-, Seidenglanz

Nur selten ist Malachit in Form einzelner Kristalle zu finden, die dann nadelig oder haarförmig zu Büscheln vereint auftreten. Für gewöhnlich ist Malachit in derber bzw. nierig traubiger Form mit glaskopfartiger Oberfläche anzutreffen. Häufig zeigen Malachitaggregate eine charakteristische Bänderung mit radialfaseriger Struktur, wobei sich tiefgrüne bzw. gelblich grüne Schichten mit blauen Schichten (durch Azuritanteil bedingt) abwechseln. Die Aggregate des Minerals zeigen Glas- oder Wachsglanz, wobei die faserigen Vertreter auch Seidenglanz aufweisen können; in letzterem Fall sind die einzelnen Fasern bisweilen mit freiem Auge an Bruchflächen erkennbar.

Besondere Merkmale: Malachit ist nicht allzu hart, eher spröde und zeigt einen splitterigen Bruch. Auf Salzsäure reagiert das Mineral mit dem für die Carbonate typischen Aufschäumen. Der hohe Kupfergehalt des Malachits ist sowohl für die typische malachitgrüne Farbe als auch für die Grünfärbung der Gasflamme verantwortlich.

Entstehung: Malachit entsteht sekundär in der Oxidationszone von Kupfer führenden Lagerstätten, wobei das Mineral aus Lösungen ausgefällt wird, die reich an Calciumcarbonat und Kupferionen sind.

Traubige Malachitkonkretion aus Shaba (Zaire).

Vorkommen und Verwendung: In der Antike wurde Malachit u. a. in den Lagerstätten im Ural sowie in Ägypten abgebaut. Heute befinden sich große Erzlagerstätten des Minerals vor allem in Australien, Zaire, Zimbabwe, Arizona (USA), Chile, Frankreich und nicht zuletzt auch in Deutschland, wo vor allem Dillenburg (Hessen), Lauterberg (Harz), Kamsdorf (Thüringen) und Mechernich (Eifel) hervorzuheben sind.

Auf Grund seiner ansprechenden Bänderung sowie seiner bisweilen tiefgrünen Farbe wird dieses Mineral bereits seit der Antike zur Herstellung von Ziergegenständen verwendet. Auch als Schmuckstein ist Malachit von Bedeutung.

VERWENDUNG ALS SCHMUCKSTEIN

Als Schmuckstein ist Malachit zumeist in runden oder ovalen Formen, häufig mit Cabochonschliff versehen, anzutreffen. Darüber hinaus werden aus dem Mineral u. a. auch Schatullen, Parfumfläschchen, Messergriffe und Kerzenständer hergestellt.

$Zn_5(CO_3)_2(OH)_6$ • Hydrozinkit

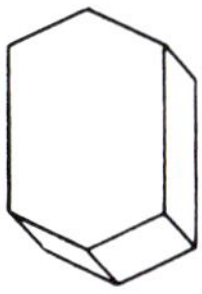

Hydrozinkit oder **Zinkblüte** tritt häufig in erdiger Form auf, ist aber auch in derben oder dichten Massen anzutreffen. Auch in stalaktitischer oder krustiger Form ist Hydrozinkit zu finden. Die winzigen Kristalle des Minerals treten in tafeliger Gestalt auf. Hydrozinkit ist in der Regel weiß, kann aber durch Verwitterungseinflüsse auch grau, gelblich und rosa gefärbt sein.

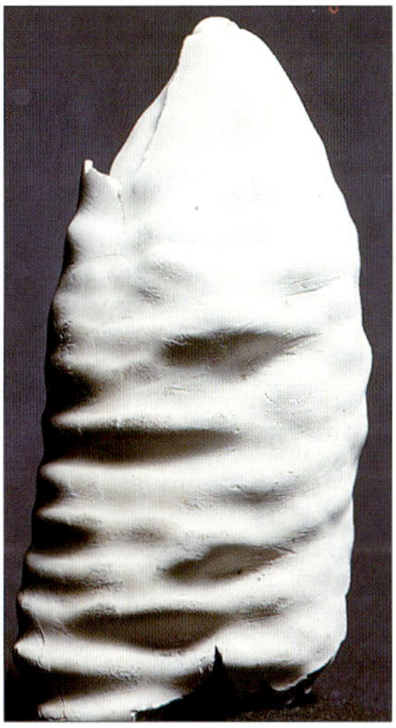

Besondere Merkmale: Hydrozinkit ist vor dem Lötrohr unschmelzbar. Bei Erhitzen gibt das Mineral Wasser und Kohlendioxid ab und wandelt sich in Zinkoxid um.
Entstehung: Hydrozinkit ist als Verwitterungsprodukt von Zinkblende (Sphalerit) und Zinkspat (Smithsonit) auf Galmeilagerstätten zu finden.
Vorkommen: Bedeutende Vorkommen von Hydrozinkit liegen in Kärnten, wo vor allem die Lagerstätte von Bleiberg hervorzuheben ist. In Deutschland ist insbesondere Wiesloch in Baden als Fundort zu nennen. Darüber hinaus ist Hydrozinkit in Norditalien (Raibl), auf Sardinien sowie in der Provinz Santander in Spanien anzutreffen. Weitere Lagerstätten des Minerals befinden sich in Westaustralien sowie in den USA, wo vor allem Goodsprings (Nevada) und Joplin (Missouri) zu erwähnen sind.

Visitenkarte

Kristallsystem
monoklin
Härte
2 bis 2,5
Dichte
3,5 bis 3,8
Spaltbarkeit
vollkommen
Bruch
spröde
Farbe
farblos, weiß gelblich, rosa
Strichfarbe
weiß
Glanz
Seidenglanz, matt

$NaCaB_5O_6(OH)_6 \cdot 5H_2O$ • Ulexit

Das Mineral Ulexit ist farblos oder weiß, bisweilen auch grün getönt und tritt durchsichtig bis durchscheinend auf, wobei es Glas- oder Seidenglanz zeigt. Es kristallisiert im triklinen System, ist aber nur selten in Form von Einzelkristallen anzutreffen; zumeist liegt Ulexit in knolligen Aggregaten mit feinsten Fasern vor, bisweilen auch in lockerer watteähnlicher Form.
Besondere Merkmale: Bisweilen sind die feinen Fasern des Minerals recht gleichmäßig angeordnet; in diesem Fall ergibt sich - wenn man in Richtung der Fasern blickt - ein eigenartiger Vergrößerungseffekt. Ulexit zeigt außerdem im ultravioletten Licht eine ausgeprägte blaugrüne Fluoreszenz; oft ist auch eine gewisse Phosphoreszenz in Form eines blassen strohgelben Leuchtens zu beobachten.

Entstehung: Ulexit entsteht in trockenen Gebieten bzw. Wüsten durch Ausfällung aus wässrigen Lösungen, wobei die Lagerstätten beträchtliche Ausmaße annehmen können.
Vorkommen und Verwendung: Die wohl bekanntesten Lagerstätten befinden sich in Kalifornien (Boron, Death Valley), Chile (Iquique), Peru und Argentinien, weiters in der Türkei sowie in der Umgebung des Kaspischen Sees.
Ulexit ist zur Gewinnung von Bor auch wirtschaftlich gesehen von Bedeutung. Darüber hinaus findet das Mineral bisweilen auch in der Schmuckindustrie Verwendung.

Visitenkarte

Kristallsystem
triklin
Härte
2,5
Dichte
1,96
Spaltbarkeit
vollkommen
Bruch
faserig
Farbe
farblos, weiß
Strichfarbe
weiß
Glanz
Glas-, Seidenglanz

Kernit • $Na_2B_4O_6(OH)_2 \cdot 3H_2O$

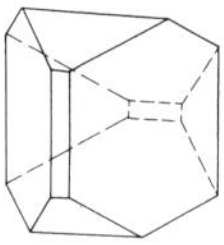

Visitenkarte

Kristallsystem
monoklin

Härte
2,5 bis 3

Dichte
1,9 bis 1,93

Spaltbarkeit
vollkommen

Bruch
faserig

Farbe
farblos, weiß

Strichfarbe
weiß

Glanz
Glas-, Seidenglanz

Kernit tritt u. a. in Form von keilförmigen und pyramidalen Kristallen auf; bisweilen trifft man auf Bruchstücke von riesigen Kristallen mit einer Länge von rund 1 m. Die scheinbar faserige Struktur des Miner als beruht auf seiner guten Spaltbarkeit in zwei Richtungen. Kernit zeigt Glas- bis Seidenglanz, ist farblos oder weiß und zumeist undurchsichtig, was auf die beginnende verwitterungsbedingte Umwandlung zu Tincalconit schließen lässt.

Entstehung: Große Kernitlagerstätten wurden in Kalifornien entdeckt, wo das Mineral durch Kontaktmetamorphose entstanden ist, d. h. durch Gesteinsumwandlung, welche durch eindringende heiße magmatische Schmelzen bewirkt wurde. Im Zuge dieser Prozesse ist Kernit aus Borax hervorgegangen.

Vorkommen und Verwendung: Die wohl bedeutendste Kernitlagerstätte ist jene von Boron, Kern County (Kalifornien); darüber hinaus ist das Mineral auch in Spanien, in der Türkei sowie in Argentinien zu finden.
Große wirtschaftliche Bedeutung hat Kernit für die Gewinnung von Bor, das in Technik und Industrie vielfältig einsetzbar ist.

Borax • $Na_2B_4O_5(OH)_4 \cdot 8H_2O$

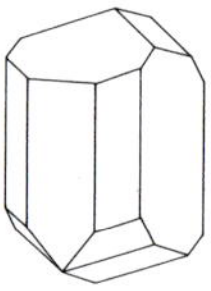

Visitenkarte

Kristallsystem
monoklin

Härte
2 bis 2,5

Dichte
1,7 bis 1,8

Spaltbarkeit
vollkommen

Bruch
muschelig

Farbe
farblos, weiß, grau, gelb

Strichfarbe
weiß bis grau

Glanz
Glas-, Fett-, Harzglanz

Borax ist häufig in körnigen oder faserigen Massen anzutreffen. Die kurzen dicksäuligen Kristalle sind oft aufgewachsen auf kompakten Massen des Minerals zu finden.

Besondere Merkmale: An der Luft wird Borax trüb - es gibt Wasser ab und wird allmählich zu **Tincalconit** ($Na_2B_4O_5(OH)_4 \cdot 3H_2O$); dieses Mineral bildet zunächst eine weißliche Rinde, die immer dicker wird und dadurch den Kristall nach und nach zum Verschwinden bringt.

Entstehung: Borax bildet sich in den Sedimenten von Salzseen, den sogenannten Boraxseen, zusammen mit Steinsalz, Gips und verschiedenen anderen Boraten.

Vorkommen und Verwendung: Große Lagerstätten von Borax befinden sich in Tibet und in Kaschmir. Auch in Kasachstan sowie im Iran wird Borax abgebaut. Lagerstätten von besonderer wirtschaftlicher Bedeutung liegen in den USA, insbesondere in Kalifornien (Borax Lake, Boron, Furnace Creek, Searles Lake), wo auch beachtliche Boraxkristalle gefunden wurden.

Sulfate

Sulfate sind durch ihren $[SO_4]$-Komplex charakterisiert. Ist S durch Cr, Mo oder W ersetzt, so liegen Chromate, Molybdate bzw. Wolframate vor, die mineralogisch ebenfalls dieser Mineralklasse zugezählt werden. Von ihrer Entstehung her sind manche dieser Mineralien hydrothermalen Ursprungs oder gehen aus vulkanischen Exhalationen hervor. Andere Vertreter bilden sich hingegen als Ausscheidungsprodukt in ozeanischen oder kontinentalen Salzlagerstätten, während manche Sulfate sekundär entstehen, indem sie nach Lösung und Umwandlung als Krustenbildung auf verschiedenen Gesteinsarten abgesetzt werden.
Sulfate sind in der Natur überaus verbreitet. Chromate, Molybdate und Wolframate hingegen nur durch wenige Arten vertreten. Während die wenigen Vertreter der Chromate sehr selten auftreten, sind Molybdate und Wolframate relativ weit verbreitet. Als Gesteinsbildner sind die Mineralien dieser Klasse nicht von Bedeutung - mit zwei gewichtigen Ausnahmen: Gips und Anhydrit können Gesteinsformationen, die nur aus einem einzigen Mineral bestehen, bilden.

Na_2SO_4 • Thenardit

Natriumsulfat ist vor allem in Form von Krusten und Ausblühungen zu finden, kann aber gelegentlich auch in bipyramidalen Kristallen von beachtlicher Größe auftreten; etwas seltener sind tafelige Kristalle mit einer Streifung. Charakteristisch sind kreuzförmige Zwillingskristalle. Thenardit ist zumeist farblos, kann aber auch grau, gelblich oder rötlich gefärbt sein, wobei er durchsichtig bis durchscheinend auftritt.
Entstehung: Thenardit ist in den Sedimenten von Salzseen zu finden, wo er zusammen mit Gips, Soda, Steinsalz, Boraten, Glauberit, Glaubersalz und Bittersalz (Epsomit) auftritt. Außerdem wird Thenardit als Exhalationsprodukt von Vulkanen gebildet.
Vorkommen und Verwendung: Thenardit scheidet sich vor allem während der heißen Jahreszeit in vielen Salzseen aus; derartige Vorkommen befinden sich u. a. in Chile, Peru, Kanada, den Vereinigten Staaten (Kalifornien, Arizona, Nevada), weiters in Kasachstan, Zentralasien, Ägypten, im Sudan sowie in der libyschen Sahara. Als vulkanisches Exhalationsprodukt ist Thenardit auf den großen italienischen Vulkanen Ätna und Vesuv zu finden.Thenardit wird vor allem zur Sodaproduktion verwendet.

Visitenkarte

Kristallsystem
rhombisch

Härte
2,5 bis 3

Dichte
2,7

Spaltbarkeit
vollkommen

Bruch
uneben

Farbe
farblos

Strichfarbe
weiß

Glanz
Glasglanz

Anhydrit • $CaSO_4$

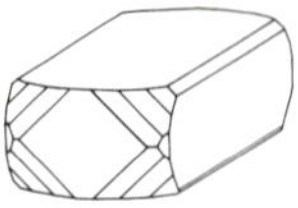

Die prismatischen, tafeligen oder würfelähnlichen Kristalle des Anhydrits sind nur selten anzutreffen; viel häufiger tritt das Mineral in Form von derben, körnigen, faserigen oder dichten Aggregaten auf, die bisweilen in beachtlichen Ausmaßen vorliegen. Anhydrit ist für gewöhnlich weiß oder grau, er kann aber auch in rötlichen Farbtönen auftreten; besonders begehrt sind die eher seltenen violetten Exemplare des Minerals. Die Strichfarbe ist stets Weiß. Anhydrit ist durchscheinend bis durchsichtig und zeigt Glas- bis Perlmuttglanz. Er ist nicht allzu hart, aber relativ schwer und weist einen muscheligen bis splitterigen Bruch auf.

Visitenkarte

Kristallsystem
rhombisch

Härte
3 bis 3,5

Dichte
2,98 bis 3

Spaltbarkeit
vollkommen

Bruch
muschelig, splitterig

Farbe
farblos, verschiedene Farben

Strichfarbe
weiß

Glanz
Glasglanz

Besondere Merkmale: Charakteristisch für den Anhydrit ist seine vollkommene Spaltbarkeit parallel zu den drei Pinakoidflächen, aus der würfelähnliche Spaltkörper hervorgehen. Anhydrit ist in Salzsäure löslich, weniger leicht auch in Wasser. Ist er Verwitterungseinflüssen ausgesetzt, so nimmt er Wasser auf und wandelt sich dabei in Gips um, wobei sein Volumen um bis zu 60% zunimmt.

Entstehung: Anhydrit tritt in halitischen Ablagerungen auf, die aus verschiedensten geologischen Epochen stammen können, wobei er oft von Gips, Tonen, Carbonaten, Steinsalz und Kalisalzen begleitet wird. Unter bestimmten Bedingungen kann sich das Mineral auch durch Entwässerung von Gips bilden. Außerdem kommt Anhydrit mitunter in Hohlräumen von vulkanischen Gesteinen sowie in Erzgängen vor.

Vorkommen: Größere Vorkommen von Anhydrit sind von der Salzlagerstätte Bex im Kanton Waadt in der Schweiz bekannt, weiters liegen Fundorte in Österreich, wobei vor allem die Anhydritlagerstätten von Hall bei Innsbruck, Aussee in der Steiermark sowie Ischl in Oberösterreich zu nennen sind. In Deutschland ist das Mineral in Niedersachsen (Nordheim) sowie im östlichen Harzvorland anzutreffen. Weitere Vorkommen gibt es in Polen (Wieliczka) sowie in Italien, wo schöne violette Anhydritkristalle aus den Erzgängen von Brosso (Turin) bzw. Campiano (Grosseto) stammen. Als außergewöhnlich gelten auch die bis zu 30 cm langen violetten Anhydritkristalle, die man beim Bau des Simplontunnels fand.

Bild rechts: weiße Anhydritkristalle auf farblosem Gips.
Bild oben: ein Anhydritaggregat von tafeligen Kristallen aus Brosso (Turin, Italien).

Verwendung: Anhydrit wird vor allem in der Papierindustrie sowie zur Herstellung von Schwefelsäure verwendet.

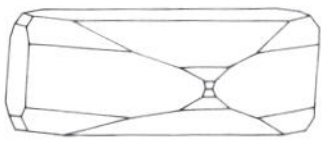

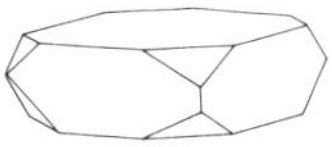

$BaSO_4$ • Baryt (Schwerspat)

Die oft sehr flächenreichen Kristalle des Baryts liegen in tafeliger oder säuliger Gestalt vor; sind häufig farblos und durchsichtig, können aber auch in Weiß sowie in Farbnuancen wie z. B. Honiggelb oder Rosa auftreten. Recht häufig sind die Barytkristalle in bisweilen spektakulären Drusen zu finden. Darüber hinaus ist das Mineral in blätterigen, rosettenartigen oder kugeligen Aggregaten anzutreffen.

Besondere Merkmale: Baryt zeichnet sich durch seine vollkommene Spaltbarkeit parallel zur Basis aus. Das Mineral ist praktisch unlöslich und schäumt beim Auftropfen von Säure nicht auf. Für ein nichtmetallisches Mineral ist der Baryt ungewöhnlich schwer, was sich auch in der Bezeichnung **Schwerspat** ausdrückt. Baryt weist Glas- bis Perlmuttglanz auf und lässt sich leicht mit dem Taschenmesser ritzen.

Entstehung: Baryt tritt häufig in Gängen bzw. als Bestandteil von sulfidischen Erzlagern auf. Als sedimentäres Mineral bildet Baryt Konkretionen (durch Verdrängung in Sedimenten entstanden) oder Kluftfüllungen in Sand- bzw. Tongestein. Auch in Kalk- und Dolomitgestein ist Baryt zu finden. Dabei tritt das Mineral für gewöhnlich in spätigen oder körnigen Massen auf, die undurchsichtig und von weißer Farbe sind.

Vorkommen: In Deutschland ist Baryt in einer Reihe von Ganglagerstätten anzutreffen, darunter Wölsendorf (Oberpfalz), Lauterberg (Harz), Oberwolfach und Kinzigtal (Schwarzwald), Nentershausen bei Sontra (Hessen), Oberkainsbach (Odenwald), Ilmenau (Thüringen) sowie in den Erzgängen des Freiberger Reviers. Sedimentär gebildete Barytvorkommen befinden sich u. a. in Münzenberg (Hessen) sowie vor allem in Meggen (Westfalen), wo das Mineral in mächtigen flözartigen Lagern auftritt, die auch wirtschaftlich von Bedeutung sind. Große Lagerstätten von Baryt sind außerdem in Frankreich, England und den USA zu finden.

Verwendung: Baryt wird als Grundstoff für weiße Farben (Lithopone) ebenso verwendet wie als Füllmasse von Hochglanzpapier und zur Erhöhung der Dichte des Spülwassers bei Erdöl- und Gasbohrungen. Weiters wird in der Medizin Bariummehl als Kontrastmittel sowie in der Röntgentechnik als Strahlenschutzstoff eingesetzt. Auch bei der Errichtung von Strahlenschutzbauten ist Baryt in Form von Barytbeton von Bedeutung.

Visitenkarte

Kristallsystem
rhombisch

Härte
3 bis 3,5

Dichte
4,48

Spaltbarkeit
vollkommen

Bruch
muschelig, uneben

Farbe
farblos, verschiedene Farben

Strichfarbe
weiß

Glanz
Glas- bis Perlmuttglanz

Barytaggregat, aus blätterigen Kristallen zusammengesetzt (San Giovanni, Sardinien). Baryt ist nur selten in Form von Einzelkristallen anzutreffen.

Anglesit • $PbSO_4$

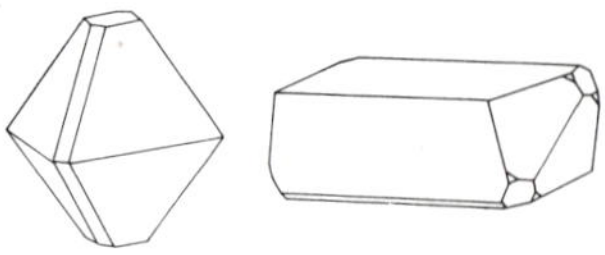

Die zum Teil prächtigen Kristalle dieses Minerals gleichen jenen des Baryts sowie des Coelestins; sie treten zumeist in kurz- oder langprismatischer Gestalt auf, sind aber auch in flächenreichen Bipyramiden oder in tafeliger Form zu finden. Der für Bleimineralien charakteristische hohe Brechungsindex verleiht dem Anglesit einen starken Glanz, wobei Diamant- bis Fettglanz möglich ist. Anglesit ist in der Regel farblos und durchsichtig; besonders begehrt sind aber auch transparente Kristalle, die in grüner, violetter oder honiggelber Färbung auftreten. Daneben sind gelegentlich auch weiße und undurchsichtige sowie schwarze Anglesitkristalle mit Einschlüssen von Bleiglanz anzutreffen. Anglesit ist nicht sehr hart, aber sehr schwer, außerdem spröde und einigermaßen gut spaltbar.

Besondere Merkmale: Vom Cerussit unterscheidet sich Anglesit dadurch, dass er in verdünnter Salpetersäure nur schwer löslich ist. Vom Baryt, der in ähnlicher Gestalt auftreten kann und ebenfalls relativ schwer ist, lässt sich Anglesit dadurch unterscheiden, dass Baryt vor dem Lötrohr (die Probe wird dabei auf ein Stück Holzkohle gelegt) nur sehr schwer schmelzbar ist, während Anglesit auf diese Weise leicht zum Schmelzen gebracht werden kann, wobei auf der Kohle ein Bleikügelchen zurückbleibt.

Entstehung: Anglesit kommt häufig als Sekundärmineral in der Oxidationszone von Bleiglanzlagerstätten vor. In Lösungshohlräumen von Bleiglanz tritt das Mineral bisweilen auch in Kristallform auf. Zusammen mit Cerussit, Limonit und verschiedenen Zinkmineralien wie Smithsonit und Hemimorphit ist Anglesit oft auch in der Oxidationszone verschiedener anderer Sulfide zu finden.

Vorkommen: Die prächtigen Kristalle von Anglesit sind in allen Teilen der Erde zu finden - u. a. in Tsumeb (Namibia) sowie an verschiedenen Orten in Marokko. Wunderschöne Kristallexemplare wurden auch auf Sardinien (Italien) gefunden. Weitere Vorkommen liegen in Wales (Anglesey), Schottland (Leadhills und Wanlockhead), Spanien (Linares) und den USA (Missouri). In Deutschland sind vor allem Wissen an der Sieg sowie Bleialf, Badenweiler und Schapbach in Baden als Fundorte zu nennen. Auch in Österreich ist Anglesit anzutreffen, wobei hier Bleiberg und Schwarzenbach in Kärnten hervorzuheben sind.

Verwendung: Dort, wo Anglesit in der Oxidationszone anderer Bleimineralien vorkommt, wird er so wie diese zur Gewinnung von Blei abgebaut.

Visitenkarte

Kristallsystem
rhombisch

Härte
3

Dichte
6,3

Spaltbarkeit
unvollkommen

Bruch
muschelig

Farbe
farblos, verschiedene Farben

Strichfarbe
weiß

Glanz
Diamant-, Fettglanz

Anglesitkristalle zeichnen sich durch eine besondere Formenvielfalt aus: der Kristall auf dem Bild rechts vereint die Formen von Prisma und Pyramide.

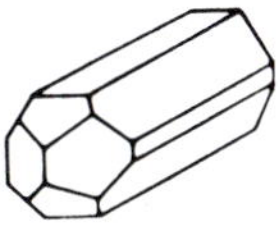

$SrSO_4$ • Coelestin

Coelestin tritt in langprismatischen oder tafeligen Kristallen auf, die farblos und weiß, bisweilen aber auch blau oder gelbbraun sein können. Häufig kommt das Mineral in Form von körnigen, faserigen oder knolligen Aggregaten vor. Coelestin bildet sich oft pseudomorph nach Calcit, d. h., er ersetzt dieses Mineral und behält dabei dessen Kristallform bei. Coelestin ist von mittlerer Härte, relativ schwer und zeichnet sich durch seine sehr gute Spaltbarkeit parallel zur Basis aus. Er ist häufig durchsichtig anzutreffen, wobei er Glas- bis Perlmuttglanz zeigt.

Besondere Merkmale: Coelestin wird bisweilen mit anderen Sulfaten, wie z. B. Baryt, verwechselt. Ein wichtiges Unterscheidungsmerkmal zu letzterem Mineral ist jedoch dessen deutlich höheres spezifisches Gewicht. Zur Bestimmung des Coelestins lässt sich eine einfache Probe durchführen: Man gibt ein wenig Coelestin in Pulverform auf die Spitze eines Platindrahtes, befeuchtet die Probe mit Salzsäure und hält sie anschließend in die Flamme, worauf diese sich aufgrund des Strontiumgehalts karminrot verfärbt.

Entstehung: Coelestin kann einerseits hydrothermalen Ursprungs sein, andererseits aber auch auf sedimentäre Prozesse bei der Verdampfung von Meerwasser zurückgehen; in diesem Fall wird das Mineral u. a. von Schwefel, Gips oder Aragonit begleitet.

Vorkommen: Schöne blaue Coelestinkristalle sind insbesondere auf Madagaskar zu finden, während die wasserklaren Vertreter des Minerals z. B. in den Gipsformationen Siziliens in Enna und Agrigento gefunden wurden. In den Vereinigten Staaten wurden die wohl größten Kristalle entdeckt: die weißlichen undurchsichtigen Exemplare sind bis zu 75 cm lang und über 2 kg schwer. Wirtschaftlich bedeutende Lagerstätten befinden sich vor allem in England, Russland und Tunesien. Coelestin kommt aber auch an verschiedenen Orten in Deutschland vor - u. a. im Hartsalz von Staßfurt, Bernburg und Aschersleben sowie im Muschelkalk von Jena und Berlin-Rüdersdorf; eine große Lagerstätte ist außerdem in Giershagen (Westfalen) zu finden.

Verwendung: Coelestin ist das wichtigste Strontiummineral, das wegen seiner roten Flammenfärbung zur Herstellung von Feuerwerkskörpern und Leuchtspurgeschossen verwendet wird. Strontium wird u. a. in der Nuklearindustrie sowie in der Glas- und Keramikindustrie verwendet; früher war Strontium auch für die Zuckerindustrie von Bedeutung.

Visitenkarte

Kristallsystem
monoklin

Härte
2

Dichte
2,3 bis 2,4

Spaltbarkeit
vollkommen

Bruch
muschelig, uneben

Farbe
farblos, verschiedene Farben

Strichfarbe
weiß

Glanz
Glas- bis Perlmuttglanz

Bild links: tafelige klare Coelestinkristalle.
Bild oben: Recht häufig ist das Mineral auch in Form von nadeligen Exemplaren zu finden.

Gips • $Ca(SO_4)\cdot 2H_2O$

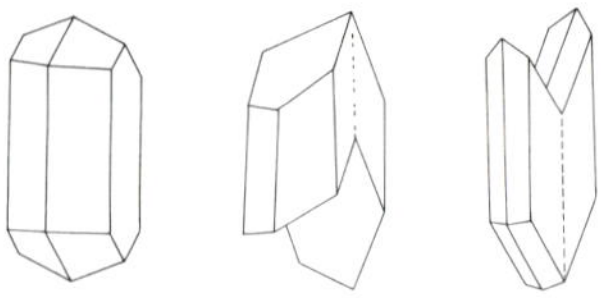

Visitenkarte

Kristallsystem
monoklin

Härte
2

Dichte
2,3 bis 2,4

Spaltbarkeit
vollkommen

Bruch
muschelig, faserig

Farbe
farblos, verschiedene Farben

Strichfarbe
weiß

Glanz
Glas-, Perlmutt-, Seidenglanz

Gips tritt für gewöhnlich in farblosen oder weißen Kristallen auf, kann aber je nach den darin enthaltenen Einschlüssen bzw. Elementen auch in grauen, gelblichen oder braunen Farbtönen vorliegen. Die spätigen Aggregate des Minerals werden auch **Gipsspat** oder **Selenit** genannt, die faserigen Aggregate hingegen werden als **Seidenspat** bezeichnet.
Feinkörniger, rein weißer Gips ist als **Alabaster** bekannt, während die in Wüstengebieten vorkommenden rosettenartigen Aggregate als **Wüstenrose** bezeichnet werden. Gips ist ein sehr weiches Mineral, das sich sehr gut in feine Splitter spalten lässt.
Besondere Merkmale: Gips ist in Salzsäure und heißem Wasser löslich, wobei beide Lösungen variierende orangerote Färbung zeigen. Unter ultraviolettem Licht lässt Gips bisweilen eine gewisse Fluoreszenz erkennen.
Entstehung: Gips ist hauptsächlich sedimentären Ursprungs, wobei er

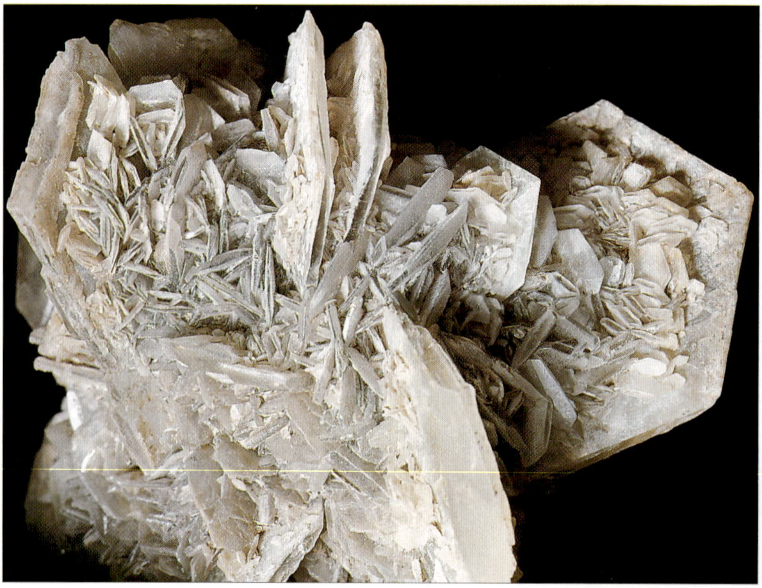

Bild oben: ein farbloser typisch monokliner Gipskristall in reinster Form.
Bild rechts: Durch Einschlüsse roter Beimengung verschiedener Elemente tritt Gips auch in unterschiedlicher Färbung auf. Charakteristisch sind sogenannte Schwalbenschwanzzwillinge und Durchkreuzungszwillinge.

durch Ausfällung aus übersättigten Lösungen in Salzseen bzw. ozeanischen Salzlagerstätten entsteht.
Gips kann sich auch aus Anhydrit bilden, wenn dieser Wasser aufnimmt und sich unter Verwitterungseinfluss mit starker Volumszunahme nach und nach in Gips umwandelt. Weiters ist das Mineral als Konkretion in Tongestein sowie in der Oxidationszone von sulfidischen Erzlagerstätten zu finden. In Salzwüsten bildet sich Gips durch Ausblühung aus sulfathaltigen Lösungen.
Vorkommen: Besonders schöne Gipskristalle wurden in Mexiko, Chile, den USA sowie in den Schwefelgruben Siziliens gefunden. Die Varietät **Wüstenrose** tritt vor allem in den Wüstengebieten Marokkos, Algeriens und der USA (Arizona, New Mexico) auf. Große Gipsvorkommen von wirtschaftlicher Bedeutung findet man im Pariser Becken (Frankreich), in Kanada, weiters in verschiedenen Gebieten der USA und Russlands. Besonders reiner Alabaster ist z. B. in den Gipslagerstätten von Volterra (Italien) anzutreffen.
Verwendung: Gips ist vor allem als Baustoff überaus beliebt; so wird er z. B. in Form des sogenannten »Halbhydrats« als Modell- oder Stuckgips sowie zur Herstellung von Gipsplatten verwendet. Darüber hinaus wird das Mineral in der Zementherstellung (Portlandzement) sowie in der Keramikindustrie eingesetzt. Wegen seiner geringen Härte wird Gips auch häufig zur Fertigung von kunstgewerblichen Gegenständen verwendet. Gips in Form von Alabaster wird gerne als Zierstein eingesetzt.

Wüstenrosen aus Algerien. Rosettenartig verwachsene Gipskristallblättchen bilden ein blütenähnliches Kristallaggregat.

Cyanotrichit • $Cu_4Al_2SO_4(OH)_{12}\cdot 2H_2O$

Visitenkarte

Kristallsystem
rhombisch

Härte
unbekannt

Dichte
2,7 bis 2,9

Spaltbarkeit
unvollkommen

Farbe
blau

Strichfarbe
blau

Glanz
Seidenglanz

Cyanotrichit oder **Kupfersamterz** bildet radiale Büschel von feinen Kristallen, die immer in blauer oder blauweißer Farbe auftreten.

Besondere Merkmale: Das Mineral schmilzt vor der Lötlampe unter Knistern und ist außerdem gut in Säuren löslich.

Entstehung: Cyanotrichit ist ein seltenes Mineral, das sekundär in der Oxidationszone von Kupferlagerstätten entsteht, wo es oft von Azurit, Malachit und Brochantit begleitet wird.

Vorkommen: Als Fundorte dieses seltenen Minerals sind vor allem die Grube La Garonne in Frankreich, Laurion in Griechenland, Clifton-Morenci in Arizona (USA) sowie Rio Marina auf der Insel Elba (Italien) zu nennen.

Botryogen • $MgFe(SO_4)_2OH\cdot 7H_2O$

Visitenkarte

Kristallsystem
monoklin

Härte
2,5

Dichte
2,1

Spaltbarkeit
vollkommen

Farbe
hyazinthrot

Strichfarbe
orange

Glanz
Glasglanz

Dieses Magnesium-Eisensulfat tritt für gewöhnlich in kleintraubigen, kugeligen oder nierigen Aggregaten auf. Die kleinen kurzsäuligen hyazinthroten Kristalle dieses Minerals sind nur sehr selten anzutreffen.

Entstehung: Botryogen bildet sich vor allem in trockenen Gebieten als Zersetzungsprodukt von Pyrit, wobei das Mineral von Amarantit, Chalkanthit, Copiapit und Coquimbit begleitet wird.

Vorkommen: Botryogen ist u. a. in Chuquicamata und Quetena in Chile zu finden, weiters bei Falun in Schweden und in Knoxville (Kalifornien, USA). In Deutschland ist vor allem Rammelsberg im Harz als Fundort zu nennen.

$KMgSO_4Cl \cdot 3H_2O$ • Kainit

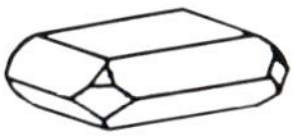

Kainit tritt für gewöhnlich in »zuckerkörnigen« Aggregaten auf. Sehr selten sind die formenreichen dicktafeligen Kristalle des Minerals, die farblos oder in weißgrauer bzw. rötlicher Farbe vorkommen können.

Besondere Merkmale: Kainit zeichnet sich durch seinen salzig bitteren Geschmack aus. Er ist in Wasser löslich, leicht schmelzbar und ist überdies an seiner orangefarbenen Flammenfärbung zu erkennen.
Entstehung: Kainit ist vor allem in marinen Salzlagerstätten zu finden, wo das Mineral von Steinsalz, Sylvin, Carnallit und Kieserit begleitet wird.
Vorkommen: In Deutschland ist Kainit insbesondere in Staßfurt (Sachsen) zu finden. Weitere große Lagerstätten befinden sich in Kalusz in Ostgalizien (Ukraine) und Eddy County (New Mexico, USA).
Verwendung: Kainit ist für die Herstellung von Kalidünger auch wirtschaftlich von Bedeutung.

Visitenkarte

Kristallsystem
monoklin
Härte
2,5 bis 3
Dichte
2,1 bis 2,2
Spaltbarkeit
vollkommen
Bruch
splitterig
Farbe
farblos, grau, rötlich
Strichfarbe
weiß
Glanz
Glas-, Fettglanz

$CaCu_4(SO_4)_2(OH)_6 \cdot 3H_2O$ • Devillin

Dieses komplexe Mineral tritt zumeist in krustiger Form, in nadeligen bzw. fächerförmigen Aggregaten sowie in rosettenartigen Kristallaggregaten auf, wobei es von smaragdgrüner bis blaugrüner Farbe sein kann. Ein weiterer Vertreter der wasserhaltigen Sulfate ist der **Serpierit**, der im rhombischen Kristallsystem kristallisiert und ebenfalls in krustiger Form sowie in büscheligen Aggregaten von himmelblauer Farbe zu finden ist.

Besondere Merkmale: Devillin ist nicht in Wasser, sehr wohl aber in Salpetersäure löslich. Wird das Mineral erhitzt, so schmilzt es nicht, entwickelt aber unter Knistern weißen Rauch. Serpierit ist in Säuren löslich.
Entstehung: Devillin und Serpierit sind seltene Sekundärmineralien mancher Kupferlagerstätten, wo sie zusammen mit Gips, Azurit und Malachit auftreten.
Vorkommen: Devillin ist u. a. in Herrengrund (Tschechien) zu finden, ein Umstand, der dem Mineral auch zur Bezeichnung **Herrengrundit** verholfen hat. Weitere Fundorte liegen in Cornwall (England) und auf Korsika (Frankreich).

Visitenkarte

Kristallsystem
monoklin
Härte
2,5
Dichte
3,1
Spaltbarkeit
vollkommen
Bruch
muschelig
Farbe
smaragdgrün
Strichfarbe
hellgrün
Glanz
Glasglanz

Krokoit • $PbCrO_4$

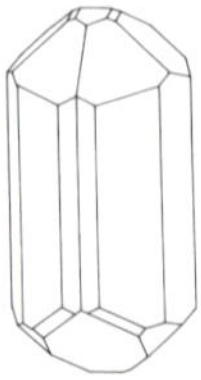

Visitenkarte

Kristallsystem monoklin
Härte 2,5 bis 3
Dichte 6
Spaltbarkeit vollkommen
Bruch muschelig
Farbe rot
Strichfarbe orange
Glanz Diamantglanz

Krokoit oder **Rotbleierz** bildet für gewöhnlich Aggregate aus nadeligen oder langprismatischen Kristallen, die häufig eine Längsstreifung aufweisen. Zusätzlich sind bisweilen auch oktaederförmige oder rhomboedrische Kristalle anzutreffen. Krokoit tritt in orangeroter bis zinnoberroter Farbe auf. Auch in Form von Drusen ist das Mineral mitunter zu finden.

Besondere Merkmale: Wird Krokoit dem Licht ausgesetzt, so verliert es seinen Glanz und verblasst nach und nach. Krokoit ist leicht schmelzbar und außerdem in konzentrierten Säuren löslich.

Entstehung: Dieses seltene und schöne Mineral bildet sich in der Oxidationszone mancher Bleilagerstätten - und zwar dann, wenn chrom- und bleihaltige Verwitterungslösungen zusammentreffen.

Vorkommen: Zu den wenigen bekannten Lagerstätten des Minerals zählen jene von Beresowsk im Ural (Russland), Dundas auf Tasmanien, wo prächtige Kristalle von bis zu 15 cm Länge gefunden wurden, Goyabeira (Minas Gerais, Brasilien) und Nontron (Frankreich).

Wulfenit • $PbMoO_4$

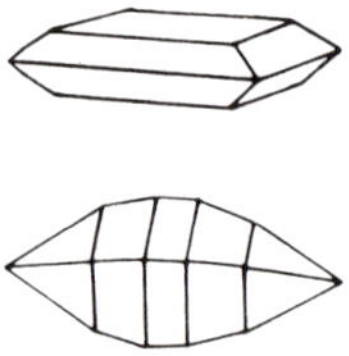

Visitenkarte

Kristallsystem tetragonal
Härte 2 bis 3
Dichte 6 bis 7
Spaltbarkeit unvollkommen
Bruch uneben, muschelig
Farbe gelborange
Strichfarbe weiß
Glanz Harzglanz

Dieses Bleimolybdat tritt in tafeligen oder blätterigen Kristallen auf; bisweilen sind auch oktaedrische bzw. pseudokubische Exemplare zu finden. Daneben kommt Wulfenit in Form kristalliner Krusten sowie in derben bzw. zellig löcherigen Aggregaten vor. Das Mineral ist in gelber, orangegelber oder grauer Farbe, bisweilen aber auch farblos anzutreffen.

Besondere Merkmale: Wulfenit ist vor dem Lötrohr leicht schmelzbar und löst sich in Säuren langsam auf.

Entstehung: Wulfenit bildet sich sekundär in der Oxidationszone von Bleilagerstätten, wobei das Mineral von Cerussit, Vanadinit, Pyromorphit und Mimetesit begleitet wird.

Vorkommen und Verwendung: Von den zahlreichen Wulfenitvorkommen seien hier nur einige hervorgehoben - u. a. Red Cloud Mine in Arizona (USA), Mibladen und Djebel Mashreur in Marokko, Chihuahua in Mexiko sowie M'Fouati in der Volksrepublik Kongo. In Österreich ist vor allem Bleiberg für seine Kristallfunde bekannt; daneben sind beachtliche Vorkommen von Wulfenit auch in Schwarzenbach (beide in Kärnten) zu finden.

Wulfenit ist für die Gewinnung von Molybdän auch wirtschaftlich gesehen von Bedeutung.

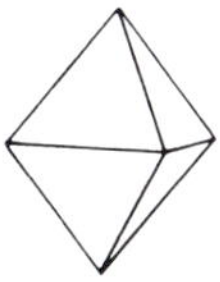

$CaWO_4$ • Scheelit

Das Wolframmineral Scheelit ist häufig in derben Klumpen oder im Gestein eingesprengten Körnern (Einsprenglingen) zu finden. Es bildet bipyramidale Kristalle, die beinahe oktaedrisch wirken; etwas seltener sind auch tafelige Exemplare anzutreffen. Scheelit kann farblos, aber auch grauweiß, gelblich oder bräunlich auftreten, dabei ist er durchsichtig bis durchscheinend und zeigt Glas- bis Diamantglanz. Scheelit ist nur in einer Richtung deutlich spaltbar, ist außerdem spröde und weist einen muscheligen Bruch auf.

Besondere Merkmale: Scheelit ist relativ hart und sehr schwer; sein wesentliches Charakteristikum ist wohl die weißblaue Fluoreszenz im ultravioletten Licht, die bei Vorhandensein von Molybdän auch gelb sein kann.

Entstehung: Scheelit ist u. a. in Gesteinen anzutreffen, die durch Kontaktmetamorphose entstanden sind, weiters in Pegmatiten und in hydrothermalen Ganglagerstätten.

Vorkommen und Verwendung: Besonders schöne Scheelitkristalle stammen aus Traversella im Piemont (Italien). Beachtliche Kristallfunde gab es auch in den alten Zinnminen in Cornwall (England) zu verzeichnen, ebenso wie in Sangdong (Südkorea) sowie an verschiedenen Fundorten in Arizona (USA). Prächtige Kristalle wurden aber auch in den Scheelitlagerstätten der Schweizer und österreichischen Alpen sowie im Sächsischen Erzgebirge entdeckt. Hydrothermal entstandener Scheelit ist z. B. in Schellgaden bei Salzburg anzutreffen. Im Schiefer von Lanersbach im Zillertal (Tirol) liegt ebenfalls eine Scheelitlagerstätte. Feinkörnig eingesprengt ist das Mineral in den Eisen-Mangan-Erzen von Eisenbach und Baden-Baden im Schwarzwald zu finden.
Scheelit ist auch wirtschaftlich gesehen von einiger Bedeutung, da das Mineral nach Wolframit das wichtigste Wolframerz ist.

Visitenkarte

Kristallsystem
tetragonal

Härte
4,5 bis 5

Dichte
5,9 bis 6,1

Spaltbarkeit
unvollkommen

Bruch
muschelig

Farbe
farblos, verschiedene Farben

Strichfarbe
weiß

Glanz
Glas- bis Diamantglanz

Die honiggelben bipyramidalen Scheelitkristalle auf dem Bild links stammen aus Traversella im italienischen Piemont. Das Exemplar auf dem Bild oben wurde in Brasilien (Minas Gerais) gefunden.

Phosphate

Die Mineralien dieser Klasse weisen entweder $[PO_4]$-, $[AsO_4]$- oder $[VO_4]$-Gruppen auf, d. h. es gehören neben den Phosphaten auch die Arsenate sowie die Vanadate dazu. Es handelt sich aber insofern um eine homogene Gruppe von Mineralien, da viele Vertreter dieser Klasse die gleiche allgemeine Formel aufweisen, wobei Phosphor durch Arsen bzw. Vanadium ersetzt werden kann. Häufig findet man in dieser Klasse auch Mischkristallbildungen zwischen Phosphaten und Arsenaten, zwischen Arsenaten und Vanadaten und etwas seltener auch zwischen Vanadaten und Phosphaten. Der wichtigste Vertreter der Phosphate ist der Apatit, der in so gut wie allen Magmatiten vorkommt und der in pegmatitischen Gängen ebenso anzutreffen ist wie in verschiedenen Erzlagerstätten. Durch Verwitterung, Abtransport und erneute Ablagerung finden sich die Phosphate sowohl im Boden als auch in sedimentären Becken und am Meeresboden angereichert. Von besonderer Bedeutung ist Phosphor als Lebenselement (DNA) für alle Organismen. Überreste und Ausscheidungen von Lebewesen stellen ihrerseits wertvolle, auch wirtschaftlich wichtige Phosphorquellen dar, die u. a. zur Mineraldüngererzeugung eingesetzt werden. Die Vertreter der Arsenate und Vanadate sind sekundär gebildete Mineralien, die vor allem in Lagerstätten entstehen, welche reich an Arsen- und Kobaltsulfiden sind.

Monazit • $CePO_4$

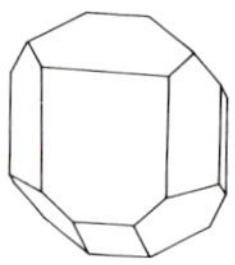

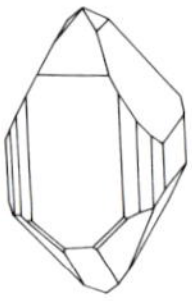

Visitenkarte

Kristallsystem
monoklin

Härte
5 bis 5,5

Dichte
4,8 bis 5,5

Spaltbarkeit
vollkommen

Bruch
muschelig

Farbe
farblos, verschiedene Farben

Strichfarbe
weiß

Glanz
Harz-, Glasglanz

Monazit ist ein recht komplex aufgebautes Mineral; es kann verschiedene Seltene Erden enthalten, darunter größere Mengen von Cer, Lanthan oder Neodym, sowie in geringeren Anteilen auch Praseodym, Samarium und Gadolinium. In durchaus nennenswerten Anteilen können auch Thorium, Uran und Calcium vorhanden sein. Die Kristalle des Monazits kommen zumeist in dicktafeliger oder prismatischer Gestalt vor. In Pegmatiten wurden Monazitkristalle gefunden, die bis zu 30 kg schwer waren. Die Kristallflächen des Monazits wirken oft uneben und rau, bisweilen weisen sie eine Streifung auf. Darüber hinaus kommt Monazit auch in Form von losen Körnern in Fluss- oder Strandsanden vor. Monazit ist zumeist durchscheinend und kann gelb, rötlich braun, weißlich bis hin zu grünlich gefärbt sein, wobei er Harzglanz genauso wie Glas- oder schwachen Diamantglanz aufweisen kann. Monazit ist hart, sehr schwer und zeichnet sich durch eine sehr gute Spaltbarkeit aus.

Besondere Merkmale: Monazit ist leicht radioaktiv, außerdem v. d. L. (vor der Lötlampe) nahezu unschmelzbar und unlöslich. Bei Erhitzung verfärbt sich das Mineral grau.

Entstehung: Monazit tritt als Nebengemengteil in verschiedenen Graniten und Syeniten auf, in deren Pegmatiten er oft in Form gut ausgebildeter Kristalle anzutreffen ist.

Vorkommen: Die schönsten Kristalle stammen aus den großen Lagerstätten in Norwegen (Arendal, Iveland), Madagaskar, Colorado und Wyoming (USA). Kleine durchsichtige Kristalle von orangegelber Farbe, wie sie unter Sammlern überaus begehrt sind, treten auch in den alpinen Pegmatiten auf. Unter den Kristallfunden, welche in alpinen Klüften verzeichnet wurden, seien hier vor allem jene aus dem Binnatal in der Schweiz genannt. In Deutschland ist Monazit in den vulkanischen Auswürflingen vom Laacher See in der Eifel anzutreffen.

Verwendung: Monazit aus Brasilien, Indien und Australien wird vor allem zur Gewinnung von Cer und Thorium wirtschaftlich genutzt.

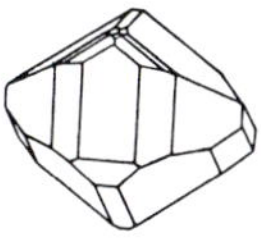

$NaAl_3(PO_4)_2(OH)_4$ • Brasilianit

Die flächenreichen Kristalle dieses Minerals treten in der Regel in prismatischer Gestalt auf und sind von blassgelber bis grünlich gelber Farbe. Brasilianitkristalle haben Glasglanz, sind häufig durchsichtig und können bis zu 10 cm lang sein. Das Mineral ist von mittlerer Härte, weist eine sehr gute Spaltbarkeit auf und zeigt muscheligen Bruch.

Besondere Merkmale: Brasilianit kann Einschlüsse von kleinen, länglichen Turmalinkristallen mit grüner Färbung aufweisen, darüber hinaus könnnen aber auch Muskovitblättchen oder flüssige Einschlüsse vorhanden sein.

Entstehung: Brasilianit ist vor allem in Hohlräumen von Granitpegmatiten anzutreffen, wo das Mineral von Lazulith und Apatit begleitet wird.

Vorkommen: Erstmals wurde Brasilianit im Pegmatit von Conselheiro Pena (Brasilien) gefunden, danach wenig später in der Gegend von Corrego Frio im brasilianischen Bundesstaat Minas Gerais. Weitere Kristallfunde gab es in der Folge in den Pegmatiten von New Hampshire (USA), wo insbesondere Palermo Mine (Grafton County) und Smith Mine bei Newport als Fundorte zu nennen sind.

Visitenkarte

Kristallsystem
monoklin

Härte
5,5

Dichte
2,98

Spaltbarkeit
vollkommen

Bruch
muschelig

Farbe
gelb

Strichfarbe
weiß

Glanz
Glasglanz

Diese beiden aus Brasilien stammenden Exemplare von Brasiliant zeigen die typischen formenreichen prismatischenKristalle des Minerals.

VERWENDUNG ALS SCHMUCKSTEIN

Brasilianit, der auch nach seiner Entdeckung noch häufig mit gelbem Chrysoberyll bzw. Topas verwechselt wurde, wird für gewöhnlich im Ovalschliff facettiert oder aber zu rechteckigen Formen mit abgerundeten Kanten verschliffen.

Apatit • $Ca_5(PO_4)_3(F, Cl, OH)$

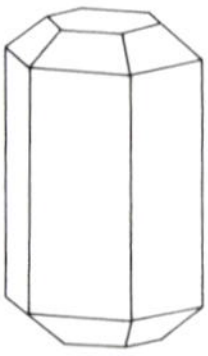

Visitenkarte

Kristallsystem
hexagonal

Härte
5

Dichte
3,16 bis 3,22

Spaltbarkeit
unvollkommen

Bruch
muschelig

Farbe
farblos, verschiedene Farben

Strichfarbe
weiß

Glanz
Glasglanz

Apatitkristalle sind nicht allzu hart, zeigen Glasglanz und können in unterschiedlicher Färbung vorkommen, wobei blaue, violette und grüne Exemplare als Schmucksteine geschätzt werden. Apatit verfügt über eine nicht sehr gute Spaltbarkeit parallel zur Basis; ist spröde mit muscheligem Bruch. Die Kristalle treten in Form von hexagonalen Prismen auf, welche entweder von Doppelpyramiden begrenzt werden oder aber von Endflächen, welche parallel zur Basis liegen, was dem Kristall eine tafelige Gestalt verleiht. In sedimentären Lagerstätten tritt Apatit in Form von Konkretionen oder körnig dichten Aggregaten aus winzigen Kristallen auf; diese kryptokristalline Form des Minerals wird **Kollophan** genannt.

Besondere Merkmale: Apatit wird nicht selten mit anderen Mineralien verwechselt, wobei insbesondere auf die große Ähnlichkeit mit Turmalin hinzuweisen ist, welche nicht zuletzt durch die ähnliche farbliche Bandbreite der beiden Mineralien besteht.

Entstehung: Apatit kommt als Nebengemengteil in vielen magmatischen und metamorphen Gesteinen vor, in denen er bereits in den ersten Stadien des magmatischen Erstarrungsprozesses auskristallisieren kann. Größere Kristalle des Minerals sind vor allem in pegmatitischer Umgebung anzutreffen. Sedimentär entsteht mikrokristalliner Apatit in Sedimenten, in denen sich phosphorhältige Überreste von Organismen, wie z. B. Tierskelette, Fischgräten oder Guano (Vogelkot), angesammelt haben.

Vorkommen: Apatitkristalle von hoher Qualität kommen vor allem aus Birma, Sri Lanka (von dort stammen prachtvoll schillernde Exemplare) und aus Brasilien. Weitere Funde sind in Mexiko, Kanada und nicht zuletzt auch in Deutschland zu verzeichnen, wo das Mineral u. a. im Lahngebiet, im Harz sowie im Sächsischen Erzgebirge anzutreffen ist. In der Schweiz ist vor allem das St.-Gotthard-Massiv als Fundort zu nennen.

Bild rechts: grünlich gelbe tafelige Apatitkristalle auf Ganggestein (Panasqueira, Portugal).
Bild oben: hexagonaler Apatit auf Chlorit.

Verwendung: Als das am weitesten verbreitete Phosphormineral ist Apatit auch wirtschaftlich gesehen von großer Bedeutung, insbesondere jene mächtigen sedimentären Lagerstätten, welche als **Phosphorite** bekannt sind und die als Rohstoff für die Düngemittelerzeugung dienen.

VERWENDUNG ALS SCHMUCKSTEIN

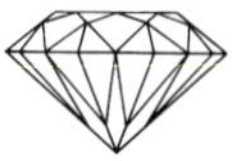

Apatit wird vor allem dem Facettenschliff unterzogen, wobei runde oder ovale Formen üblich sind; etwas seltener wird das Mineral auch mit Treppenschliff versehen. Schillernde Kristalle von Apatit erhalten zumeist einen Cabochonschliff. In der Smithsonian Institution in Washington wird einer der seltenen violetten Apatitkristalle aufbewahrt, der rund 100 g wiegt. Einer der größten geschliffenden Apatitkristalle (grün, 147 Karat) stammt aus Kenia.

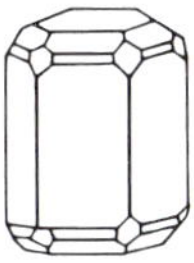

$Pb_5(PO_4)_3Cl$ • Pyromorphit

Die nicht sehr formenreichen Kristalle dieses Minerals sind recht häufig anzutreffen. Wobei sie in der Regel von einfacher prismatischer Gestalt sind und bisweilen auch nadelige, tafelige bzw. tonnenförmig gekrümmte Formen aufweisen. Häufig zeigen die Kristalle ebene Endflächen, sie können aber an den Ebenen auch spitz zulaufen. Nicht selten tritt Pyromorphit in Gruppen von nadelfeinen prismatischen Kristallen auf; daneben kommen auch kugelige, trauben- und nierenförmige Aggregate sowie krustige Überzüge vor. Pyromorphit ist in verschiedenen Grüntönen ebenso anzutreffen wie in gelber, orangegelber, brauner oder grauer Färbung; darüber hinaus tritt das Mineral auch farblos und weiß auf, wobei die Strichfarbe stets Weiß ist. Pyromorphit zeigt häufig Diamantglanz, während auf Bruchflächen eher Fettglanz zu sehen ist.

Besondere Merkmale: Pyromorphit ist in Salpetersäure löslich; außerdem ist das Mineral leicht vor dem Lötrohr schmelzbar, wobei sich eine Kugel bildet, die im Zuge der Abkühlung kristallartige Umrisse erhält.
Entstehung: Pyromorphit entsteht sekundär in der Oxidationszone von Bleierzlagerstätten, wo er sich zuweilen pseudomorph nach anderen Bleimineralien wie z. B. Bleiglanz oder Cerussit bildet.
Vorkommen und Verwendung: Pyromorphit ist ein weit verbreitetes Mineral, das auch in Deutschland an einigen Orten zu finden ist, insbesondere in Freiberg und Schneeberg (Sachsen), am Schauinsland (Schwarzwald), in Clausthal (Harz) und in Bad Ems bei Koblenz. Weitere große Lagerstätten des Minerals befinden sich in Ussel (Corrèze, Frankreich), Cornwall (England), Leadhills (Schottland), Pribram (Böhmen) sowie auf Sardinien (Italien). Prächtige Kristalle wurden in den Pyromorphitlagerstätten von Idaho bzw. Phoenixville, Pennsylvania (USA) gefunden. Auch in Kanada (Britisch-Kolumbien) sind namhafte Vorkommen des Minerals zu verzeichnen.
Pyromorphit ist in wirtschaftlicher Hinsicht nicht allzu wichtig, dafür ist das optisch oft sehr ansprechende Mineral in Sammlerkreisen überaus begehrt.

Visitenkarte

Kristallsystem
hexagonal

Härte
3,5 bis 4

Dichte
6,7 bis 7

Spaltbarkeit
keine

Bruch
muschelig

Farbe
farblos, verschiedene Farben

Strichfarbe
weiß

Glanz
Diamant-, Fettglanz

Bild links: nadeliger Pyromorphit aus Sardinien.
Bild oben: prismatischer Pyromorphitkristall aus Pribram (Böhmen).

Carnotit • $K_2(UO_2)_2(VO_4)_2 \cdot 3H_2O$

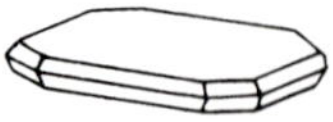

Visitenkarte

Kristallsystem monoklin
Härte 4
Dichte 4,5 bis 4,6
Spaltbarkeit vollkommen
Bruch spröde
Farbe kanariengelb, grüngelb
Strichfarbe gelb bis grün
Glanz Perlmutt-, Seidenglanz, matt

Die kleinen tafeligen Kristalle des Carnotits sind nur selten anzutreffen; für gewöhnlich tritt das Mineral in feinkörnigen bis dichten Aggregaten sowie in erdigen bzw. auch pulverigen Massen auf, die von kanariengelber bis grüngelber Farbe sind. In dieser Form kommt Carnotit in beachtlichen Lagerstätten im Sandstein von Colorado, Arizona, Utah und New Mexico (USA) vor, wobei diese Gesteine als »Coloradoplateau« bekannt sind.
Besondere Merkmale: Carnotit ist unschmelzbar, dafür aber in Säuren löslich. Ein Charakteristikum ist auch die Radioaktivität des Minerals.
Entstehung: Carnotit bildet sich in der Nähe von Uranlagerstätten, wobei das Mineral in Sedimentgesteinen abgelagert wird.
Vorkommen: Außer den bereits erwähnten Lagerstätten von Carnotit in den Vereinigten Staaten sind die auf die gleiche Weise entstandenen Vorkommen von Fergana in Usbekistan zu erwähnen. Schöne Kristalle stammen aus dem rötlichen Sandstein von Shaba (Zaire). In Australien (Radium Hill) tritt das Mineral in Form von Überzügen auf, welche durch Verwitterung von Davidit entstanden sind. Carnotit ist für die Gewinnung von Uran und Vanadium von großer wirtschaftlicher Bedeutung.

Vanadinit • $Pb_5(VO_4)_3Cl$

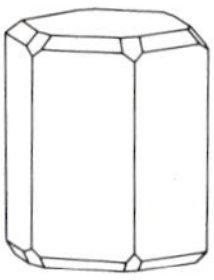

Visitenkarte

Kristallsystem hexagonal
Härte 3
Dichte 6,5 bis 7,1
Spaltbarkeit keine
Bruch muschelig
Farbe gelb, braun, orangerot
Strichfarbe hellgelb
Glanz Diamant-, Fettglanz

Dieses Vanadiummineral zeichnet sich durch seine einfachen Kristallformen aus und tritt zumeist in kurzsäuligen, bisweilen tonnenförmigen oder tafeligen Kristallen auf. Vanadinit ist in orangeroter, rotbrauner, rubinroter und gelber Farbe anzutreffen.
Besondere Merkmale: Vanadinit ist leicht schmelzbar und in Salpetersäure löslich; lässt man die Lösung verdampfen, setzt sich ein rot gefärbter Rückstand ab - im Gegensatz zu dem weißen Rückstand der anderen Mineralien dieser Gruppe.
Entstehung: Wie Pyromorphit und Mimetesit bildet sich Vanadinit sekundär in der Oxidationszone von Bleierzlagerstätten - mit dem Unterschied, dass Vanadinit viel seltener vorkommt als die beiden erstgenannten Mineralien.
Vorkommen und Verwendung: Nennenswerte Vorkommen von Vanadinit befinden sich im Ural sowie in Schottland (Wanlockhead). Große Kristalle des Minerals wurden in Mibladen (Marokko) gefunden. Berühmtheit haben die rubinroten bis rotbraunen sechseckigen Vanadinitkristalle erlangt, welche aus Arizona und New Mexico stammen. Auch in Österreich ist das Mineral zu finden, wobei vor allem die Lagerstätten von Mieß (Slowenien) und vom Berg Obir in den Karawanken (Kärnten) hervorzuheben sind.

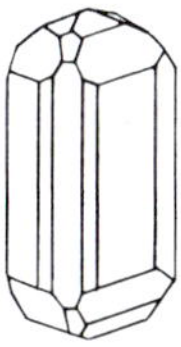

$Fe_3(PO_4)_2 \cdot 8H_2O$ • Vivianit

Dieses recht weit verbreitete Phosphat tritt in prismatischen Kristallen auf, die sich durch ihre ausgezeichnete Spaltbarkeit auszeichnen; auch nadelige und stängelige sowie tafelige Kristallformen sind zu finden, wobei einzelne Exemplare über 1 m lang sein können. Vivianit bildet zudem häufig strahlige, faserige oder rosettenartige Aggregate, und auch in Form von Kugeln oder Knollen bzw. erdigen Massen ist das Mineral anzutreffen, wobei es im letzteren Fall den Namen **Blaueisenerde** oder **Blauerde** trägt.

Besondere Merkmale: Auf frischen Bruchflächen farblos oder weiß, verfärbt sich Vivianit an der Luft sofort blau. Die Kristalle des Minerals treten bisweilen völlig durchsichtig bis durchscheinend auf.

Entstehung: Vivianit bildet sich nahe der Erdoberfläche als Sekundärmineral vieler sulfidischer Erzlagerstätten. Weiters kann Vivianit durch Umwandlung primärer Phosphate in Pegmatiten entstehen, die von dem Mineral mit dünnen blauen Belägen überzogen werden. Mit organischen Stoffen vermengt tritt das Mineral auch in Tonen und anderen Sedimenten auf. Darüber hinaus ist Vivianit auch als weiße schlammige Masse in Süßwasserseen zu finden, wo es einen Bestandteil der See-Eisenerze bildet.

Vorkommen: Riesige Vivianitkristalle von bis zu 130 cm Länge wurden in den Tonen von Anloua bei Ngaoundéré in Kamerun gefunden, wo das Mineral sowohl in Einzelkristallen als auch in Kristallgruppen auftritt. Ebenfalls sehr schöne durchsichtige Kristalle stammen aus Llallagua in Bolivien sowie aus St. Agnes (Cornwall, England), Bingham (Utah) und aus Idaho (USA). In Deutschland ist Vivianit in Waldsassen in der Oberpfalz sowie in Thüringen zu finden.

Wo das Mineral in größeren Mengen vorhanden ist, wird es für die Herstellung von Farbstoffen abgebaut, im Übrigen ist Vivianit vor allem für Mineraliensammler interessant.

Visitenkarte

Kristallsystem
monoklin

Härte
1,5 bis 2

Dichte
2,6 bis 2,7

Spaltbarkeit
vollkommen

Bruch
faserig, spröde

Farbe
farblos, weiß

Strichfarbe
weiß

Glanz
Glas-, Perlmutt-, Metallglanz

Vollkommen ausgebildete Vivianitkristalle: dieses Mineral kann mitunter Kristalle von über 1 m Länge hervorbringen.

Strengit • $FePO_4 \cdot 2H_2O$
Variscit • $AlPO_4 \cdot 2H_2O$

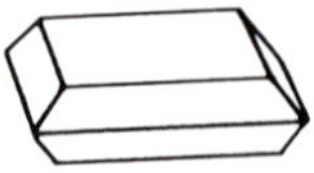

Visitenkarte

Kristallsystem
rhombisch

Härte
4 bis 5

Dichte
2,52

Spaltbarkeit
vollkommen

Bruch
muschelig, spröde

Farbe
grün

Strichfarbe
weiß

Glanz
Glas-, Wachsglanz

Diese beiden Mineralien stellen die Endglieder einer isomorphen Mischreihe von Kristallen dar, welche im rhombischen System kristallisieren. Strengit tritt in pseudooktaedrischen, tafeligen oder prismatischen Kristallen auf; außerdem bildet er kugelige bzw. radialfaserige Aggregate von karminroter bis violetter Farbe. Die monokline Form, der **Klinostrengit,** tritt in tafeligen Kristallen von pfirsichroter bis violetter Farbe ebenso auf wie in Form von rosafarbenen erdigen Überzügen.
Variscit wiederum bildet oktaedrische Kristalle, kommt aber häufiger in traubig nierigen Krusten oder in Knollen von blassgrüner bis smaragdgrüner Farbe vor.
Besondere Merkmale: Die beiden Mineralien sind in Säuren löslich, jedoch unschmelzbar.
Entstehung: Strengit ist in Spalten und Hohlräumen von sedimentären Gesteinen zu finden, insbesondere in solchen mit Eisenmineralien. In Pegmatiten bildet sich das Mineral sekundär aus verschiedenen Phosphaten. Ebenfalls sekundär ist das Mineral auf Eisenerzlagerstätten zu finden. Variscit hingegen ist in Klüften sowie als Hohlraumausfüllung von aluminiumreichen Gesteinen anzutreffen.
Vorkommen und Verwendung: Namhafte Vorkommen von Strengit sind in Deutschland anzutreffen, wobei vor allem die Pegmatite von Pleystein und Hagendorf in der Oberpfalz sowie die Grube Eleonore in Thüringen genannt seien. Weitere Vorkommen befinden sich in Kiruna (Schweden), Mangualde (Portugal) sowie in den USA, wo insbesondere Rockbridge County in Virginia, Pala in Kalifornien sowie Palermo in New Hampshire erwähnt werden müssen. Der Variscit ist an verschiedenen Orten in Österreich und Deutschland anzutreffen, wobei vor allem Leoben in der Steiermark sowie Meßbach bei Plauen im Vogtland hervorzuheben sind. Darüber hinaus ist vor allem Mercur in Utah (USA) als Fundort zu nennen, wo das Mineral auch als Schmuck- bzw. Zierstein abgebaut wird.
Geschliffen und poliert wird Variscit bisweilen als Ornamentstein verwendet, der optisch an Türkis erinnert.

Bild rechts: Strengit in Form kugeliger Aggregate.
Bild oben: grüner Variscit.

$CuAl_6(PO_4)_4(OH)_8 \cdot 4H_2O$ • Türkis

Der stets undurchsichtige, höchstens an den Rändern durchscheinende Türkis ist entweder einheitlich typisch türkisblau gefärbt oder von braunen bis schwarzen Limonitadern durchzogen. Durchsichtige Türkiskristalle sind äußerst selten; denn zumeist tritt das Mineral in Form von knollenartigen, feinkörnigen bzw. traubig nierigen Massen auf, kann aber auch in Form von dünnen Adern Gesteine durchziehen. Durch natürliche Porosität treten beim Türkis leicht Farbänderungen auf, daher werden daraus gefertigte Schmucksteine bisweilen mit einer Schutzimprägnierung versehen.

Besondere Merkmale: Erhitzt man Türkispulver in einem geschlossenen Gefäß, so verliert es Wasser und verfärbt sich braun oder schwarz. Das Mineral schmilzt nicht vor dem Lötrohr und verursacht keine grüne Flammenfärbung, wie dies etwa bei künstlichen Türkisen der Fall ist.

Entstehung: Türkis bildet sich immer sekundär - und zwar als Ausfällung aus mineralhältigen Lösungen in Sedimenten, vor allem in Sandsteinen und in Vulkaniten mit reichlich Hohlräumen, wie z. B. Trachyt.

Vorkommen: Die wohl bekanntesten Türkisvorkommen liegen in Nishapur im Nordwesten des Iran. Auch auf der Halbinsel Sinai, in Kasachstan und Usbekistan wird Türkis abgebaut. Schöne knollige Exemplare stammen aus Nevada, New Mexico und Arizona (USA). In Deutschland ist das Mineral im Sächsischen Erzgebirge anzutreffen.

Visitenkarte

Kristallsystem
triklin

Härte
5 bis 6

Dichte
2,6 bis 2,8

Spaltbarkeit
keine

Bruch
muschelig

Farbe
türkisblau, blaugrün

Strichfarbe
weiß-himmelblau

Glanz
Wachs-, Porzellanglanz

Türkis ist häufig in knolligen, von Limonitadern durchzogenen Aggregaten anzutreffen.

VERWENDUNG ALS SCHMUCKSTEIN

Türkis wird zumeist mit gewölbter Oberfläche verschliffen; daneben findet das Mineral aber auch für Gravurarbeiten oder zur Fertigung von Statuetten Verwendung. Türkis wird heute wegen der großen Nachfrage sehr häufig durch synthetische Materialien imitiert.

Visitenkarte Lazulith

Kristallsystem
monoklin

Härte
6

Dichte
3,1 bis 3,2

Spaltbarkeit
unvollkommen

Farbe
blau

Strichfarbe
weiß

Glanz
Glasglanz

Lazulith • $(Mg, Fe)Al_2(PO_4)_2(OH)_2$

Scorzalith • $(Fe, Mg)Al_2(PO_4)_2(OH)_2$

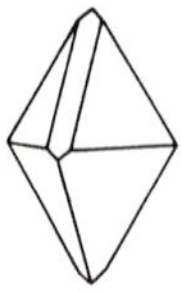

Diese beiden Aluminiumphosphate, die Eisen und Magnesium enthalten, bilden die Endglieder einer isomorphen Mischreihe. Lazulith, auch **Blauspat** genannt, tritt in pseudooktaedrischen Kristallen oder in derben Massen von himmelblauer Farbe auf. Scorzalith ist ebenfalls in pseudooktaedrischen Kristallen sowie in dichten bzw. körnigen Massen von himmelblauer bis grünblauer Farbe anzutreffen.

Besondere Merkmale: Bei Erhitzung verlieren beide Mineralien ihre Farbe und geben dabei Wasser ab. Sie sind unschmelzbar.

Entstehung: Lazulith (Bild rechts) ist in Quarziten und manchen Pegmatiten zu finden, wobei das Mineral zusammen mit Rutil, Korund, Pyrophyllit, Cyanit, Andalusit und Dumortierit auftritt. Scorzalith ist ein typisches Mineral der Pegmatite.

Vorkommen und Verwendung: Namhafte Vorkommen von Lazulith befinden sich in Georgia und Kalifornien (USA), in Schweden, Portugal, auf Madagaskar, in Brasilien und Bolivien, nicht zuletzt aber auch in Österreich, wo vor allem Werfen in Salzburg sowie Krieglach in der Steiermark zu erwähnen sind. Lazulith wird vor allem als Zierstein verwendet.

Visitenkarte Descloizit

Kristallsystem
rhombisch

Härte
3,5

Dichte
5,5 bis 6,2

Spaltbarkeit
keine

Bruch
muschelig, spröde

Farbe
rot, braun

Strichfarbe
orangegelb

Glanz
Glasglanz

Descloizit • $PbZnVO_4OH$

Mottramit • $PbCuVO_4OH$

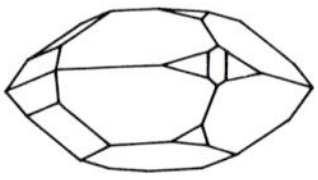

Auch diese beiden Mineralien bilden Endglieder einer isomorphen Mischreihe (die Abbildung zeigt Kristalle des Descloizits). Sie bilden pyramidale bzw. prismatische Kristalle, daneben aber auch radialstrahlige, traubig warzige oder krustenförmige Aggregate von rotbrauner bis schwarzbrauner Farbe, wobei Mottramit auch grasgrün oder olivgrün sein kann. Die Mineralien weisen zumeist Fettglanz auf.

Besondere Merkmale: Beide Mineralien sind in Säuren löslich und außerdem gut schmelzbar.

Entstehung: Descloizit und Mottramit bilden sich in der Oxidationszone mancher Blei-, Zink- und Kupfererzlagerstätten, wobei sie häufig von Vanadinit, Pyromorphit, Mimetesit und Cerussit begleitet werden.

Vorkommen und Verwendung: Unter den zahlreichen Vorkommen seien hier jene von Mottram in Cheshire (England) hervorgehoben, wo Mottramit zum ersten Mal gefunden wurde. Weitere Vorkommen sind im Rheinischen Schiefergebirge sowie am Berg Obir in Kärnten zu finden. An Orten, wo die beiden Mineralien in größeren Mengen auftreten, werden sie zur Gewinnung von Vanadium abgebaut.

Silikate

Die überaus große Bedeutung der Silikatmineralien besteht darin, dass sie zu über 80% am Aufbau der Gesteinskruste der Erde beteiligt sind. So kommt es nicht überraschend, dass die Vertreter dieser Mineralienklasse sowohl in magmatischen als auch in metamorphen und sedimentären Gesteinen sehr häufig anzutreffen sind. Ihre Bedeutung ist jedoch nicht nur in mineralogischer bzw. petrographischer, sondern auch in wirtschaftlicher Hinsicht sehr groß. Bestimmte Silikatmineralien stellen nicht nur die Rohstoffe für kostbare Schmuck- und Edelsteine, sondern auch für Erze und darüber hinaus für die verschiedensten Industriezweige dar.
Zentraler Bestandteil der Silikate ist das Element Silizium, das in Verbindung mit Elementen wie Sauerstoff, Aluminium, Eisen, Mangan, Magnesium, Calcium und vielen anderen eine Vielzahl von Mineralien bildet, deren chemischer bzw. kristallographischer Aufbau oft sehr komplex ist und bisweilen auch mit modernsten Untersuchungsmethoden schwer zu ergründen ist.
Bekanntlich tritt Silizium in Verbindung mit Sauerstoff auch in Form von Siliziumdioxid auf, wobei Mineralien wie Quarz, Tridymit und Cristobalit gebildet werden, die man zu den Oxiden zählt, wenngleich manche Wissenschaftler sie aufgrund ihrer strukturellen Ähnlichkeit mit den Gerüst- oder Tektosilikaten zur Klasse der Silikate rechnen.

STRUKTUR UND EINTEILUNG

Wie Strukturanalysen an Kristallen gezeigt haben, befindet sich im einfachsten Fall jedes Siliziumatom im Zentrum eines Tetraeders, dessen Eckpunkte von vier Sauerstoffatomen eingenommen werden. Diese [SiO_4]-Tetraeder, welche die Grundstruktur dieser wichtigen Mineralklasse bilden, können im Kristallgefüge des Minerals entweder isoliert stehen, wie dies bei den Insel- oder Nesosilikaten der Fall ist, oder über gemeinsame Sauerstoffatome auf verschiedene Weise zu Ketten, Bändern, Schichten oder Gerüsten verbunden sein, nach denen die Unterklassen der Silikate benannt sind.
Sind die Tetraeder isoliert, so wird die Verbindung zwischen benachbarten Tetraedern durch verschiedene Kationen gewährleistet, die quasi eine Brücke zwischen den Sauerstoffatomen bilden. Die Verbindung der [SiO_4]-Tetraeder über gemeinsame Sauerstoffatome, die im übrigen stets über deren Ecken stattfindet, kann auf verschiedene Weise vor sich gehen: so können z. B. nur zwei benachbarte Tetraeder ein Sauerstoffion gemeinsam haben, aber auch mehrere benachbarte Tetraeder mehrere gemeinsame Sauerstoffionen als Bindungspartner aufweisen.
Gehören alle vier Sauerstoffionen eines Tetraeders gleichzeitig vier anderen Tetraedern an, so wären theoretisch keine freien Bindungsvalenzen für zusätzliche Kationen gegeben, wenn nicht, wie dies bisweilen der Fall ist, vierwertiges Silizium teilweise vom dreiwertigen Aluminium ersetzt wird, wodurch neue Bindungsvalenzen frei werden würden. Aluminium kann bei den Silikaten als Anion auftreten - in diesem Fall ist es in das Tetraeder integriert, es kann aber auch als Kation bzw. als Anion und Kation gleichzeitig vorkommen. Ist es als Anion vertreten, so haben wir es mit einem Alumosilikat zu tun, wie z. B. im Fall des Bariumfeldspats Celsian, der die Formel $Ba(Al_2Si_2O_8)$ hat. Ist das Element als selbstständiges Kation vorhanden, so handelt es sich um ein Aluminiumsilikat. Wenn Aluminium hingegen sowohl als Anion als auch als Kation vorhanden ist, so ist die Verbindung ein Aluminium-Alumo-Silikat.
Das komplexe Kristallgitter der Silikate enthält bisweilen auch fremde Anionen, wie z. B. Fluor, Sauerstoff und OH-Gruppen. Auch selbstständige Wassermoleküle können in die Silikatstruktur eingebaut sein, wobei diese Moleküle besonders locker gebunden sind.
Je nachdem, wie die [SiO_4]-Tetraeder angeordnet bzw. verknüpft sind, lassen sich die Silikate in folgende Unterklassen gliedern:
Insel- oder Nesosilikate - Silikate mit selbstständigen [SiO_4]-Tetraedern.
Gruppen- oder Sorosilikate - Silikate mit isolierten Doppelgruppen der Form [Si_2O_7].
Ring- oder Cyclosilicate - Silikate mit Tetraedern, die zu Ringen aus 3, 4 oder 6 Tetraedern verknüpft sind.
Ketten- und Bandsilikate (Inosilikate) - Silikate mit Tetraedern, die zu eindimensional unendlichen Ketten oder Doppelketten verbunden sind.
Schicht- oder Phyllosilikate - Silikate mit zweidimensional unendlichen Tetraederschichten.
Gerüst- oder Tektosilikate - Silikate mit räumlich vernetzten [SiO_4]-Tetraedern.

Willemit • Zn_2SiO_4

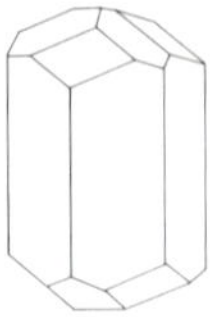

Visitenkarte

Kristallsystem
trigonal
Härte
5,5
Dichte
4 bis 4,2
Spaltbarkeit
unvollkommen
Bruch
muschelig, splitterig
Farbe
farblos, weiß
Strichfarbe
weiß
Glanz
Glas-, Fettglanz

Dieses Silikatmineral bildet häufig derbe, körnige und erdige Massen; selten finden sich kleine kurz- oder langsäulige Kristalle. Willemit ist farblos oder weiß, wobei die eisenhaltigen Vertreter eher grünlich gelb gefärbt sind, während die manganhaltigen Varietäten rötlich sind. Dabei zeigt das Mineral in der Regel Glas- bis Fettglanz.

Besondere Merkmale: In reiner Form ist Willemit vor dem Lötrohr unschmelzbar. In Pulverform wird das Mineral durch Salzsäure zersetzt, wobei sich Kieselgel abscheidet. Bisweilen lässt Willemit im ultravioletten Licht eine starke gelbliche Fluoreszenz erkennen.

Entstehung: Willemit bildet sich häufig sekundär in der Oxidationszone von Blei-Zink-Lagerstätten.

Vorkommen und Verwendung: Größere Vorkommen des Minerals befinden sich u. a. in Zimbabwe, Zentralasien sowie in Franklin, New Jersey (USA), wo Willemit zusammen mit Franklinit und Zinkit auftritt. Weitere Fundorte sind in Arizona (Tiger), in New Mexico (Merrit-Mine) sowie in Algerien und Grönland (Narsasuk) beheimatet. In Deutschland ist Willemit vor allem in Altenberg bei Aachen zu finden.
Wo das Mineral in größeren Mengen auftritt, wird es zur Zinkgewinnung abgebaut.

Forsterit • Mg_2SiO_4

Visitenkarte

Kristallsystem
rhombisch
Härte
6 bis 7
Dichte
3,2 bis 3,3
Spaltbarkeit
unvollkommen
Bruch
muschelig
Farbe
gelb bis grün
Strichfarbe
weiß
Glanz
Glasglanz

Forsterit tritt gewöhnlich in gedrungenen Kristallen von rhombisch bipyramidaler Gestalt auf, ist darüber hinaus aber auch in körnigen Aggregaten anzutreffen, wobei das Mineral farblos, gelb oder blassgrün auftreten kann. Forsterit zeigt Glasglanz und hat einen muscheligen Bruch. Mit dem eisenhaltigen Fayalit bildet Forsterit eine isomorphe Mischreihe, deren Endglieder diese bieden Mineralien darstellen. Die Glieder der Mischreihe werden als Olivin bezeichnet.

Besondere Merkmale: Forsterit ist vor dem Lötrohr unschmelzbar und wird von Salzsäure nicht angegriffen. Behandelt man pulverigen Forsterit mit konzentrierter Schwefelsäure, so scheidet sich Kieselgel ab.

Entstehung: Forsterit bildet sich zumeist bei kontaktmetamorphen Prozessen, kann jedoch - etwas seltener - auch im Zuge magmatischer Kristallisationsprozesse entstehen.

Vorkommen: Forsterit in reiner Form ist nicht sehr verbreitet; das Mineral kommt beispielsweise im Serpentin von Snarum in Norwegen vor. In Form von kleinen flächenreichen Kristallen ist Forsterit in den vulkanischen Bomben vom Monte Somma (Vesuv) zu finden, und darüber hinaus auch in den Kalken von Bolton, Massachusetts (USA) anzutreffen.

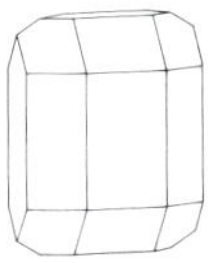

$(Mg, Fe)_2SiO_4$ • Olivin

Olivin bildet Mischkristalle aus den beiden Endgliedern **Forsterit** und **Fayalit** (Fe_2SiO_4), wobei die Kristallgestalt recht unterschiedlich sein kann: tritt das Mineral im Tiefengestein in unregelmäßiger körniger Form auf, so ist es in Vulkaniten eher in prismatischer oder tafeliger Kristallform zu finden. Die farbliche Bandbreite von Olivin reicht von der typischen olivgrünen Farbe (daher der Name des Minerals) bis hin zu gelblich grünen, dunkelgrünen, gelbbraunen, schwarzen oder - verwitterungsbedingt - auch rötlichen Farbtönen. Mit der chemischen Zusammensetzung des Olivins verändern sich die physikalischen Eigenschaften ebenso wie das spezifische Gewicht und die Schmelzbarkeit mit der chemischen Zusammensetzung des Minerals. Olivin kann durch wässrige Lösungen in größeren Tiefen ebenso zersetzt werden wie durch kohlendioxidreiches Wasser in der Nähe der Erdoberfläche. Häufig wandelt sich Olivin durch Verwitterungsprozesse in Serpentin um, der sich in diesem Fall pseudomorph nach Olivin bildet und dessen Kristallstruktur beibehält.

Besondere Merkmale: In Salzsäure wird Olivin nach und nach zersetzt, wobei eine gallertige Kieselgelmasse entsteht.

Entstehung: Olivin bildet sich vor allem magmatisch - er ist ein wesentlicher Bestandteil vieler basischer Magmatite, also von Gesteinen, die einen geringen Kieselsäureanteil aufweisen, dafür aber reich an Eisen und Magnesium sind, wie z. B. Peridotit oder Gabbro.

Vorkommen: Schöne Olivinkristalle sind z. B. auf der ägyptischen Insel Zabarjad im Roten Meer zu finden, weiters in Brasilien (Minas Gerais), Australien (Queensland), Italien (Vesuv) sowie auf den Färöer-Inseln. Weitere Fundorte liegen in Arizona, New Mexico (USA), Transvaal (Südafrika), im Ural, in der Türkei und in Norwegen. In Deutschland ist Olivin u. a. in den Basalten am Forstberg und am Mosenberg in der Eifel anzutreffen.

Visitenkarte

Kristallsystem
rhombisch

Härte
6,5 bis 7

Dichte
3,3

Spaltbarkeit
unvollkommen

Bruch
muschelig

Farbe
grün

Strichfarbe
weiß

Glanz
Glas-, Fettglanz

Aggregat von bräunlich grünen Olivinkristallen mit Biotit, wobei Letzterer in Form von Schüppchen auftritt.

VERWENDUNG ALS SCHMUCKSTEIN

Die chemische Zusammensetzung der für die Schmucksteinindustrie besonders interessanten Olivine liegt in der Nähe des Endgliedes Forsterit, d. h. sie enthalten rund 10 bis15% Eisen sowie 85 bis 90% Magnesium; solche Varietäten werden unter den Bezeichnungen **Peridot** bzw. **Chrysolith** gehandelt. Bei der Bearbeitung kommen verschiedene Schliffformen zur Anwendung - wobei generell facettenreiche ovale bzw. runde Formen bevorzugt werden. Auch der Brillantschliff kommt gelegentlich zur Anwendung.

Granatgruppe

Diese in der Natur recht weit verbreitete Gruppe von Silikatmineralien bildet häufig Mischkristalle, die jedoch alle eine ähnliche Kristallstruktur aufweisen. Die allgemeine Formel lässt sich in der Art $X_3Y_2(SiO_4)_3$ darstellen, wobei X für Calcium, Magnesium, zweiwertiges Eisen bzw. Mangan steht, während Y Aluminium, dreiwertiges Eisen, Chrom, Titan, Zirkonium und Vanadium sein kann. Die Granatmineralien kristallisieren immer im kubischen Kristallsystem, wobei gut ausgebildete Kristalle keine Seltenheit sind. Je nachdem, welches dreiwertige Element vorhanden ist, unterscheidet man folgende Reihen: Granate mit Aluminium (Pyrop, Almandin, Spessartin, Grossular), Granate mit dreiwertigem Eisen (Calderit, Andradit), Granate mit Chrom (Uwarowit, Hanleit) sowie Granate mit Titan, Zirkonium bzw. Vanadium (Kimzeyit, Goldmanit).

Pyrop • $Mg_3Al_2(SiO_4)_3$

Visitenkarte

Kristallsystem kubisch
Härte 7 bis 7,5
Dichte 3,58
Spaltbarkeit keine
Bruch splitterig
Farbe rot
Strichfarbe weiß
Glanz Glasglanz

Die Kristalle dieses Minerals treten recht oft in vollkommenen geometrischen Formen auf - zumeist als Würfel oder Rhombendodekaeder. Pyrop kann verschiedene Einschlüsse aufweisen, wobei vor allem kristalliner Apatit, undurchsichtige schwarze Ilmenitblättchen sowie rundliche Pyrrhotin- bzw. Pyriteinschlüsse auftreten; daneben können aber auch Rutilnädelchen sowie schwarze undurchsichtige Sphaleriteinschlüsse vorkommen, während flüssige Einschlüsse beim Pyrop unbekannt sind. Pyrop ist von tiefroter Farbe und wird häufig zu Schmucksteinen verschliffen, wenn die Kristalle durchsichtig bis durchscheinend vorliegen.

Bild rechts: Pyropkristalle auf ihrem Muttergestein: wie alle Granate präsentiert sich auch der Pyrop in gut ausgebildeten Kristallen.

Besondere Merkmale: Pyrop zeigt im ultravioletten Licht keinerlei Fluoreszenz. Seine beachtliche Lichtdispersion verleiht ihm einen gewissen Glanz.

Entstehung: Pyrop ist vor allem in ultrabasischen Tiefengesteinen zu finden, insbesondere in Peridotiten; kommt darüber hinaus aber auch in Serpentin vor, der durch Gesteinsumwandlung aus Peridotiten hervorgegangen ist.

Vorkommen: Die wohl bekanntesten Vorkommen von Pyrop sind in Böhmen zu finden, wobei die Fundstellen an den Südhängen des Mittelgebirges liegen - u. a. in der Nähe von Trebnitz, auf den Hügeln von Linhorka sowie im Schwemmsand von Stiefelberg bei Meronitz. Weitere beachtliche Pyropvorkommen liegen in Südafrika, Tanzania, Sri Lanka sowie in Schottland.

VERWENDUNG ALS SCHMUCK- UND EDELSTEIN

Pyrope werden häufig mit einer konvex gekrümmten facettierten Oberfläche an der Oberseite und einer konkaven Oberfläche an der Unterseite versehen. Durch diese Schliffform verleiht man dem Stein einen helleren Farbton. Auf Grund seiner Härte wird Pyrop auch als Schleifmittel zur Bearbeitung anderer Granate eingesetzt.

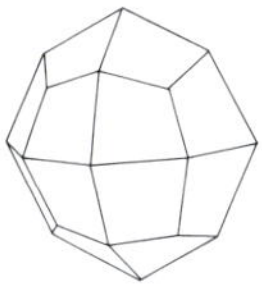

$Fe_3Al_2(SiO_4)_3$ • Almandin

Die vorwiegend undurchsichtigen bis durchscheinenden Almandinkristalle treten häufig in Form von Rhombendodekaedern oder Ikositetraedern auf, wobei die beiden Formen auch kombiniert sein können. Almandin ist von rotvioletter oder rotbrauner Farbe, in seltenen Fällen treten auch orangerote Exemplare auf. Das Mineral weist Glas- oder Harzglanz auf. Almandin ist das härteste von allen Granatmineralien, verfügt über keinerlei Spaltbarkeit und zeigt einen muscheligen Bruch.

Besondere Merkmale: Bisweilen weist Almandin gewisse magnetische Eigenschaften auf. Gelegentlich können im Inneren der Almandinkristalle Einschlüsse von Rutilnadeln vorhanden sein, die dann das Phänomen des Asterismus bewirken, das sind sternförmige Lichtreflexe, die durch die Ablenkung des Lichts an den erwähnten Nädelchen entstehen.

Entstehung: Almandin ist vorwiegend in metamorphen Gesteinen zu finden, allen voran in Glimmerschiefern, kann aber auch in Granitpegmatiten sowie in basischen Gesteinen wie etwa Eklogit vorkommen.

Vorkommen: Berühmt sind die Almandinvorkommen von Indien und Sri Lanka, aber auch in Brasilien, Nordamerika und auf Madagaskar ist Almandin zu finden. Beachtliche Kristallfunde wurden auch in Österreich verzeichnet, wobei die Fundstätten vor allem im Zillertal und im Ötztal liegen.

Visitenkarte

Kristallsystem
kubisch

Härte
7 bis 7,5

Dichte
4,3

Spaltbarkeit
keine

Bruch
muschelig

Farbe
rotviolett, rotbraun

Strichfarbe
weiß

Glanz
Glas- bis Harzglanz

Almandinkristalle in Form typischer Rhombendodekaeder auf Schiefergestein (Ötztal, Österreich).

VERWENDUNG ALS SCHMUCK- UND EDELSTEIN

Almandin wird häufig rosettenförmig verschliffen, aber auch der Cabochonschliff kommt nicht selten zur Anwendung. Eine weitere Bearbeitungsmöglichkeit besteht darin, den Stein an der Unterseite auszuhöhlen, um so ein helleres Rot zu erzielen.

Spessartin • $Mn_3Al_2(SiO_4)_3$

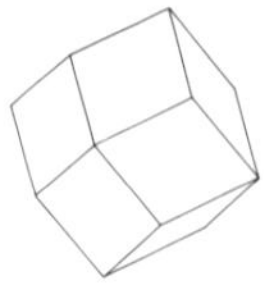

Spessartin kann sowohl in unregelmäßigen Aggregaten von schlecht ausgebildeten Kristallindividuen als auch in Form perfekter Einzelkristalle, in Gestalt von kleinen Rhombendodekaedern oder Ikositetraedern auftreten. Diese zeigen Glas- bis Harzglanz und sind, so wie alle Granate, nicht spaltbar. Die Färbung des Minerals - sie reicht von Blassorange über Orangerot bis Tiefbraun - ist vom jeweiligen Mangan- bzw. Eisengehalt abhängig.

Entstehung: Spessartin bildet sich vorwiegend in Pegmatiten, kann aber auch in kontaktmetamorphen Gesteinen auftreten, wobei er zumeist von anderen Manganmineralien begleitet wird.

Vorkommen: Bedeutende Lagerstätten von Spessartin liegen in den USA (Kalifornien und Virginia) sowie auf Madagaskar. Wirtschaftlich nicht allzu bedeutend sind die Spessartinvorkommen in jenem Gebirgszug in Deutschland, dem das Mineral seinen Namen verdankt, dem Spessart, wo vor allem die Gegend von Aschaffenburg als Fundort zu nennen ist. Daneben ist das Mineral auch im Fichtelgebirge zu finden. Kristalle von Schmucksteinqualität kommen insbesondere aus Sri Lanka, Birma und Brasilien. In kleinen Kristallen ist Spessartin auch in Italien zu finden - und zwar vor allem auf der Insel Elba sowie im Aostatal.

Verwendung: Spessartin ist nahezu ausschließlich für die Wissenschaft und für Sammler von Interesse; mit Ausnahme der Fundstücke aus Sri Lanka, Birma und Brasilien, die in der Schmucksteinindustrie eingesetzt werden.

Visitenkarte

Kristallsystem
kubisch

Härte
7 bis 7,5

Dichte
4,2

Spaltbarkeit
keine

Bruch
muschelig, splitterig, spröde

Farbe
orange, rotbraun

Strichfarbe
weiß

Glanz
Glasglanz

Diese dunkel gefärbten eisenhaltigen Exemplare des Spessartins stammen aus Pakistan.

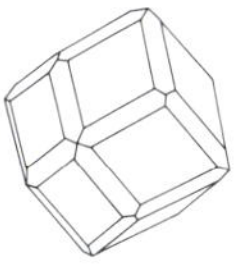

$Ca_3Al_2(SiO_4)_3$ • Grossular

Die häufig auftretenden Kristalle des Grossulars zeichnen sich durch ihre perfekte rhombendodekaedrische oder ikositetraedrische Form aus, nur selten sind kubische und oktaedrische Kristalle anzutreffen. Grossular ist ein hartes und relativ schweres Mineral, das spröde ist und keinerlei Spaltbarkeit zeigt sowie einen muscheligen Bruch aufweist. In reiner Form ist das Mineral farblos und durchsichtig, es kann jedoch auch durchscheinend bzw. undurchsichtig und in weißer, gelblicher, grünlicher oder rosaroter Färbung auftreten, wobei es zumeist Glasglanz zeigt.

Besondere Merkmale: Grossular ist vor der Lötlampe unschmelzbar und unlöslich, unter Röntgenstrahlung zeigt das Mineral eine schwache grünlich gelbe Fluoreszenz.

Entstehung: Grossular tritt vorwiegend in Gesteinen auf, die durch Kontaktmetamorphose entstanden sind.

Vorkommen und Verwendung: In Deutschland ist Grossular an einigen Orten zu finden, u. a. in Auerbach an der Bergstraße (Hessen) sowie in St. Andreasberg im Harz. Eine ganze Reihe von Grossularvorkommen sind in Italien zu verzeichnen, wobei vor allem das Alatal im Piemont, das Aostatal, das Fassatal, die Toskana, Kalabrien sowie die Insel Elba namhafte Funde vorzuweisen haben. Darüber hinaus ist Grossular auch in Mexiko (Concepcion del Oro), Südafrika, Kanada und Sri Lanka anzutreffen.
Durchsichtige und schön gefärbte Exemplare werden als Schmucksteine von einigem Wert gehandelt.

Varietäten: Unter den zahlreichen Varietäten des Grossulars seien hier nur drei aufgeführt - der **Hessonit**, aufgrund seiner gelbbraunen Farbe auch **Zimtstein** genannt, der grüne **Tsavorit** sowie der blassrosafarbene **Rosolit**.

Visitenkarte

Kristallsystem
kubisch

Härte
6,5 bis 7

Dichte
3,59

Spaltbarkeit
keine

Bruch
muschelig

Farbe
farblos, verschiedene Farben

Strichfarbe
weiß

Glanz
Glasglanz

Kristalle des Hessonits, einer Varietät des Grossulars (Savona, Italien).

Andradit • $Ca_3Fe_2(SiO_4)_3$

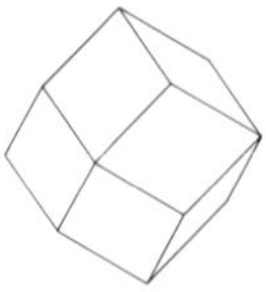

Visitenkarte

Kristallsystem
kubisch

Härte
6,5 bis 7

Dichte
3,7 bis 4,1

Spaltbarkeit
keine

Bruch
muschelig

Farbe
gelb, grün, braun, schwarz

Strichfarbe
weiß

Glanz
Glas- bis Diamantglanz

Die Kristalle des Andradits treten in den gleichen geometrischen Formen auf wie alle übrigen Granatmineralien, d. h. vor allem in den typischen Rhombendodekaedern, deren farbliche Unterschiede in den verschiedenen Varietäten ihren Niederschlag finden; zu erwähnen sind hier vor allem der schwarze **Melanit**, der grünlich gelbe **Topazolith** sowie der grüne **Demantoid**. Andradit kann durchsichtig bis undurchsichtig auftreten, wobei er Glas- oder Harzglanz, bisweilen sogar Diamantglanz zeigt. Andradit ist sehr hart, spröde, dabei nicht spaltbar und zeigt einen muscheligen Bruch.

Besondere Merkmale: Andradit wird von Säuren nicht angegriffen, ist jedoch schmelzbar.
Entstehung: Andradit ist ein weit verbreitetes Mineral, das - zusammen mit anderen calcium- und eisenhaltigen Silikaten - vorwiegend in Gesteinen zu finden ist, welche durch Kontaktmetamorphose entstanden sind. Melanit hingegen kommt größtenteils in magmatischen Gesteinen vor, während Topazolith und Demantoid oft in Serpentingestein zu finden sind, wo sie bisweilen von Amiant begleitet werden.
Vorkommen: In Deutschland ist Andradit vor allem im Fichtelgebirge (Wurlitz), in Sachsen (Schwarzenberg) sowie in Baden (Kaiserstuhl) zu finden, während das Mineral in Österreich vor allem im Pinzgau (Totenköpfl) anzutreffen ist. Auch in Italien ist Andradit mit seinen verschiedenen Varietäten an mehreren Orten zu finden, u. a. im Val Malenco, am Schneeberg (Südtirol) sowie auf der Insel Elba.
Verwendung: Demantoid wird als Schmuckstein sehr geschätzt.

Die beiden Abbildungen zeigen zwei Varietäten des Andradits - den dunkelgrünen Demantoid (rechts) sowie Melanitkristalle in ihrer charakteristischen schwarzen Farbe (oben).

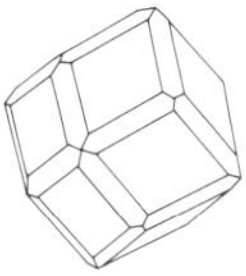

$Ca_3Cr_2(SiO_4)_3$ • Uwarowit

Dieses eher selten anzutreffende Granatmineral kommt für gewöhnlich in Form kleiner Kristalle mit gestreiften Flächen vor, die - wie alle Granate - nicht spaltbar sind. Daneben tritt Uwarowit als Krustenüberzug und in körnigen Massen auf. Das Mineral ist von smaragdgrüner Farbe, wobei die Strichfarbe Weiß ist. Uwarowit zeigt Glas- bis Diamantglanz und kommt durchsichtig bis durchscheinend vor.

Besondere Merkmale: Uwarowit wird von Säuren nicht angegriffen und ist vor der Lötlampe nicht schmelzbar.

Entstehung: Zusammen mit Chromit kommt Uwarowit in chromhaltigen Serpentiniten, aber auch in anderen Metamorphiten vor, vor allem in Eisen und Magnesium führenden Gesteinen sowie im Skarn, einem vererzten Kalksilikatgestein.

Vorkommen und Verwendung: Besonders schöne Exemplare von Uwarowit stammen aus Bisersk im Ural, aus Outukumpu in Finnland sowie von Kap Daglari in der Türkei. Zusammen mit Diopsid ist Uwarowit in Oxford (Quebec, Kanada) anzutreffen. Darüber hinaus ist das Mineral auch in Südafrika (Transvaal) sowie in Indien zu finden.

Uwarowit ist daher in erster Linie für die Wissenschaft sowie für Mineraliensammler von Bedeutung.

Visitenkarte

Kristallsystem kubisch
Härte 6,5 bis 7
Dichte 3,4 bis 3,8
Spaltbarkeit keine
Bruch muschelig
Farbe smaragdgrün
Strichfarbe weiß
Glanz Glas- bis Diamantglanz

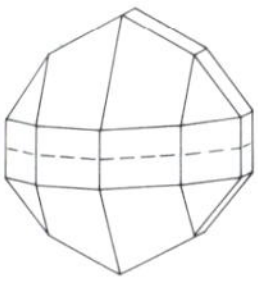

$CaMgSiO_4$ • Monticellit

Dieses Silikatmineral bildet gewöhnlich kleine Kristalle oder körnige Aggregate von weißlich grauer bis grünlich gelber Farbe, wobei es zumeist Glasglanz zeigt.

Besondere Merkmale: Monticellit hat einen hohen Schmelzpunkt und verwandelt sich in Salzsäure zu Kieselgel. Von der Symmetrie bzw. der Struktur her ist das Mineral dem Olivin ähnlich.

Entstehung: Monticellit ist in der Natur nicht sehr verbreitet und tritt bisweilen in kontaktmetamorphen Kalksteinen auf. Darüber hinaus findet sich das Mineral auch in Ganggesteinen (Lamprophyr) als Begleiter von Olivin und Augit .

Vorkommen: Geringe Vorkommen von Monticellit sind in Magnet Cove in Arkansas (USA) sowie auf der Halbinsel Kola (Russland) zu verzeichnen. Daneben ist das Mineral auch in den Kalksteinauswürflingen des Monte Somma am Vesuv sowie in den kontaktmetamorphen Kalksteinen des Fassatals (beide in Italien) vertreten.

Visitenkarte

Kristallsystem rhombisch
Härte 5,5
Dichte 3,2
Spaltbarkeit gering
Farbe grau, grünlich gelb
Glanz Glasglanz

Zirkon • $ZrSiO_4$

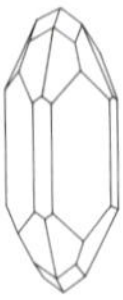

Visitenkarte

Kristallsystem
tetragonal

Härte
6,5 bis 7,5

Dichte
4,55 bis 4,67

Spaltbarkeit
unvollkommen

Bruch
muschelig

Farbe
farblos, verschiedene Farben

Strichfarbe
weiß

Glanz
Glas- bis Diamantglanz

Zirkon enthält zusätzlich zum Element Zirkonium die radioaktiven Elemente Uran und Thorium, die im Zuge ihres radioaktiven Zerfalls Alphateilchen aussenden und dadurch Gitterstörungen in der Kristallstruktur hervorrufen können. Aus diesem Grund unterscheidet man in der Mineralogie zwischen Zirkonen mit intakter Gitterstruktur und solchen, die auf Grund des kontinuierlichen Teilchenbeschusses nahezu amorph sind. Zirkone ohne Gitterstörungen nennt man **Hochzirkone,** während die nahezu amorphen Vertreter, die durchscheinend bis undurchsichtig sind, als **Tiefzirkone** bezeichnet werden. Die Vertreter der ersten Gruppe - sie sind in der Regel durchsichtig - können braunorange, rötlich, grünlich bis hellblau gefärbt oder auch farblos sein; schön gefärbte, klare Hochzirkone finden in geschliffener Form als Schmucksteine Verwendung. Die kurzsäuligen Kristalle vereinen häufig die Formen des tetragonalen Prismas mit der tetragonalen Bipyramide; in seltenen Fällen treten auch längliche bzw. ausschließlich bipyramidale Kristalle auf. Zirkon zeigt Glas- bis Diamantglanz, verfügt über eine undeutliche Spaltbarkeit, einen muscheligen Bruch und ist sehr spröde. Die Färbung des Minerals, die auf radioaktive Elemente sowie Seltene Erden zurückzuführen ist, reagiert sehr empfindlich auf Hitzeeinwirkung; aufgrund dieser Eigenschaft können beispielsweise rötlich braune Exemplare durch Brennen in schöne blaue oder goldgelbe Steine verwandelt werden.

Bild oben: die typischen kurzsäuligen, fast würfelförmigen prismatischen Kristalle des Zirkons. Bild rechts: bipyramidale Zirkonkristalle.

Besondere Merkmale: Manche Zirkone sind sehr lichtempfindlich, d. h., die Farben verblassen bei starker Lichteinwirkung; sind sie jedoch längere Zeit im Dunkeln, so färben sie sich wieder nach.

Entstehung: Zirkon kommt in verschiedenen Magmatiten, insbesondere Granit, vor, darüber hinaus aber auch in Gesteinen, welche durch Gesteinsumwandlung aus Magmatiten hervorgegangen sind. Kristalle von beachtlicher Größe finden sich in Pegmatiten. Exemplare von Edelsteinqualität treten vor allem sekundär in Edelsteinseifen auf.

Vorkommen: Zirkone, aus denen begehrte Edelsteine geschliffen werden, finden sich vor allem in Sri Lanka, Birma und Thailand. Schöne Exemplare stammen auch aus Australien.

VERWENDUNG ALS SCHMUCK- UND EDELSTEIN

Beim Zirkon kommen vor allem ovale oder runde Formen mit gemischten Schliffen zum Tragen, bisweilen wird auch der Brillantschliff angewendet. Das Feuer des Steins wird dadurch erhöht, dass man die Unterseite mit möglichst vielen Facettenreihen versieht.

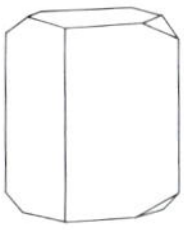

Al_2OSiO_4 • Andalusit

Andalusit tritt häufig in Form großer, nicht allzu flächenreicher prismatischer Kristalle auf, die für gewöhnlich undurchsichtig sind, Wobei die Kristalle häufig Quarzit, Gneis oder Glimmerschiefer als Muttergestein aufweisen und an der Oberfläche bisweilen von einer Glimmerschicht überzogen sind, häufig mit deutlichen Verwitterungserscheinungen. Durchsichtiger Andalusit, wie er auch als Schmuckstein Verwendung findet, ist bisweilen im Inneren verwitterter Kristalle anzutreffen. Das Mineral ist - sofern nicht durch Verwitterung beeinträchtigt - ein sehr hartes und relativ schweres, die Kristalle sind parallel zu den Prismenflächen gut spaltbar. Andalusit kommt für gewöhnlich durchscheinend bis undurchsichtig, in seltenen Fällen auch durchsichtig vor.

Besondere Merkmale: Durch Einwirkung von Kathodenstrahlen lässt Andalusit eine grünlich gelbe Fluoreszenz erkennen.

Entstehung: Andalusit bildet sich durch Kontaktmetamorphose und ist vor allem in tonerdereichen Schiefern zu finden.

Vorkommen: Besonders schöne Exemplare wurden vor allem im Raum Andalusien im Süden Spaniens gefunden, woher das Mineral auch seinen Namen hat; aber auch in Österreich ist Andalusit zu finden, wobei vor allem die Lisenser Alm in Tirol als Fundort bekannt ist. In Deutschland tritt Andalusit u. a. im Fichtelgebirge auf. Größere Vorkommen des Minerals befinden sich in Südaustralien, im Ural (Mursinsk), in Kalifornien (White Mountain), in Kanada, Sri Lanka sowie in Brasilien (Minas Gerais).

Verwendung: Überall dort, wo Andalusit in größeren Mengen vorkommt, wie dies z. B. in Russland oder in Kalifornien der Fall ist, wird das Mineral als Rohstoff zur Herstellung von hochfeuerfester Keramik sowie von säurefesten Materialien verwendet. Durchsichtige Kristalle des Andalusits sind als Schmucksteine sehr begehrt, wozu nicht zuletzt ihr ausgeprägter Pleochroismus beiträgt - d. h., sie lassen in verschiede nen Richtungen betrachtet unterschiedliche Farben von Grün bis Rosa erkennen.

Visitenkarte

Kristallsystem
rhombisch

Härte
7,5

Dichte
3,16 bis 3,20

Spaltbarkeit
unvollkommen

Bruch
uneben

Farbe
farblos, verschiedene Farben

Strichfarbe
weiß

Glanz
Glasglanz

Andalusitkristalle aus dem Val Chiavenna (Sondrio, Italien).

Cyanit (Disthen) • Al_2OSiO_4

Dieses Silikatmineral bildet linealartig säulige Kristalle, die parallel zu den vertikalen Flächen ausgezeichnet spaltbar sind. Recht häufig treten lamellenartige Zwillingsbildungen auf. Cyanitkristalle sind zumeist blau gefärbt, wobei die Farbe zur Mitte hin etwas dunkler wird, nur in seltenen Fällen kann das Mineral auch weiß, grau oder grünlich getönt sein, wobei die Farbe dann unregelmäßig verteilt ist. Cyanit ist durchsichtig bis durchscheinend und zeigt zumeist Glasglanz, auf Spaltflächen auch Perlmuttglanz.

Besondere Merkmale: Cyanit ist in verschiedenen Richtungen unterschiedlich hart; während er quer zur Längsrichtung sehr hart ist (Härte 7,5 nach der Mohsschen Skala), weist er in der Längsrichtung nur Härte 4 auf. Cyanit ist vor der Lötlampe unschmelzbar und in Säuren nicht löslich.

Entstehung: Cyanit ist vorwiegend in metamorphen Gesteinen zu finden, die durch Umwandlung aus aluminiumreichen Sedimentiten hervorgegangen sind, wobei das Mineral unter hohen Druckverhältnissen entsteht. Cyanit tritt nicht sehr häufig auf und ist oft mit Glimmern, Staurolith, Granatmineralien und Amphibolen vergesellschaftet. In seltenen Fällen findet sich Cyanit auch in Pegmatiten; häufiger jedoch in Sedimenten - insbesondere in manchen Sanden, wo das Mineral sich auf Grund seiner Verwitterungsbeständigkeit anreichern konnte.

Vorkommen: Besonders bekannt sind die durchsichtigen bis durchscheinenden Cyanitkristalle, die in Gesellschaft von Paragonit, einem Glimmermineral, und Staurolith im Tessin in der Schweiz gefunden wurden. Auch im Zillertal in Tirol wurden immer wieder prächtige Kristalle entdeckt. Weitere Kristallfunde sind vor allem im französischen Departement Morbihan zu verzeichnen. Besondere Erwähnung verdienen in diesem Zusammenhang die bis zu 30 cm langen blauen Kristalle, die in Brasilien (Minas Gerais) gefunden wurden, während in Machacos in Kenia grüne Exemplare zu finden sind. Große Lagerstätten des Minerals, die auch wirtschaftlich nutzbar sind, befinden sich in den Vereinigten Staaten (Massachusetts, Virginia, Connecticut und North Carolina), in Indien (Kalkutta) sowie in Australien.

Verwendung: Cyanit ist ein wichtiger Rohstoff zur Erzeugung von Porzellanprodukten (vor allem Isolatoren) sowie von hochfeuerfesten Baustoffen. Bisweilen wird das Mineral auch zu Schmucksteinen verschliffen.

Visitenkarte

Kristallsystem
triklin

Härte
4 bis 7,5 (je nach Richtung)

Dichte
3,53 bis 3,67

Spaltbarkeit
vollkommen

Bruch
faserig

Farbe
farblos, verschiedene Farben

Strichfarbe
weiß

Glanz
Glas- bis Perlmuttglanz

Typische langgezogene prismatische Cyanitkristalle aus dem Tessin (Schweiz).

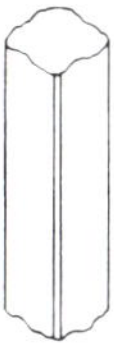

Al_2OSiO_4 • Sillimanit

Sillimanit kristallisiert im rhombischen Kristallsystem in langprismatischen, nadeligen Kristallen mit vertikaler Streifung. Viel häufiger jedoch bildet das Mineral strahlig faserige bzw. büschelige Aggregate, die als **Fibrolith** bekannt sind. In Form feiner Fasern kann Sillimanit auch in Quarz und anderen Mineralien eingeschlossen sein. Als sogenanntes allochromatisches Mineral ist Sillimanit zwar ursprünglich farblos, kann aber auch in Weiß, Grau sowie einer Reihe anderer Farben auftreten, wobei gelbliche, braune oder grünliche Töne überwiegen. Sillimanit ist durchsichtig bis durchscheinend und zeigt Glas- bis Fettglanz, während faserige Aggregate Seidenglanz aufweisen. Sillimanit ist hart und relativ schwer in Richtung der Fasern gut spaltbar und zeigt unebenen Bruch. Das Mineral hat übrigens die gleiche chemische Zusammensetzung wie Andalusit und Cyanit, wobei jedes der drei Mineralien jedoch einer anderen Kristallklasse angehört, klassische Beispiele für das Phänomen der Polymorphie.

Besondere Merkmale: Sillimanit ist in Säuren unlöslich und vor dem Lötrohr unschmelzbar.

Entstehung: Sillimanit tritt vor allem in Gesteinen auf, die bei hohem Druck und hoher Temperatur durch Regionalmetamorphose entstanden sind, wie z. B. Glimmerschiefer und Gneis. Darüber hinaus kommt das Mineral auch in manchen Pegmatiten vor.

Vorkommen: Erwähnenswerte Fundorte von Sillimanit sind in erster Linie Brissago im Schweizer Kanton Tessin, Bodenmais in der Oberpfalz, Freiberg in Sachsen sowie nicht zuletzt Sellrain in Tirol. Weitere Fundorte sind Pontgibaud (Puy-de-Dôme, Frankreich) und Mogo in Birma. Aus Sri Lanka stammen durchsichtige Exemplare von saphirblauer Farbe, die als begehrte Schmucksteine gelten. Der faserige Fibrolith, wie er insbesondere in den USA (South Dakota) sowie in Brasilien zu finden ist, zeigt nach entsprechender Bearbeitung eine typische, durch Lichtreflexion bedingte Erscheinung, den sogenannten Katzenaugeneffekt.
Sillimanitlagerstätten von großer wirtschaftlicher Bedeutung liegen in Indien beheimatet.

Verwendung: Sillimanit, wie er vor allem in Indien abgebaut wird, findet als Rohstoff zur Erzeugung von hochfeuerfester Keramik Verwendung.

Langprismatischer Sillimanitkristall aus Cuzzago (Italien).

Visitenkarte

Kristallsystem
rhombisch

Härte
6,5 bis 7,5

Dichte
3,23 bis 3,27

Spaltbarkeit
vollkommen

Bruch
uneben

Farbe
farblos, verschiedene Farben

Strichfarbe
weiß

Glanz
Glas- bis Seidenglanz

Topas • $Al_2F_2SiO_4$

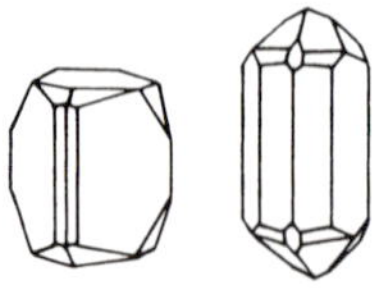

Visitenkarte

Kristallsystem
rhombisch

Härte
8

Dichte
3,49 bis 3,6

Spaltbarkeit
vollkommen

Bruch
muschelig

Farbe
farblos, verschiedene Farben

Strichfarbe
weiß

Glanz
Glasglanz

Topas ist ein besonders hartes Mineral - härter als Quarz, jedoch weicher als Korund, ist außerdem relativ schwer, spröde und parallel zur Basis ausgezeichnet spaltbar. Topas ist in der Natur häufig in Form gut ausgebildeter klarer Kristalle mit Glasglanz anzutreffen, die von kurzprismatischer Gestalt sind und vertikale Streifung aufweisen. Farbvariationen des Minerals sind auf das Vorhandensein geringer Mengen von Eisen- bzw. von Chromoxiden zurückzuführen.

Besondere Merkmale: Topas wird - mit Ausnahme der Schwefelsäure - von Säuren nicht angegriffen und ist nur sehr schwer schmelzbar. Durch Einwirkung von Sonnenlicht bzw. Wärme verlieren manche Topase ihre Farbe, während andere durch Hitzeeinwirkung eine Vertiefung des rötlich braunen Farbtons erkennen lassen. Topas ist der einzige Edelstein mit dem gleichen spezifischen Gewicht wie Diamant.

Topas in zwei verschiedenen Kristallformen. Dieses Mineral tritt nicht nur in verschiedener Kristalltracht, sondern auch in einer Reihe unterschiedlicher Farben auf, was auf die Gegenwart unterschiedlicher Mengen von Eisen- bzw. Chromoxiden zurückzuführen ist.

Entstehung: Topas bildet sich durch pneumatolytische Vorgänge im Zusammenhang mit der Erstarrung saurer Tiefengesteine, sodass das Mineral vor allem in Graniten bzw. Granitpegmatiten zu finden ist.

Vorkommen: Die bedeutendsten Topasvorkommen liegen in Brasilien, insbesondere im Bundesstaat Minas Gerais sowie in den Gebieten von Teofilo Otoni und Serro, weiters in Sri Lanka, Pakistan, im Ural, in Mexiko, auf Madagaskar und in Nigeria. In Deutschland wurden schöne Topaskristalle am Schneckenstein bei Auerbach in Sachsen gefunden.

VERWENDUNG ALS EDELSTEIN

Zumeist wird Topas mit dem klassischen Ovalschliff versehen, der die Farbe sowie das Feuer des Steins besonders gut zur Geltung bringt. Daneben findet man aber auch gemischte Schliffformen, wie etwa den rechteckigen Tafel- und Treppenschliff. Cabochonschliff kommt nur bei undurchsichtigen Exemplaren zur Anwendung.

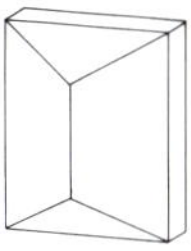
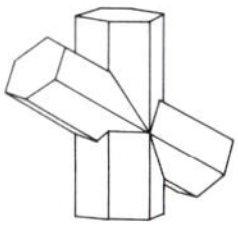

$Fe_2Al_9Si_4O_{22}(OH)_2$ • Staurolith

Dieses Silikatmineral kristallisiert im rhombischen Kristallsystem in kurz- oder langsäuligen prismatischen Kristallen von rötlich brauner bis braunschwarzer Farbe und tritt durchscheinend bis undurchsichtig auf, wobei es Glas- bis Harzglanz erkennen lässt. Die Flächen der Kristalle sind häufig durch Verwitterungseinflüsse aufgeraut bzw. von einer Patina überzogen. Staurolith ist oft in Form von kreuzförmigen Durchkreuzungszwillingen anzutreffen, wobei das Kreuz entweder rechtwinkelig (90°) oder schiefwinkelig (60°) ausgebildet sein kann. Staurolith ist spröde, nur schwer spaltbar und zeigt quer zur Längsrichtung einen muscheligen Bruch.

Besondere Merkmale: Staurolith ist nicht schmelzbar und wird von Säuren nicht angegriffen.

Entstehung: Staurolith bildet sich zumeist während der Gesteinsmetamorphose bei mittleren Temperaturen und tritt vor allem in Tonschiefern, Gneis und Glimmerschiefer auf, wobei das Mineral häufig mit Paragonit, Cyanit und Granatmineralien vergesellschaftet ist. In seltenen Fällen bildet sich Staurolith auch pegmatitisch sowie durch Kontaktmetamorphose, wobei die Gesteinsumwandlung in diesem Fall auf der Hitzeeinwirkung der heißen Magmen auf das umliegende Gestein beruht. Auf Grund seiner Härte und Verwitterungsbeständigkeit kann sich das Mineral auch in Sanden anreichern.

Vorkommen und Verwendung: Besonders hervorzuheben sind die langprismatischen durchscheinenden Kristalle von rötlicher Farbe, die zusammen mit Cyanit im Paragonitschiefer von Monte Campione (Tessin) sowie im Glimmerschiefer am Lago Ritom (ebenfalls im Tessin) gefunden wurden. In Österreich sind vor allem die Funde von St. Radegund in der Steiermark zu erwähnen, während das Mineral in Deutschland bei Aschaffenburg anzutreffen ist. Weitere Staurolithvorkommen gibt es in Goldenstein in Mähren, am Loch Ness in Schottland sowie bei Sterzing und im Passeiertal in Südtirol. Besonders schöne Durchkreuzungszwillinge wurden in Morbihan in der Bretagne (Frankreich) sowie in Georgia und New Mexico (USA) entdeckt.
Durchsichtige Kristalle des Stauroliths finden bisweilen als Schmucksteine Verwendung.

Visitenkarte

Kristallsystem
rhombisch

Härte
7 bis 7,5

Dichte
3,65 bis 3,83

Spaltbarkeit
unvollkommen

Bruch
muschelig, uneben

Farbe
rötlich braun, braunschwarz

Strichfarbe
weiß

Glanz
Glas- bis Harzglanz

Bild links: prismatischer Staurolithkristall auf Cyanit (Tessin, Schweiz). Bild oben: ein typischer Durchkreuzungszwilling des Stauroliths (Frankreich).

Chloritoid • $FeAl_2(OH)_2OSiO_4$

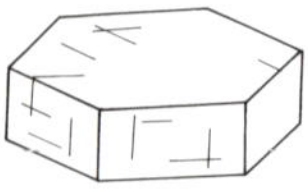

Visitenkarte

Kristallsystem monoklin oder triklin
Härte 6,5
Dichte 3,56 bis 3,61
Spaltbarkeit vollkommen
Bruch splitterig
Farbe grünlich, dunkelgrau
Strichfarbe hellgrün
Glanz Glas- bis Perlmuttglanz

Chloritoid bildet zumeist sechsseitige tafelige Kristalle, die ausgezeichnet in spröde, weder biegsame noch elastische Blättchen spaltbar sind, häufiger jedoch ist das Mineral in derben, blätterigen oder schuppigen Aggregaten zu finden. Chloritoid ist von grünlicher bis dunkelgrauer Farbe, häufig durchscheinend und zeigt Glasglanz, wobei auf frischen Spaltflächen Perlmuttglanz auftritt.

Besondere Merkmale: Chloritoid ist in Schwefelsäure löslich und vor dem Lötrohr praktisch unschmelzbar.

Entstehung: Chloritoid ist in metamorphen Schiefern der tieferen Epizone zu finden, die reich an Aluminium, Eisen, bisweilen auch Mangan sind; dort ist das Mineral in Gesellschaft von Granat, Muskovit, Chlorit, Cyanit und Staurolith anzutreffen.

Vorkommen: Nennenswerte Vorkommen von Chloritoid befinden sich u. a. im Ural, in der Türkei, in Norwegen, in verschiedenen Gebieten der USA (z. B. Rhode Island), weiters in Kanada, Uganda, Australien und Schottland. Chloritoid ist auch in der Schweiz zu finden, wo vor allem Zermatt und Saas Fee als Fundorte zu nennen sind. In Österreich ist vor allem Prägraten in Osttirol als Fundort bekannt.

Gadolinit • $Y_2FeBe_2O_2(SiO_4)_2$

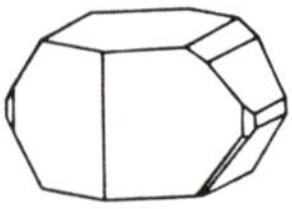

Visitenkarte

Kristallsystem monoklin
Härte 6,5 bis 7
Dichte 4 bis 4,7
Spaltbarkeit unvollkommen
Bruch muschelig, splitterig
Farbe schwarz, braunschwarz
Strichfarbe grüngrau
Glanz Glas-, Fettglanz

Dieses Mineral tritt häufig in derben Massen von schwarzer oder dunkelgrüner Farbe auf. Die eher selten anzutreffenden prismatischen Kristalle können zum Teil riesige Ausmaße annehmen. Fehlen Verwitterungsspuren, lässt das Mineral Glas- bis Fettglanz erkennen. Gadolinit hat einen muscheligen bis splitterigen Bruch.

Besondere Merkmale: Das Vorhandensein von Seltenen Erden sowie von Thorium und Uran verleiht dem Gadolinit eine gewisse Radioaktivität. Von Salzsäure wird das Mineral unter Gallertbildung zersetzt; während es vor dem Lötrohr praktisch unschmelzbar ist.

Entstehung: Gadolinit ist ein Sekundärmineral und kommt vor allem in Granitpegmatiten, bisweilen auch in Syenitpegmatiten vor.

Vorkommen: Gadolinitfunde sind u. a. in Norwegen zu verzeichnen, wo in der Lagerstätte von Iveland Einzelkristalle von bis zu 500 kg gefunden wurden. Weitere Vorkommen liegen in Schweden (bei Falun), in den Vereinigten Staaten (Texas) sowie auch in Deutschland, wo vor allem das Radautal im Harz als Fundort zu nennen ist.
Gadolinit wird vor allem zur Gewinnung von Thorium, Yttrium sowie von Seltenen Erden abgebaut.

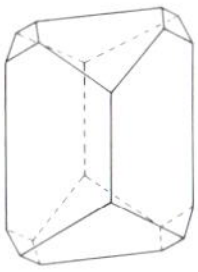

$CaTiOSiO_4$ • Titanit

Titanit oder **Sphen** bildet prismatische, häufig keilförmig abgeflachte Kristalle mit rhombenförmigem Querschnitt und auffallend scharfen Kanten, wobei auch Berührungs- oder Durchdringungszwillinge des Minerals nicht selten anzutreffen sind. Titanit ist relativ schwer, aber nicht allzu hart und zeigt eine gute Spaltbarkeit nach den Prismenflächen; zusätzlich ist bei den Zwillingskristallen noch eine Pseudospaltbarkeit entlang der Berührungsebenen gegeben. Die durchsichtigen bis durchscheinenden Kristalle lassen Diamantglanz bis Harzglanz erkennen, wobei sie in gelber oder brauner Farbe ebenso auftreten können wie in grünen, etwas seltener auch in rosaroten oder blauen Farbtönen.

Besondere Merkmale: Die durchsichtigen Kristalle des Titanits zeigen einen deutlichen Pleochroismus; so lassen sich etwa bei den grünlich gelben Exemplaren, die als Schmucksteine sehr geschätzt sind, je nach Betrachtungswinkel drei verschiedene Farbtöne erkennen - und zwar ein blasses Gelb, ein grünliches Gelb sowie ein bräunlicher Gelbton.

Entstehung: Titanit kommt als Nebengemengteil in verschiedenen Magmatiten und hydrothermalen Ganggesteines vor, außerdem in Gneis-, Amphibolit- und Granitklüften, wobei das Mineral gelegentlich auch als Produkt einer Kontaktmetamorphose in Silikat- und Carbonatgesteinen vorkommen kann. Sekundär ist Titanit bisweilen auch in detritischer (zerriebener) Form zu finden.

Vorkommen und Verwendung: Titanit von Schmucksteinqualität stammt aus Madagaskar, Kanada, aus den Vereinigten Staaten und aus Brasilien. Die äußerst seltene grüne Titanitvarietät, deren Färbung durch Chrombeimengungen zu Stande kommt, ist hingegen in Mexiko zu finden. Schöne Titanitvorkommen sind auch aus Tirol (Pfunders- und Pfitschtal) sowie in Salzburg (Sulzbachtal) bekannt. Als Titanerz wird Titanit auf der Halbinsel Kola (Russland) sowie in Brasilien (Minas Gerais), abgebaut.

Visitenkarte

Kristallsystem
monoklin

Härte
5 bis 5,5

Dichte
3,45

Spaltbarkeit
unvollkommen

Bruch
muschelig

Farbe
farblos, verschiedene Farben

Strichfarbe
weiß

Glanz
Diamant- bis Harzglanz

Auf dem Bild nebenan: gelbe Titanitkristalle. Die rosarote Färbung der Zwillingskristalle auf dem Bild oben lässt auf einen gewissen Eisen- bzw. Mangangehalt schließen.

Epidote

Die Vertreter dieser Mineralgruppe sind in vielen magmatischen und metamorphen Gesteinen vorzufinden und lassen durch ihr Auftreten oft wertvolle Rückschlüsse darüber zu, wie die entsprechenden Gesteine entstanden sind. Die beiden wichtigsten Epidote sind Klinozoisit sowie Pistazit, wobei ersterer ein Silikat der Elemente Calcium und Aluminium ist, während beim Pistazit Aluminium teilweise durch Eisen ersetzt ist. Beide Mineralien bilden die Endglieder einer isomorphen Mischreihe. Weiters zählt man zu den Epidoten auch Piemontit sowie Allanit oder Orthit, die im ersten Fall durch ihren Mangangehalt, im zweiten durch das Vorhandensein von Cer charakterisiert sind. Auch Zoisit wird gelegentlich zu den Epidoten gezählt, weil er dieselbe chemische Zusammensetzung aufweist, wenngleich er in einem anderen System kristallisiert, nämlich rhombisch statt monoklin.

Klinozoisit • $Ca_2Al_3OOH\ SiO_4\ Si_2O_7$

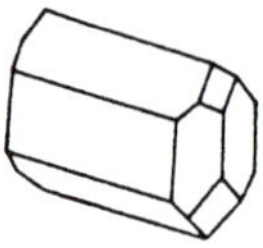

Visitenkarte

Kristallsystem
monoklin

Härte
6,5

Dichte
3,2

Spaltbarkeit
vollkommen

Bruch
uneben

Farbe
farblos, gelb, grün, rosa

Strichfarbe
weiß

Glanz
Glasglanz

Dieses Epidotmineral bildet langprismatische, bisweilen auch kurzsäulige Kristalle; häufig ist Klinozoisit auch in körnigen oder stängeligen Aggregaten anzutreffen, wobei er farblos ebenso auftreten kann wie in grauen, rosaroten oder grünlich gelben Farbtönen. Klinozoisit ist nach dem Basispinakoid gut spaltbar und zeigt in der Regel Glasglanz, an der Basis auch Perlmutt- bis Harzglanz.

Besondere Merkmale: Klinozoisit wird von Säuren nicht angegriffen, ist aber vor dem Lötrohr schmelzbar.

Entstehung: Klinozoisit tritt zusammen mit Chlorit in kristallinen Schiefern auf, während er sich in magmatischen Gesteinen als Sekundärmineral infolge der Verwitterung von Plagioklasen bildet.

Vorkommen: Klinozoisit wurde u. a. auch in Österreich und in der Schweiz gefunden, weiters in Mexiko (Sonora), Kalifornien und Madagaskar. Schöne rosafarbene Kristalle stammen aus dem Alatal im italienischen Piemont.

Klinozoisitkristalle aus Madagaskar.

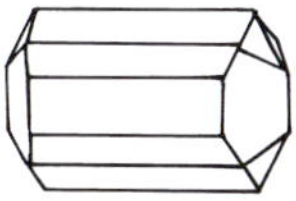

$Ca_2(Fe, Al)Al_2OOHSiO_4Si_2O_7$ • Pistazit

Unter dieser Bezeichnung versteht man sowohl die pistaziengrüne eisenreiche Epidotvarietät als auch Epidot im allgemeinen Sinn. Pistazit tritt in Form von prismatischen Kristallen ebenso auf wie in stängeligen oder faserigen Aggregaten, wobei das Mineral von dunkelgrüner, pistaziengrüner bis gelbgrüner Farbe sein kann. Pistazit zeigt Glasglanz und zeichnet sich durch eine vollkommene Spaltbarkeit parallel zur Basis aus.

Besondere Merkmale: Pistazit wird von Säuren nicht angegriffen, ist aber vor dem Lötrohr gut schmelzbar.

Entstehung: Pistazit ist vor allem in metamorphen Gesteinen anzutreffen, wobei er sich häufig kontaktmetamorph in Silikat führenden Kalksteinen bildet; außerdem entsteht das Mineral durch Regionalmetamorphose, wobei es in Grünschiefern und Chloritschiefern zu finden ist. Pistazit kommt aber auch in Klüften von eisen- und magnesiumreichen Gesteinen vor. Es entsteht auch durch Verwitterung calciumhaltiger Plagioklase.

Vorkommen: Besonders schöne Exemplare von Pistazit wurden im salzburgischen Untersulzbachtal (Knappenwand) gefunden. Auch im Alatal im italienischen Piemont sind prächtige Kristalle zu finden. Weitere Fundorte des Minerals liegen in der Schweiz, in Norwegen, Frankreich sowie in Brasilien und den Vereinigten Staaten.

Verwendung: Die Kristalle des Pistazits werden bisweilen zu Schmucksteinen verarbeitet.

Visitenkarte

Kristallsystem
monoklin

Härte
6 bis 7

Dichte
3,35 bis 3,38

Spaltbarkeit
vollkommen

Bruch
muschelig

Farbe
grün

Strichfarbe
grau

Glanz
Glasglanz

Beide Abbildungen zeigen gut ausgebildete Pistazitkristalle.

Vesuvian • $Ca_{10}(Mg, Fe)_2Al_4(OH)_4(SiO_4)_5(Si_2O_7)_2$

Visitenkarte

Kristallsystem
tetragonal

Härte
6,5

Dichte
3,27 bis 3,45

Spaltbarkeit
unvollkommen

Bruch
muschelig

Farbe
farblos, verschiedene Farben

Strichfarbe
weiß

Glanz
Glas-, Harzglanz

Vesuvian tritt in einer Reihe verschiedener Kristallformen auf - er bildet tafelige ebenso wie bipyramidale Kristalle, weiters auch kurz- und langsäulige bis hin zu nadeligen Formen. Vesuvian ist relativ hart, spröde, zeigt einen muscheligen Bruch und ist nur schwer parallel zu den Prismenflächen spaltbar. Die Kristalle des Minerals zeigen Glas- bis Harzglanz, sind durchscheinend und an den Spitzen bisweilen durchsichtig, wobei die Kristallflächen häufig eine gewisse Streifung aufweisen. Vesuvian kommt in gelblich grüner bis brauner Farbe mit rötlichen Tönungen vor; etwas seltener sind auch gelbe, rotviolette oder blaugrüne Farbtöne anzutreffen, wobei die jeweilige Farbe an das Vorhandensein von Eisen, Kupfer, Titan bzw. Mangan geknüpft ist.

Besondere Merkmale: Vesuvian ist von Salzsäure nur schwer angreifbar. Vor dem Lötrohr ist das Mineral unter Bildung eines aufgeschäumten Glases leicht schmelzbar.

Entstehung: Vesuvian bildet sich hauptsächlich durch Kontaktmetamorphose von magmatischen Schmelzen mit Kalken und Dolomitgestein, wobei die Gesteinsumwandlung durch die Hitzeeinwirkung der silikatischen magmatischen Schmelzen verursacht wird. Außerdem ist das Mineral auch in den Klüften kristalliner Schiefer anzutreffen.

Vorkommen: Vorkommen, aus denen schöne durchsichtige Vesuviankristalle gewonnen werden, liegen vor allem in Kanada, Pakistan, Kenia und Mexiko. Die seltene Varietät **Cyprin** ist vor allem in Norwegen sowie in den USA (New Jersey) anzutreffen, während die Varietät **Kalifornit** in Kalifornien (USA), Quebec (Kanada) sowie in Russland zu finden ist. In Österreich ist Vesuvian vor allem im Pfitschtal (Tirol) zu finden, während in der Schweiz Zermatt im Wallis als Fundort zu nennen ist. In Italien ist das Mineral u. a. an den Hängen des Vesuvs anzutreffen, dem der Vesuvian auch seinen Namen verdankt.

Kristalle des Vesuvians: in reiner Form tritt dieses Mineral farblos auf.

VERWENDUNG ALS SCHMUCKSTEIN

Durchsichtige Vesuvianexemplare werden für gewöhnlich mittels Treppenschliff zu rechteckigen oder quadratischen Steinen geschliffen. Kalifornit hingegen wird meist mit Cabochonschliff versehen, wobei das Mineral außer als Schmuckstein auch zur Fertigung von Ziergegenständen verwendet wird.

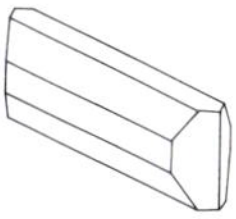

$Ca_2Al_3OOHSiO_4Si_2O_7$ • Zoisit

In der chemischen Zusammensetzung dieses Minerals kann Aluminium teilweise von Eisen ersetzt werden. Zoisit tritt in langprismatischen Kristallen auf, deren Endflächen selten gut entwickelt sind und deren Flächen eine vertikale Streifung aufweisen. Häufig ist das Mineral auch in derben, breitstängeligen Massen oder in spätiger bis faseriger Form zu finden. Zoisit ist zumeist in hellgrauer, grünlich grauer oder gelblicher bis hin zu roter Farbe anzutreffen.

Besondere Merkmale: Zoisit wird von Säuren nicht angegriffen; vor dem Lötrohr schmilzt das Mineral zu einer blasigen Masse.

Entstehung: Zoisit ist in Schiefern und Eklogiten zu finden, die durch Metamorphose aus basischen Magmatiten hervorgegangen sind. Besonders häufig ist das Mineral in Grünschiefern, in Aktinolith- und Glaukophanschiefern sowie in feldspathaltigen Amphiboliten vertreten. In feinkörniger Form kann Zoisit auch in zersetztem Plagioklas auftreten.

Vorkommen: Zoisit ist ein überaus verbreitetes Mineral, das nicht zuletzt auch in Österreich und der Schweiz häufig anzutreffen ist, wobei vor allem die Saualpe in Kärnten sowie Rauris in Salzburg bzw. Zermatt im Wallis als Fundorte zu nennen sind. Die rosarote Zoisitvarietät, der **Thulit,** wird vor allem in Norwegen, Grönland, Namibia und Australien gewonnen.

Visitenkarte

Kristallsystem
rhombisch

Härte
6 bis 6,5

Dichte
3,15 bis 3,36

Spaltbarkeit
vollkommen

Bruch
uneben

Farbe
farblos, weiß, grau, grün, rosa

Strichfarbe
weiß

Glanz
Glas-, Perlmuttglanz

Zwei Exemplare von Zoisit: Bei dem unteren Stück handelt es sich um die Varietät Thulit.

Beryll • $Be_3Al_2Si_6O_{18}$

Dieses Mineral, dessen Varietäten sich z. T. als Edelsteine großer Beliebtheit erfreuen, enthält außer den in der chemischen Formel angegebenen Elementen häufig auch andere - allen voran Natrium, Kalium, Lithium, Calcium, Caesium, Rubidium, Scandium, Fluor oder Wassermoleküle. Beryllkristalle treten zumeist in Form langer Prismen, seltener auch tafelig oder in bipyramidaler Gestalt auf, wobei einzelne Exemplare nicht selten über 1 m lang werden können und dabei einen Durchmesser von 20 bis 30 cm aufweisen. In reiner Form ist Beryll farblos, bisweilen tritt das Mineral aber in grüner Färbung als **Smaragd** oder blau als **Aquamarin** auf, wobei in seltenen Fällen auch gelbe oder rosa Farbtöne zu finden sind.

Besondere Merkmale: Beryll wird von Säuren nicht angegriffen und ist vor dem Lötrohr nur schwer schmelzbar. Auf Grund seiner Farben und Formen kann Beryll kaum mit anderen Mineralien verwechselt werden.

Visitenkarte

Kristallsystem
hexagonal

Härte
7,5 bis 8

Dichte
2,68 bis 2,9

Spaltbarkeit
unvollkommen

Bruch
muschelig

Farbe
farblos, verschiedene Farben

Strichfarbe
weiß

Glanz
Glasglanz

Bild rechts: spitz zulaufende Kristalle des Berylls (Minas Gerais, Brasilien). Bei dem hexagonal prismatischen Beryllkristall auf der folgenden Seite ist die sechseckige Form besonders gut zu sehen.

Entstehung: Beryll ist häufig als Nebengemengteil in Graniten und Granitpegmatiten anzutreffen. Gelegentlich kommt er auch in kristallinen Schiefern vor. Auf Grund seiner Verwitterungsbeständigkeit kann sich das Mineral in sogenannten Seifenlagerstätten anreichern, die aus der Verwitterung und Abtragung der primären Lagerstätten entstehen.
Vorkommen: Die wohl wertvollste Beryllvarietät, der **Smaragd**, wurde bereits im alten Ägypten abgebaut, wo vor allem die Gruben von Zabarah bei Kosseir Berühmtheit erlangten, von wo die Smaragde der Kleopatra stammten. Die wichtigsten Lagerstätten unserer Zeit befinden sich u. a. in Kolumbien (Muzo, Chivor und Coscuez), Brasilien (Minas Gerais, Bahia), Russland (Ural, Sibirien) sowie auf dem afrikanischen Kontinent, wo insbesondere Vorkommen aus Zimbabwe und Südafrika (Transvaal) zu erwähnen sind. In etwas geringerem Umfang sind Smaragde auch in Indien und in Österreich zu finden, wo die Vorkommen des Habachtals in Salzburg hervorzuheben sind.
Durchsichtige, schön gefärbte **Aquamarinkristalle** stammen vornehmlich aus den Seifenlagerstätten Brasiliens (Minas Gerais) sowie den Pegmatiten des Urals, Madagaskars, Irlands und der USA.
Aus Madagaskar, Brasilien und Kalifornien stammt der **Morganit**, ein Edelberyll von zartrosa bis violetter Farbe. Der hellgelbgrüne **Heliodor** wiederum ist vor allem in Südafrika, auf Madagaskar sowie in Brasilien anzutreffen.
In Deutschland ist Beryll in erster Linie im Bayerischen Wald zu finden.
Verwendung: Abgesehen von qualitativ hochwertigen Varietäten, welche als Schmucksteine Verwendung finden, also Smaragd, Aquamarin, Heliodor und Morganit, wird Beryll zur Gewinnung des Elementes Beryllium abgebaut, einem Leichtmetall, das zur Herstellung von leichten, stabilen Legierungen eingesetzt wird, welche u. a. im Flugzeugbau benötigt werden.

VERWENDUNG ALS EDELSTEINE

Der sehr geschätzte grüne Smaragd wird nahezu ausschließlich im Treppenschliff (»Smaragdschliff«) facettiert. Dabei verläuft die Hauptfläche oder Tafel parallel zur Grundfläche des hexagonalen Prismas; der fertig facettierte Stein ist von achteckiger Form, wobei an der Oberseite ebenso wie an der Unterseite jeweils drei seitliche zueinander geneigte Flächen vorliegen. Smaragde von geringerer Qualität werden oft zu Cabochons oder Kugeln verarbeitet. Beim Aquamarin wird hingegen vor allem der rechteckige Treppenschliff angewendet. Daneben ist aber auch der Ovalschliff sowie - falls Einschlüsse im Kristall vorhanden sind - der Cabochonschliff durchaus gebräuchlich. Aquamarin wird auch zu Kugeln für Halsketten geschliffen und darüber hinaus mit einigen neuartigen Schliffformen versehen, für die vor allem in Deutschland eine Vorliebe besteht. Heliodor wird vorwiegend mit Ovalschliff bearbeitet, während runde Formen bei diesem Stein eher selten zu finden sind. Für Ohrgehänge wählt man zumeist die Tropfenform, da auf diese Weise Farbe und Glanz des Steins am besten zur Geltung gebracht werden. Beim Morganit schließlich kommt am häufigsten der Smaragdschliff zur Anwendung.

Edle Varietäten des Berylls

Aquamarin
Diese Beryllvarietät kommt in verschiedenen Farbtönen - von Meergrün über Blaugrün bis Blau - vor. Aquamarin zeigt Glasglanz und kristallisiert in langgestreckten sechseckigen Prismen. Häufig sind bestimmte Einschlüsse im Kristall vorhanden, vor allem kleine Hohlräume, die mit durchsichtiger Flüssigkeit gefüllt sind, in welcher bisweilen Gasbläschen zu sehen sind. Aquamarin ist vor allem in Pegmatiten zu finden, wobei die wichtigsten Vorkommen in Brasilien, auf Madagaskar sowie im Ural liegen. Als Edelstein wird das Mineral zumeist mit einem rechteckigen Treppenschliff versehen.

Morganit
Die zartrosa bis violett gefärbten Kristalle des Morganits treten in kurzsäuliger bis tafeliger Gestalt auf. Morganit bildet meist klare Kristalle, Einschlüsse sind nur selten vorhanden. Manche Exemplare lassen den sogenannten Katzenaugeneffekt erkennen. Große Morganitkristalle treten oft zusammen mit Quarz und Feldspat in Granitpegmatiten auf, wobei die bedeutendsten Lagerstätten in Brasilien, auf Madagaskar und in Kalifornien liegen. Als Schliffform kommt beim Morganit meist der Smaragd- oder Treppenschliff zur Anwendung.

Smaragd
Die sechseckigen prismatischen Kristalle dieses Minerals sind von kurz- bis langsäuliger Gestalt. Smaragd zeigt Glasglanz sowie einen gewissen Pleochroismus, auf Grund dessen sich in verschiedenen Richtungen Gelb- bzw. Blautöne erkennen lassen, die sich dem alles überstrahlenden Grün einfügen. Smaragd ist ebenfalls ein typisch pegmatitisches Mineral, dessen wichtigste Lagerstätten in Kolumbien, Brasilien, Pakistan und Russland liegen. Als Edelstein wird dieses Mineral zumeist mit achteckigem Treppenschliff versehen.

Heliodor
Wegen seiner leuchtenden Farbe, die von Goldgelb bis Grünlich Gelb reichen kann, wird diese Beryllvarietät überaus geschätzt. Wenngleich die Kristalle zumeist klar und durchsichtig sind, weisen sie doch bisweilen bestimmte Einschlüsse auf, so vor allem röhrenförmige Hohlräume, die von durchsichtiger Flüssigkeit mit Gasbläschen erfüllt sind. Heliodor wird vor allem in Brasilien, Sri Lanka und in der Ukraine gewonnen. Zumeist wird dieses Mineral mit Ovalschliff versehen.

Cordierit • $Mg_2Al_3AlSi_5O_{18}$

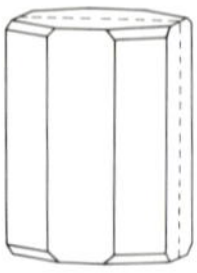

Cordierit ist ein hartes Mineral, das nur schwer spaltbar ist und in verschiedenen Farben auftreten kann - u. a. gelb, grünlich und blau. Häufig ist das Mineral in Form von eingesprengten Körnern zu finden, die von einer Patina bedeckt sind. Cordierit bildet aber auch gut ausgebildete prismatische Kristalle sowie pseudohexagonale Kristallzwillinge. Besonders geschätzt sind blaue klare Kristalle mit Glasglanz, deren blaue Färbung auf den Eisengehalt des Minerals zurückzuführen ist und die als **Iolith** bezeichnet werden. Diese Kristalle weisen einen starken Pleochroismus auf, durch den sie aus verschiedenen Richtungen betrachtet gelbe, blassblaue bzw. violette Farbtöne erkennen lassen.

Besondere Merkmale: Cordierit ist schwer schmelzbar und wird von Säuren nur teilweise zersetzt. Durch Verwitterung nimmt er ein glimmerartiges Aussehen an.

Entstehung: Cordierit bildet sich hauptsächlich in aluminiumreichen Gesteinen, welche einer Regional- oder Kontaktmetamorphose unterzogen wurden; die wichtigsten Lagerstätten, aus denen Cordierit in Edelsteinqualität gewonnen wird, sind jedoch sekundären Ursprungs.

Vorkommen: Berühmt sind Cordierite in Edelsteinqualität, die aus Sri Lanka und Birma stammen. Andere Herkunftsländer sind Brasilien, Madagaskar, Finnland, Norwegen (Kragerö), Schweden (Falun) und nicht zuletzt auch Deutschland, wo vor allem Bodenmais im Bayerischen Wald als Fundort zu nennen ist. Außerdem ist das Mineral in den vulkanischen Auswürflingen des Laacher Sees zu finden.

Visitenkarte

Kristallsystem
rhombisch

Härte
7

Dichte
2,60 bis 2,66

Spaltbarkeit
unvollkommen

Bruch
muschelig

Farbe
farblos, verschiedene Farben

Strichfarbe
weiß

Glanz
Glasglanz

Das Bild rechts zeigt prismatische Cordieritkristalle auf quarz- und glimmerhältigem Gestein. Der Kristall auf dem Bild oben stammt aus Orijärvi (Finnland).

VERWENDUNG ALS SCHMUCKSTEIN

Die Kristalle des Cordierits werden zumeist mit Treppenschliff versehen, wobei rechteckige bzw. achteckige Formen überwiegen. Dabei wird die Lage der Tafel so gewählt, dass sie - im Winkel von 90° betrachtet - durch Pleochroismus blau erscheint.

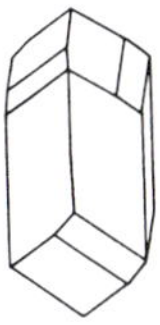

$Cu_6Si_6O_{18} \cdot 6H_2O$ • Dioptas

Dioptas ist von smaragdgrüner Farbe - häufig in Verbindung mit einer tiefblauen bis schwarzen Tönung, sodass die an sich durchsichtigen bis durchscheinenden Kristalle bisweilen nahezu undurchsichtig sind. Die Dioptaskristalle treten in kurzprismatischer Gestalt auf, wobei an den Flächen oft eine feine Streifung zu erkennen ist. Dioptas kommt nur selten in Form von Einzelkristallen vor, er präsentiert sich zumeist in großen Kristallgruppen, die zu Drusen verwachsen sein können oder aber in Form von Krusten auftreten. Dioptas zeigt Glasglanz, wobei an den Spaltflächen eher Perlmuttglanz aufscheint. Trotz der schönen Farbe und des Feuers, das facettierter Dioptas zeigt, lassen die geringe Härte sowie die leichte Spaltbarkeit des Minerals eine Verwendung als Schmuckstein kaum zu.

Besondere Merkmale: Dioptas ist unschmelzbar und kann in Ammoniak sowie in Säuren gelöst werden.

Entstehung: Dioptas ist ein eher seltenes Mineral, das vor allem in der Oxidationszone von Kupferlagerstätten zu finden ist, wo es bisweilen von Chrysokoll begleitet wird.

Vorkommen und Verwendung: Die vielleicht berühmtesten Vorkommen sind im Altyn-Tube-Gebirge in Kasachstan zu verzeichnen, wo immer wieder große Kristalle von hoher Transparenz gefunden wurden. Weitere bedeutende Fundorte von Dioptas sind Mindouli in der Volksrepublik Kongo sowie Tsumeb in Namibia. Erwähnenswert sind schließlich auch die Vorkommen von Copiapó (Chile), Atacama (Argentinien), Baita (Rumänien), Arizona, Zambia sowie von verschiedenen Orten in Peru.
Dioptas wird mitunter als Zierstein verwendet.

Visitenkarte

Kristallsystem
trigonal

Härte
5

Dichte
3,3

Spaltbarkeit
vollkommen

Bruch
muschelig

Farbe
smaragdgrün

Strichfarbe
grün

Glanz
Glasglanz

Limonitgeode mit Dioptaskristallen.

Turmalin • $NaAl_9(OH)_7(BO_3)_3Si_6O_{18}$

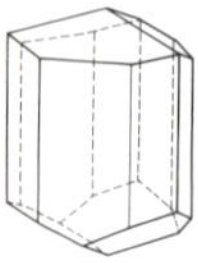

Visitenkarte

Kristallsystem
trigonal

Härte
7 bis 7,5

Dichte
3,02 bis 3,26

Spaltbarkeit
keine

Bruch
muschelig, uneben, spröde

Farbe
farblos, verschiedene Farben

Strichfarbe
weiß

Glanz
Glasglanz

Unter diesem Begriff fasst man eine ganze Gruppe von chemisch einander sehr ähnlichen Mineralien zusammen; sodass die obenstehende Formel als rein theoretisch aufzufassen ist, da sie keinem in der Natur vorkommenden Turmalinmineral vollkommen entspricht. Bei den Vertretern dieser Gruppe handelt es sich um Mischkristalle, deren chemische Zusammensetzung und physikalische Eigenschaften z. T. recht unterschiedlich sein können. Wenn nun in der oben angegebenen Formel die neun Aluminiumatome z. B. durch Al_8Li oder durch Al_6Mg_3 ersetzt würden, so ergeben sich freie Valenzen, ein Umstand, der mit einer Zunahme der OH-Gruppen ausgeglichen werden kann. Zu den wichtigsten Endgliedern der Mischreihe zählen **Elbait**, **Dravit** und **Schörl**.

Die Turmaline bilden mehr oder weniger lang gestreckte Kristalle, die bisweilen mehrere Zentimeter lang sein können und vertikal zur Längsachse gestreift sind. Auch gedrungene sowie nadelförmige Kristallformen sind anzutreffen, wobei in letzterem Fall die Kristalle in radial- oder büschelförmigen Gruppen angeordnet sind. Die Farben der Turmaline hängen von ihrer jeweiligen chemischen Zusammensetzung ab, wobei rötliche, gelbe, blaue, grüne bis hin zu braunen und schwarzen Farben auftreten können. Auch farblose sowie mehrfarbige Turmaline treten bisweilen auf, wobei die einzelnen Farben entweder konzentrisch angeordnet oder in der Längsrichtung des Kristalls aufeinanderfolgend aufscheinen können. Der gewöhnliche, schwarz gefärbte und häufig auftretende Turmalin wird Schörl genannt.

Entstehung: Turmalin tritt meist in Verbindung mit sauren Tiefen- und Ganggesteinen auf, insbesondere mit Granit und Pegmatit. Darüber hinaus ist das Mineral auch als Nebengemengteil in kristallinen Schiefern anzutreffen. Auf Grund ihrer Härte und Verwitterungsbeständigkeit können sich die Turmaline auch in Seifen und Schwermineralsanden anreichern.

Turmalinkristall. Die verschiedenen Varietäten des Turmalins treten in einer Reihe unterschiedlicher Farben auf, wobei die Kristallform im allgemeinen trigonal prismatisch ist.

Vorkommen: Prachtvolle mehrfarbige Turmalinkristalle stammen aus den Pegmatiten auf Madagaskar. Hervorzuheben sind auch schöne Exemplare, die aus Pala (Kalifornien), aus dem brasilianischen Bundesstaat Minas Gerais, aus dem Ural sowie aus den Seifenlagerstätten Sri Lankas stammen. Prächtige mehrfarbige Kristalle der Varietät Elbait wurden u. a. auf der Insel Elba (Italien) gefunden. In Form dichter Massen ist Turmalin auch in Deutschland, insbesondere im Erzgebirge, anzutreffen. In Österrich ist die Varietät Dravit an einigen Orten in Kärnten und Tirol (Zillertal) zu finden.

Verwendung: Durchsichtige, verschiedenartig gefärbte Turmalinexemplare finden als Edelsteine hohe Wertschätzung. Wegen ihrer pyroelektrischen Eigenschaft werden Turmaline auch in der Technik, beispielsweise zur Präzisionstemperaturmessung, eingesetzt.

VERWENDUNG ALS SCHMUCK- UND EDELSTEINE

Die unterschiedlich gefärbten Turmaline können mit verschiedenen Schliffformen versehen werden, wobei grundsätzlich rechteckige, ovale oder runde Formen gewählt werden. Bei Exemplaren mit Einschlüssen bringt man mit Hilfe des Cabochonschliffs schöne Lichtreflexe (Katzenaugeneffekt) hervor. Bisweilen werden Turmaline auch für Gravurarbeiten eingesetzt.

Die wichtigsten Turmalinvarietäten

Elbait
$Na(Li, Al)_3Al_6(OH)_4(BO_3)_3Si_6O_{18}$
Diese Turmalinvarietät tritt in kurzprismatischen Kristallen mit vertikaler Streifung auf, ist aber auch in Form derber Massen anzutreffen. Elbait kann unterschiedlich gefärbt sein, wobei häufig gelbe, grüne, blaue und rote Farbzonen in Längsrichtung des Kristalls aufeinander folgen; in seltenen Fällen kann Elbait auch weiß sein. Zusammen mit Lepidolith, Quarz und Feldspat ist das Mineral in Granitpegmatiten anzutreffen. Elbait ist u. a. auf der Insel Elba (Italien) zu finden.

Dravit
$NaMg_3Al_6(OH)_4(BO_3)_3Si_6O_{18}$
Dieses Mineral tritt in prismatischen Kristallen mit vertikaler Streifung, aber auch in derben Aggregaten auf. Dravit kommt in brauner, schwarzbrauner bis schwarzer Farbe vor und zeigt im allgemeinen Glasglanz. Dravit ist in metamorphen sowie in magmatischen Gesteinen zu finden. Seinen Namen verdankt das Mineral dem Fluss Drau, der u. a. durch Kärnten fließt, wo beachtliche Dravitkristalle gefunden wurden. Dravit ist auch im Westen der USA anzutreffen.

Schörl
$Na(Fe, Mn)_3Al_6(OH)_4(BO_3)_3Si_6O_{18}$
Der Eisengehalt verleiht dieser Turmalinvarietät ihre schwarze Färbung. Die prismatischen Kristalle sind gedrungen und weisen einen pyramidalen Abschluss auf. Charakteristisch ist auch der Metallglanz des Minerals. Schöne Kristalle wurden in Westaustralien, aber auch am Sonnenberg bei Andreasberg im Harz gefunden. Ein ebenfalls schwarz gefärbter Turmalin ist der magnesiumreiche **Uvit**, der in Form von prächtigen Kristallen im Staat New York (USA) gefunden wurde.

Indigolith
$Na(Li, Al)_3Al_6(OH)_4(BO_3)_3Si_6O_{18}$, mit Fe
Indigolith wird als eine Varietät des Elbaits betrachtet. Er ist in verschiedenen Blautönen anzutreffen, wobei auch grüne Farbnuancen auftreten. Dieses seltene Mineral gilt als einer der kostbarsten Turmaline.
Ein weiterer sehr begehrter Turmalin ist der rosa bis rot gefärbte **Rubellit**, der u. a. im Ural (Schaitansk, Mursinsk), auf der Insel Elba (San Piero), in Mozambique sowie an verschiedenen Orten der Vereinigten Staaten anzutreffen ist.

Osumilith • $(K, Na, Ca)(Mg, Fe'')_2(Al, Fe'', Fe''')_3Al_2Si_{10}O_{30}$

Visitenkarte

Kristallsystem
hexagonal

Härte
unterschiedlich

Dichte
2,64

Farbe
schwarz

Osumilith kristallisiert im hexagonalen Kristallsystem in kleinen prismatischen bzw. tafeligen Kristallen von schwarzer Farbe.

Besondere Merkmale: Anfangs wurde dieses Mineral für Cordierit gehalten, dem er in Struktur und Zusammensetzung sehr ähnlich ist.

Entstehung und Vorkommen: Dieses seltene Mineral kommt zusammen mit Quarz und Tridymit in Drusen vulkanischer Gesteine vor, u. a. in Japan (Sakkabira und Osumi). In Deutschland wurde Osumilith im Laacher Vulkangebiet entdeckt.

Milarit • $KCa_2AlBe_2Si_{12}O_{30} \cdot O{,}5H_2O$

Visitenkarte

Kristallsystem
hexagonal

Härte
5,5 bis 6

Dichte
2,4 bis 2,6

Spaltbarkeit
keine

Bruch
muschelig, spröde

Farbe
farblos, grün

Strichfarbe
weiß

Glanz
Glasglanz

Milarit ist ein seltenes Mineral, das in sechseckigen prismatischen Kristallen vorkommt, welche farblos, weißlich oder grün getönt sein können und Glasglanz aufweisen.

Besondere Merkmale: Milarit wird von Säuren nicht angegriffen, ist aber leicht schmelzbar. Bei Erhitzung verliert er Wasser und büßt seinen Kristallglanz ein.

Entstehung: Milarit kommt in Pegmatiten und Syeniten, aber auch in hydrothermalen Gängen vor.

Vorkommen und Verwendung: Milarit ist in einigen Gegenden Graubündens in der Schweiz anzutreffen (Val Giuff und Val Striem bei Sedrun). Auch in Österreich und in Deutschland ist Milarit in geringen Mengen zu finden (u. a. Tittling im Bayerischen Wald). Milarit wird zwar gelegentlich zu Schmucksteinen geschliffen, ist aber vorwiegend für die Wissenschaft und Sammler von Interesse.

Pyroxene

Diese umfangreiche Gruppe von Kettensilikaten, deren chemischer Aufbau sich dadurch auszeichnet, daß SiO_4-Tetraeder über gemeinsame O-Atome lange Einzelketten bilden, umfasst mehrere isomorphe Mischreihen. Mit Ausnahme der Mischreihe Enstatit-Hypersthen, deren Vertreter im rhombischen Kristallsystem kristallisieren, gehören diese Mineralien durchwegs dem monoklinen Kristallsystem an. Der zuvor genannten Reihe entspricht eine monokline Mischreihe mit den Endgliedern Klinoenstatit und Klinohypersthen. Zu den Pyroxenen gehören folgende weitere Mischreihen: Diopsid-Hedenbergit, Spodumen-Jadeit-Ägirin sowie Diallag-Augit-Fassait. Zwischen diesen Endgliedern bewegt sich die große Vielfalt der Mischkristallbildungen, wobei die Endglieder in reiner Form nur sehr selten anzutreffen sind. Die angegebenen chemischen Formeln sind somit theoretischer Natur.

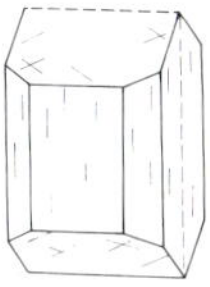

$Mg_2Si_2O_6$ • Enstatit

Die prismatischen Kristalle dieses Minerals sind in der Regel durchscheinend und zeigen zumeist Glasglanz, auf den Spaltflächen auch Perlmuttglanz. Gut ausgebildete Exemplare sind jedoch eher selten; viel häufiger tritt Enstatit in derben, körnigen oder spätigen Aggregaten auf.

Das Mineral kann in grünlich grauer, grünlicher oder bräunlicher Farbe auftreten.

Besondere Merkmale: In reiner Form ist Enstatit in Säuren unlöslich und vor dem Lötrohr unschmelzbar.

Entstehung: Enstatit kommt in ultrabasischen und basischen Magmatiten vor, u. a. in Gabbro und Peridotit, darüber hinaus aber auch in metamorphen Gesteinen, wie z. B. in Pyroxengranulit, Charnockit und Eklogit.

Vorkommen und Verwendung: Die interessantesten Funde von Enstatit stammen aus den Vereinigten Staaten, Südafrika, Kanada, dem Ural (Russland), Norwegen, Birma, Sri Lanka, aber auch aus Deutschland - und zwar vom Harz.

Einigermaßen durchsichtige Exemplare des Enstatits finden gelegentlich als Schmucksteine Verwendung.

Andere wichtige Glieder der Mischreihe des Enstatits: Diese Reihe umfasst den **Bronzit,** der 5 bis 13% Eisenoxid enthält, den **Hypersthen** (mit 13 bis 34% FeO) sowie den **Ferrosilit,** der reines $FeSiO_3$ darstellt.

Der **Klinoenstatit** weist die gleiche chemische Zusammensetzung wie Enstatit auf, kristallisiert aber im monoklinen Kristallsystem, und zwar in kleinen prismatischen oder tafeligen Kristallen; daneben ist das Mineral auch in blätterigen Aggregaten anzutreffen. Klinoenstatit kann farblos, aber auch in gelblicher, grünlicher oder brauner Farbe auftreten, wobei er zumeist Glasglanz aufweist. Klinoenstatit ist ein sehr seltenes Mineral, das in manchen Vulkaniten (u. a. von Papua) sowie in Meteoriten zu finden ist.

Visitenkarte

Kristallsystem
rhombisch

Härte
5 bis 6

Dichte
3,1 bis 3,2

Spaltbarkeit
unvollkommen

Bruch
muschelig

Farbe
farblos, verschiedene Farben

Strichfarbe
grau bis hellgrün

Glanz
Glas-, Perlmuttglanz

Diopsid • $CaMgSi_2O_6$

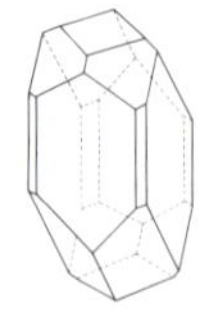

Visitenkarte

Kristallsystem
monoklin

Härte
6

Dichte
3,2 bis 3,3

Spaltbarkeit
vollkommen

Bruch
rau

Farbe
farblos, verschiedene Farben

Strichfarbe
weiß

Glanz
Glasglanz

Dieses Mineral bildet hauptsächlich kurzprismatische bzw. tafelige Kristalle, die sehr flächenreich sein können. Häufiger jedoch ist Diopsid in körnigen, stängeligen oder radialstrahligen Aggregaten zu finden, wobei das Mineral farblos ebenso auftreten kann wie in weißer, grauer, grüner oder gelbbrauner Farbe. Diopsid zeigt Glasglanz; ist eher spröde und gut spaltbar. Zur Mischreihe des Diopsids gehören der **Hedenbergit,** der das eisenreiche Endglied darstellt, sowie der **Johannsenit,** das manganhältige Endglied. Diese drei Endglieder bilden eine Reihe von isomorphen Mischkristallen. Die Varietät **Violan** verdankt ihren Namen der blauen bis violetten Färbung ihrer seltenen auftretenden Kristalle, die auch als Schmucksteine Verwendung finden. Eine weitere Varietät ist der **Diallag,** ein bronzeartig schimmerndes Mineral mit ausgezeichneter Spaltbarkeit.

Besondere Merkmale: Diopsid ist in Salzsäure unlöslich und vor dem Lötrohr unschmelzbar.

Entstehung: Diopsid ist ein recht weit verbreitetes Mineral, das vor allem in calciumreichen Metamorphiten anzutreffen ist, darüber hinaus aber auch in basischen und ultrabasischen Magmatiten vorkommt.

Vorkommen: In Deutschland ist Diopsid vor allem im Sächsischen Erzgebirge (Schwarzenberg) anzutreffen. Nennenswerte Funde von Diopsid sind auch in Österreich zu verzeichnen, insbesondere im Zillertal sowie am Großvenediger in den Hohen Tauern. Auch in Italien ist das Mineral in einer Reihe von Fundorten anzutreffen, u. a. im Alatal im Piemont, im Aostatal sowie am Monte Somma (Vesuv). Bedeutende Vorkommen liegen außerdem im Ural (Russland), in Finnland sowie in Schweden.

Verwendung: Diopsid ist vorwiegend für die Wissenschaft und für Mineralienliebhaber von Bedeutung; darüber hinaus werden durchsichtige Exemplare bisweilen auch zu Schmucksteinen geschliffen.

Bild rechts: Diopsid aus dem Alatal (Piemont, Italien). Bild oben: die Diopsidvarietät Violan.

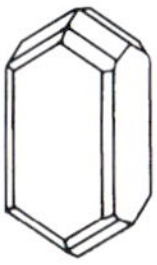

$(Mg, Fe)_2Si_2O_6$ • Bronzit

Bronzit bildet kurze prismatische Kristalle sowie körnige bzw. spätige Massen von grünlich brauner Farbe. Durch Wasseraufnahme wandelt sich Bronzit häufig in blätterigen grünfarbenen Serpentin um, der als **Bastit** oder **Schillerspat** bekannt ist und der u. a. an der Baste bei Harzburg zu finden ist.

Besondere Merkmale: Bronzit zeigt bisweilen das Phänomen des Asterismus. Er ist in Säuren unlöslich, schmilzt aber leicht vor dem Lötrohr.

Entstehung: Bronzit ist in basischen Magmatiten anzutreffen, vor allem in Gabbro (z. B. Norit) und Peridotiten. Darüber hinaus ist das Mineral auch in einigen kristallinen Schiefern und Vulkaniten zu finden.

Vorkommen: Bronzit kommt vor allem im Norit vor, einem ultrabasischen Gestein, welches z. B. im Transvaal (Bushveld), aber auch in der Steiermark (Kraubath) anzutreffen ist. In Deutschland ist das Mineral bei Harzburg im Harz zu finden.

Visitenkarte

Kristallsystem
rhombisch

Härte
5 bis 6

Dichte
3,35

Spaltbarkeit
unvollkommen

Bruch
uneben

Farbe
grünlich braun

Strichfarbe
weiß

Glanz
Glas-,
Metallglanz

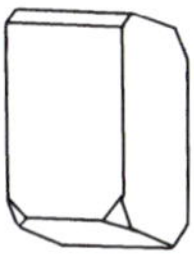

$CaFeSi_2O_6$ • Hedenbergit

Die monoklin-prismatischen Kristalle des Hedenbergits sind nur selten anzutreffen; zumeist tritt das Mineral in strahligen bis stängeligen Aggregaten auf. Hedenbergit zeigt Glas- bis Harzglanz. Wie alle Pyroxene weist auch Hedenbergit eine sehr gute Spaltbarkeit nach den vertikalen Prismenflächen auf. In reiner Form ist das Mineral nur sehr selten anzutreffen, da es in der Natur zur Bildung von Mischkristallen mit Diopsid und Johannsenit neigt.

Besondere Merkmale: Hedenbergit ist nur schwer mit dem Taschenmesser ritzbar. Er ist in Säuren nicht löslich, aber einigermaßen gut schmelzbar, wobei sich eine schwärzliche, leicht magnetische, glasartige Masse bildet.

Entstehung: Hedenbergit ist ein typisches Mineral der metamorphen Entstehungsweise, das vor allem im sogenannten Skarn vorkommt, einem durch Kontaktmetamorphose entstandenen Kalksilikatgestein, das reich an Eisenmineralien ist.

Vorkommen: Nennenswerte Vorkommen von Hedenbergit sind u. a. aus Arendal (Norwegen) bekannt, weiters in Nordmarken (Schweden), Franklin (New Jersey, USA), Obihiro (Japan) sowie von verschiedenen Fundorten in Nigeria, Australien und der ehemaligen UdSSR. In Deutschland ist Hedenbergit bei Schwarzenberg im Erzgebirge zu finden.

Visitenkarte

Kristallsystem
monoklin

Härte
5,5 bis 6,5

Dichte
3,50 bis 3,56

Spaltbarkeit
vollkommen

Bruch
uneben

Farbe
dunkelgrün,
schwarz

Strichfarbe
graugrün

Glanz
Glas- bis
Harzglanz

Augit • $(Ca, Mg, Fe'', Fe''', Ti, Al)_2(Si, Al)_2O_6$

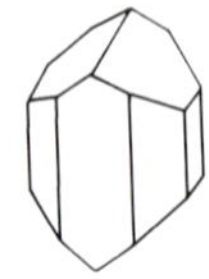

Visitenkarte

Kristallsystem
monoklin

Härte
5,5 bis 6

Dichte
3,2 bis 3,5

Spaltbarkeit
unvollkommen

Bruch
muschelig

Farbe
dunkelgrün, schwarz, braun

Strichfarbe
graugrün

Glanz
Glas-, Harzglanz

Dieses häufige Mineral kommt einerseits in körnigen Aggregaten, andererseits in kurzprismatischen Kristallen von nahezu quadratischem bzw. achteckigem Umriss vor, wobei auch Berührungszwillinge recht häufig sind. Augit tritt generell in dunklen Farbtönen auf; während größere Aggregate zumeist schwarz sind, treten kleinere Bruchstücke in grünlicher bis brauner Farbe auf. Augit zeigt Glas- bis Harzglanz, wobei vor allem die Spaltflächen einen lebhaften Glanz erkennen lassen.

Besondere Merkmale: Augit verwittert relativ leicht, was u. a. zur Bildung von Carbonaten bzw. Chlorid und Epidoten führt.

Entstehung: Augit ist ein weit verbreitetes Mineral, das in vielen basischen Magmatiten und insbesondere in Vulkaniten anzutreffen ist. Darüber hinaus kommt Augit auch in einigen metamorphen Gesteinen vor.

Vorkommen: Schöne Augitkristalle wurden u. a. in den Vulkaniten vom Laacher See in der Eifel gefunden. Weitere namhafte Fundorte liegen in Frankreich (Auvergne), Nordböhmen sowie in Italien, wo vor allem der Vulkan Stromboli (Liparische Inseln) zu nennen ist.

Andere Glieder der Mischreihe des Augits: Dazu gehören der **Diallag,** ein Mineral, das zwischen den aluminiumreichen Pyroxenen, den Augiten und den aluminiumfreien Diopsiden liegt, weiters der **Fassait** sowie der **Omphacit**.

Fassait • $Ca(Mg, Fe, Al)(Si, Al)_2O_6$

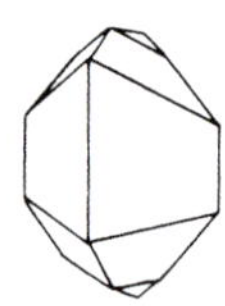

Visitenkarte

Kristallsystem
monoklin

Härte
6

Dichte
2,96 bis 3,34

Spaltbarkeit
unvollkommen

Bruch
uneben, muschelig

Farbe
grünlich gelb, grün

Strichfarbe
grünlich

Glanz
Glasglanz

Die ungeheure Vielfalt der Pyroxengruppe wurde erst in jüngerer Vergangenheit wieder demonstriert, als von verschiedener Seite die Anregung kam, dass man unter dem Fassait eigentlich zwei verschiedene Mineralien verstehen könne - einerseits einen eisenhaltigen Vertreter der Reihe Diopsid-Hedenbergit, andererseits eine eisenarme Varietät des Augits. Fassait tritt in flächenreichen kurzprismatischen Kristallen von mehr oder weniger dunkelgrüner Färbung auf - je nachdem, wie groß der Eisenanteil ist.

Besondere Merkmale: Fassait ist vor der Lötlampe schwer schmelzbar und wird von Säuren nicht angegriffen.

Entstehung: Fassait ist ein typisches Mineral der kontaktmetamorphen Entstehungsweise, wobei er vor allem in Calcit- und Dolomitmarmor zu finden ist. Darüber hinaus tritt das Mineral auch in vulkanischen Auswürflingen auf.

Vorkommen: Fassait ist an verschiedenen Orten in Italien anzutreffen, insbesondere im Fassatal (Südtirol) sowie in den vulkanischen Auswürflingen des Monte Somma (Vesuv). Schöne Exemplare wurden auch in Montana (USA), weiters in Schottland, Schweden und in Sri Lanka gefunden.

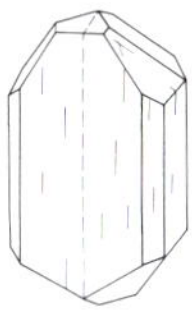

$LiAlSi_2O_6$ • Spodumen

Spodumen bildet gelegentlich riesige prismatische Kristalle, die in der Längsrichtung gestreift sind und parallel zu den vertikalen Prismenflächen sehr gut spaltbar sind. Daneben ist das Mineral aber auch in Form von breitstängeligen oder spätigen Aggregaten anzutreffen. Spodumen ist meist von weißlich grauer bis gelblicher Farbe, wobei die beiden Varietäten **Kunzit** und **Hiddenit** in Rosa bzw. Grün auftreten. Gelegentlich tritt Spodumen durchsichtig bis durchscheinend auf und zeigt immer Glasglanz, seine Härte ist relativ groß.

Besondere Merkmale: Die Varietät Kunzit zeigt einen gewissen Pleochroismus, wobei sich die Farbe des Kristalls - aus verschiedenen Richtungen betrachtet - von sattem Rosa bis hin zu Blass- oder Hellrosa wandelt.

Entstehung: Spodumen ist größtenteils in Granitpegmatiten anzutreffen, wo das Mineral in Gesellschaft von Quarz, Feldspat, Lepidolith, Beryll, Turmalin und Granatmineralien auftritt.

Vorkommen: Riesige Spodumenkristalle wurden in den Vereinigten Staaten (South Dakota) gefunden, darüber hinaus aber auch in Kanada (Manitoba), Russland (Ural), Brasilien, Mexiko, Schottland und Schweden. Die Varietät Kunzit ist ebenfalls in den USA zu finden (u. a. in Pala, Kalifornien), weiters in Afghanistan und Brasilien. Hiddenit, die grüne Spodumenvarietät, findet sich in den USA (North Carolina), Brasilien und auf Madagaskar.

Verwendung: Wo Spodumen in größeren Mengen auftritt, ist das Mineral ein wertvoller Rohstoff zur Gewinnung von Lithium. Als Schmucksteine finden hingegen die beiden Varietäten Kunzit und Hiddenit Verwendung.

Visitenkarte

Kristallsystem
monoklin

Härte
6,5 bis 7

Dichte
3 bis 3,2

Spaltbarkeit
vollkommen

Bruch
uneben

Farbe
farblos, verschiedene Farben

Strichfarbe
weiß

Glanz
Glasglanz

Das Kristallexemplar auf dem Bild links zeigt deutliche Korrosionsspuren. Auf dem Bild oben: die Spodumenvarietät Kunzit.

Jadeit • $NaAlSi_2O_6$

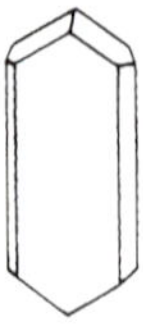

Visitenkarte

Kristallsystem
monoklin

Härte
6,5 bis 7

Dichte
3,2 bis 3,3

Spaltbarkeit
unvollkommen

Bruch
uneben, muschelig

Farbe
farblos, verschiedene Farben

Strichfarbe
weiß

Glanz
Glas- bis Perlmuttglanz

Unter dem häufig verwendeten Begriff **Jade** werden umgangssprachlich zwei Mineralien zusammengefasst, und zwar Jadeit, ein Pyroxenmineral, und **Nephrit,** eine Varietät des Aktinoliths. Jadeit bildet keine Einzelkristalle, sondern mikrokristalline Aggregate von körnig dichter bzw. faseriger Struktur, die durchscheinend bis undurchsichtig in verschiedenen Farben auftreten, wobei die Bandbreite von Weiß, Rosa, Orange bis hin zu Braun und Schwarz reicht. Die kostbarsten Jadeitvarietäten sind einerseits jene, die einen intensiven jadegrünen Farbton zeigen, welche auf einen gewissen Chromgehalt des Minerals zurückzuführen ist, sowie andererseits violette Vertreter, deren Farbe durch Spuren von Mangan verursacht wird.

Besondere Merkmale: Jadeit schmilzt vor dem Lötrohr zu einer transparenten Perle; erst in dieser geschmolzenen Form ist das Mineral in Salzsäure löslich.

Entstehung: Jadeit ist vorwiegend in kristallinen Schiefern verbreitet; darüber hinaus kann das Mineral aber auch in anderen metamorphen Gesteinstypen (u. a. im italienischen Piemont) auftreten.

Vorkommen: Bedeutende Lagerstätten von Jadeit sind seit langer Zeit aus Birma bekannt, wo vor allem die kristallinen Schiefer des Urutals als Fundstätte zu nennen sind.

Ägirin • $NaFeSi_2O_6$

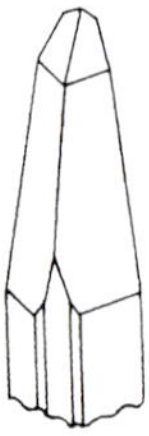

Visitenkarte

Kristallsystem
monoklin

Härte
6 bis 6,5

Dichte
3,43 bis 3,60

Spaltbarkeit
vollkommen

Bruch
uneben

Farbe
dunkelgrün

Strichfarbe
gelblich bis bräunlich oder grün

Glanz
Glas-, Harzglanz

Dieses Mineral bildet häufig langprismatische Kristalle, deren obere Begrenzung in Form steiler Pyramiden ausläuft. Daneben ist Ägirin auch in Form von Härchen oder feinen Fasern zu finden, die oft zu faserigen Aggregaten vereint sind. Ägirin ist von dunkelgrüner bis grünschwarzer Farbe.

Besondere Merkmale: Ägirin schmilzt vor dem Lötrohr zu schwärzlichem Glas; ist in Salzsäure jedoch unlöslich.

Entstehung: Ägirin ist ein typischer Gemengteil der hellen Magmatite und ist daher häufig in Gesteinen wie Alkaligranit und Alkalisyenit zu finden. Darüber hinaus kommt das Mineral auch in manchen kristallinen Schiefern vor.

Vorkommen: Weit verbreitet ist Ägirin in Norwegen, auf Grönland sowie auf der Halbinsel Kola (Russland). Schöne Ägirinkristalle wurden in den USA, und zwar in Arkansas (Magnet Cove), gefunden.

Amphibole

Die Amphibole gehören wie die Pyroxene, mit denen sie chemisch und morphologisch gewisse Ähnlichkeiten aufweisen, zu den aus SiO_4-Ketten aufgebauten Silikaten, wobei sich die Amphibole von den Pyroxenen dadurch unterscheiden, dass die $[SiO_4]$-Tetraeder bei Ersteren in Doppelketten gewissermaßen in Bandform vorliegen. Sie werden daher auch als Bandsilikate bezeichnet. Die Vertreter dieser Gruppe weisen außerdem andere optische Eigenschaften auf und verfügen über eine komplexere chemische Zusammensetzung als die Pyroxene, ein Umstand, der durch das Vorhandensein von Fluorionen bzw. OH-Gruppen bedingt ist. Die Amphibolmineralien sind im übrigen weiter verbreitet als die Mineralien der Pyroxengruppe. Charakteristisch ist ihre langprismatische Kristallgestalt. Weiters zeigen sie eine ausgezeichnete Spaltbarkeit parallel zu den Prismenflächen. Wie bei den Pyroxenen gibt es monokline (Cummingtonit, Aktinolith, Hornblende und Glaukophan) und rhombische Vertreter (Anthophyllit).

$(Mg, Fe)_7(OH)_2(Si_4O_{11})_2$ • Cummingtonit

Dieses Bandsilikat tritt in faserigen Aggregaten von bräunlicher Farbe auf, welche jenen des Amiants gleichen. Cummingtonit weist in der Regel Glasglanz auf, wobei seine Farbe von Graugrün bis Braun reichen kann.

Besondere Merkmale: Cummingtonit ist in Säuren unlöslich; vor dem Lötrohr schmilzt das Mineral zu einem schwarzen Glas.

Entstehung: Cummingtonit findet sich in Gesteinen, welche durch Regional- oder Kontaktmetamorphose entstanden sind. Darüber hinaus ist das Mineral auch in manchen Magmatiten und Erzlagerstätten anzutreffen.

Vorkommen: Zusammen mit Anthophyllit ist Cummingtonit u. a. in Isopää (Finnland) anzutreffen; weitere Vorkommen sind aus Neuseeland, Australien, der Ukraine, den USA (Massachusetts) sowie vom Schiefer oder im Granulit von Sutherland in Schottland bekannt. Auch in alpinen Gebirgsmassiven ist dieses seltene Mineral bisweilen anzutreffen.

Mischreihe des Cummingtonits: Zu dieser Reihe gehört der **Gruenerit,** der das eisenreiche bzw. magnesiumarme Endglied darstellt.

Visitenkarte

Kristallsystem
monoklin

Härte
5 bis 6

Dichte
3,1 bis 3,4

Spaltbarkeit
vollkommen

Farbe
graugrün, braun

Glanz
Glas-, Seidenglanz

Dieses Exemplar von Cummingtonit mit Biotit stammt aus Cummington, Massachusetts (USA).

Tremolit • $Ca_2Mg_5(OH, F)_2(Si_4O_{11})_2$

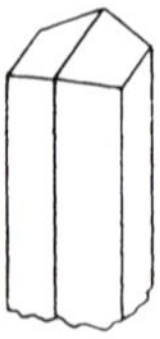

Visitenkarte

Kristallsystem
monoklin

Härte
5,5 bis 6

Dichte
2,9 bis 3,1

Spaltbarkeit
vollkommen

Bruch
faserig

Farbe
farblos, verschiedene Farben

Strichfarbe
weiß

Glanz
Glasglanz

Dieses Mineral, welches bisweilen auch als **Grammatit** bezeichnet wird, bildet stängelige langprismatische Kristalle sowie strahlige oder faserige Aggregate, die bisweilen als **Asbest** eine gewisse praktische Bedeutung erlangten. Tremolit ist von weißlicher bis grünlich grauer Farbe.

Besondere Merkmale: Tremolit ist in Salzsäure unlöslich und vor dem Lötrohr nur schwer schmelzbar.

Entstehung: Tremolit kommt häufig in magnesiumreichen Metamorphiten vor; so ist er in Kalksteinen und Dolomiten, aber auch in Talkschiefern und Serpentin anzutreffen.

Vorkommen: In Form von weißen Kristallaggregaten mit z. T. prächtigen Kristallen ist Tremolit in den alpinen Klüften von Campolungo im Tessin (Schweiz) zu finden. Weitere namhafte Kristallfunde sind aus dem Staat New York (USA) sowie aus dem Ural (Russland) bekannt. In Österreich wurden besonders schöne Tremolitkristalle u. a. im Zillertal in Tirol gefunden.

Verwendung: Der faserige Tremolitasbest wurde lange Zeit zur Herstellung von Dichtungen und Isolierungen eingesetzt, wird aber auf Grund seiner gesundheitsschädlichen Wirkung (Atemwegserkrankungen) heute großteils durch andere Materialien ersetzt.

Bild rechts: nadelige Kristalle von Tremolit. Das Tremolitexemplar in Form von strahligen Bündeln auf dem Bild oben stammt aus Ontario (Kanada).

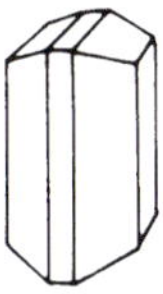

$Ca_2(Mg, Fe)_5(OH, F)_2(Si_4O_{11})_2$ • Aktinolith

Aktinolith bildet entweder langprismatische Einzelkristalle oder langstängelige oder wirrstrahlige Aggregate; in faseriger Form wird das Mineral auch als **Amiant** oder **Aktinolithasbest** bezeichnet. Aktinolith ist in verschiedenen Grüntönen anzutreffen und zeigt zumeist Glasglanz, während die faserigen Kristallaggregate Seidenglanz aufweisen.

Besondere Merkmale: Aktinolith ist vor dem Lötrohr schmelzbar, in Säuren aber praktisch unlöslich. Das Mineral kann sich durch Verwitterung in Serpentin umwandeln.

Entstehung: Aktinolith ist ein sehr weit verbreitetes Mineral, das in verschiedenen kristallinen Schiefern, aber auch in manchen Magmatiten, wie z. B. in Gabbros und Diabasen, anzutreffen ist.

Vorkommen und Verwendung: Prächtige Aktinolithkristalle wurden im Zillertal in Tirol gefunden, aber auch in Italien (z. B. Val Malenco und Val Germanasca) wurden immer wieder schöne Exemplare entdeckt. Aktinolithasbest ist feuerfest und säurebeständig und wird deshalb mitunter für technische Zwecke eingesetzt.

Mischreihe des Aktinoliths: Außer dem Tremolit enthält diese Reihe noch den **Ferroaktinolith,** der in der Reihe das eisenreiche Endglied darstellt. Als **Smaragdit** bezeichnet man eine in kleinen Nadeln vorkommende filzartige Varietät von smaragdgrüner Farbe; eine weitere mikroskopisch feinfaserige Varietät des Aktinoliths ist der **Nephrit,** der oft unter der Bezeichnung »Jade« gehandelt wird und schon in der Steinzeit zur Erzeugung von Steinbeilen diente.

Visitenkarte

Kristallsystem
monoklin

Härte
5,5 bis 6

Dichte
2,9 bis 3,3

Spaltbarkeit
vollkommen

Bruch
splitterig, uneben, spröde

Farbe
grün

Strichfarbe
weiß

Glanz
Glasglanz

An den beiden hier abgebildeten Exemplaren des Aktinoliths ist sehr gut dessen langstängeliger prismatischer Habitus zu erkennen.

Hornblende

$(Ca, Na, K)_{2\div3}(Mg, Fe'', Fe''', Al)_5(OH, F)_2(Si, Al)_2Si_6O_{22}$

Visitenkarte

Kristallsystem
monoklin

Härte
5 bis 6

Dichte
2,9 bis 3,4

Spaltbarkeit
vollkommen

Bruch
uneben

Farbe
dunkelgrün, schwarzbraun

Strichfarbe
graugrün, graubraun

Glanz
Glasglanz

Unter den monoklinen Amphibolen sind wohl die Hornblendemineralien die wichtigsten Vertreter. Aus dieser Gruppe seien hier vor allem die **gemeine Hornblende** (mit der oben angegebenen Formel) sowie die **basaltische Hornblende** genannt, wobei Letztere mit folgender Formel beschrieben werden kann: $(Ca, Na)_2(Mg, Fe, Al)_5(O, OH, F)_2Al_2Si_6O_{22}$. Die gemeine Hornblende kommt entweder in körniger Form oder in kurzsäuligen Kristallen von dunkelgrüner Farbe vor. Die basaltische Hornblende tritt stets in gut ausgebildeten idiomorphen Kristallen von schwarzbrauner Farbe auf.

Besondere Merkmale: Hornblende ist unlöslich und schwer schmelzbar, wobei sich ein grünes Glas bildet.

Entstehung: Die gemeine Hornblende ist in magmatischen Tiefengesteinen, vor allem in Granit, Syenit und Diorit, weit verbreitet. Häufig ist das Mineral auch in Gabbro zu finden, wo es bisweilen aus Diallag hervorgeht. Darüber hinaus kommt Hornblende auch in manchen Metamorphiten vor, u. a. in Gneis, Amphibolit und Amphibolitschiefer. Die basaltische Hornblende ist hingegen in zahlreichen Vulkaniten vertreten, z. B. in alkalireichen Basalten und Trachyten. Auch in alkalireichen Tiefengesteinen ist das Mineral bisweilen zu finden.

Vorkommen: Schöne Kristalle der gemeinen Hornblende sind in Arendal (Norwegen) ebenso zu finden wie in den vulkanischen Auswürflingen des Vesuvs. Die basaltische Hornblende tritt in schönen Kristallen in den Basalten des Böhmischen Mittelgebirges und am Wolfsberg bei Czernoschin nahe Pilsen (Tschechien) auf.

Mischreihe der Hornblende: Zu dieser Reihe gehören der eisenarme **Edenit, Tschermakit, Pargasit, Hastingsit** und **Kaersutit,** welcher sich durch einen hohen Titangehalt auszeichnet, sowie **Barkevikit.**

Die nadelförmigen Hornblendekristalle auf dem Bild rechts stammen aus dem Zillertal (Österreich). Auf dem Bild oben ist Hornblende mit Oligoklas zu sehen (Arendal, Norwegen).

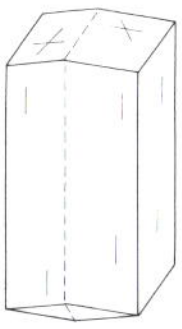

$Na_2Mg_3Al_2(OH, F)_2(Si_4O_{11})_2$ • Glaukophan

Das Mineral Glaukophan bildet gewöhnlich langprismatische Kristalle, die nur selten schöne Endflächen aufweisen; darüber hinaus ist das Mineral auch in Form stängeliger, faseriger oder körniger Aggregate zu finden. Glaukophan ist von bläulich grauer, lavendelblauer bis blauschwarzer Farbe und zeigt zumeist Glas-, manchmal auch Perlmuttglanz.

Besondere Merkmale: Glaukophan ist leicht schmelzbar, aber in Säuren nur schwer löslich.

Entstehung: Glaukophan ist in kristallinen Schiefern zusammen mit Mineralien wie Jadeit, Lawsonit und Pumpellyit anzutreffen.

Vorkommen: Glaukophan ist u. a. im Gneis von Zermatt (Schweiz), im Aostatal sowie in Kalifornien (Coast Range) zu finden.

Mischreihe des Glaukophans: Zu dieser Reihe gehören der **Riebeckit,** der **Richterit,** der **Eckermannit,** der **Katophorit** sowie der **Arfvedsonit.**

Visitenkarte

Kristallsystem
monoklin

Härte
6

Dichte
3 bis 3,1

Spaltbarkeit
vollkommen

Farbe
grau bis blauschwarz

Glanz
Glasglanz

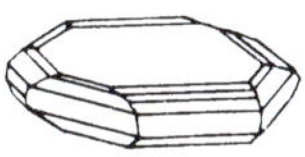

$Ca_3Si_3O_9$ • Wollastonit

Die dicktafeligen Kristalle des Wollastonits sind recht selten anzutreffen; zumeist tritt das Mineral in radialstrahligen, faserigen, blätterigen oder tafeligen Aggregaten auf, wobei es in der Regel weiße oder grünlich graue Farbe zeigt und dabei durchsichtig bis durchscheinend ist.

Besondere Merkmale: Im ultravioletten Licht zeigt Wollastonit bisweilen eine orangefarbene Fluoreszenz. Er wird von Säuren zersetzt und lässt sich vor dem Lötrohr mit einiger Schwierigkeit schmelzen.

Entstehung: Wollastonit ist hauptsächlich in Gesteinen zu finden, die durch Kontaktmetamorphose entstanden sind, besonders in Kalk- und Kalksilikatgestein.

Vorkommen: In Deutschland ist das Mineral u. a. in Auerbach an der Bergstraße (Hessen), bei Gengenbach im Schwarzwald sowie im Erzgebirge anzutreffen. Große Lagerstätten befinden sich weiters in Pargas (Finnland), in der Bretagne (Frankreich), im Ural (Russland) und in Kalifornien (USA).

Wollastonit wird vor allem zur Herstellung von feuerfester Keramik verwendet.

Visitenkarte

Kristallsystem
triklin

Härte
4,5 bis 5

Dichte
2,8 bis 3

Spaltbarkeit
vollkommen

Bruch
splitterig

Farbe
farblos, verschiedene Farben

Strichfarbe
weiß

Glanz
Glas- bis Perlmuttglanz

Riebeckit • $Na_2Fe''_3Fe'''_2(OH, F)_2(Si_4O_{11})_2$

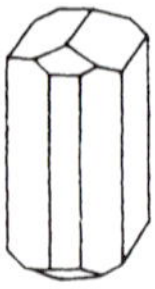

Die langprismatischen Kristalle des Riebeckits sind nur sehr selten anzutreffen; zumeist tritt das Mineral in körnigen, faserigen oder blätterigen Aggregaten auf. Die Kristalle sind von dunkelblauer bis schwarzer Farbe und zeigen zumeist Glasglanz, wobei die faserigen Aggregate eher Seidenglanz aufweisen. Feinfaseriger Riebeckit wird als **Krokydolith** oder **Blauasbest** bezeichnet und dient als Rohstoff für die Asbestindustrie. Ein Vorzug des Krokydoliths besteht darin, dass seine feinen Fasern sehr gut zu verspinnen sind.

Besondere Merkmale: Riebeckit wird von Säuren nicht angegriffen; vor dem Lötrohr ist er jedoch leicht schmelzbar, wobei er die Flamme auf Grund des Natriumgehalts gelb verfärbt.

Entstehung: Als Nebengemengteil tritt Riebeckit in sauren Alkaligesteinen wie Alkaligraniten und Syeniten auf. Etwas seltener ist das Mineral auch in Quarziten und anderen Metamorphiten zu finden.

Vorkommen: Schöne Riebeckitkristalle wurden in Quincy, Massachusetts (USA) gefunden. Ausgeprägte Lagerstätten von Krokydolithasbest befinden sich in Griqualand (Südafrika). Auch in Norwegen und Russland ist Riebeckit zu finden.

Visitenkarte

Kristallsystem
monoklin

Härte
5 bis 6

Dichte
3 bis 3,4

Spaltbarkeit
vollkommen

Bruch
uneben

Farbe
blau, schwarz

Strichfarbe
weiß

Glanz
Glas- bis Seidenglanz

Bild rechts: prismatische Riebeckitkristalle mit ausgeprägter Längsstreifung. Das Bild oben zeigt die faserige Varietät des Riebeckits, den Krokydolith.

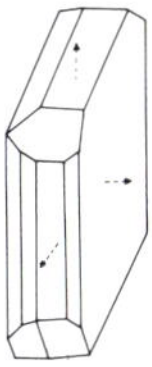

$CaMn_4Si_5O_{15}$ • Rhodonit

Die Kristalle dieses Minerals sind in der Regel tafelig, mit abgerundeten Kanten, bisweilen aber auch blätterig. Häufiger als in Kristallform ist Rhodonit jedoch in körnigen bis dichten Massen mit einer gewissen Spaltbarkeit anzutreffen. Das Mineral tritt im allgemeinen rosafarben auf, ist jedoch durch Verwitterungseinflüsse oft braunrot bis schwarz gefleckt oder geädert. Rhodonitkristalle sind durchsichtig oder durchscheinend und zeigen Glasglanz, wobei auf den Spaltflächen Perlmuttglanz auftritt. Das Mineral ist von mittlerer Härte, relativ schwer und sehr gut in nahezu rechten Winkeln spaltbar.

Besondere Merkmale: Rhodonit wird von Säuren nicht angegriffen und schmilzt relativ leicht, wobei sich ein rotes oder braunes Glas bildet.

Entstehung: Rhodonit ist zusammen mit anderen Manganmineralien auf Manganlagerstätten anzutreffen. Darüber hinaus ist das Mineral auch in kontaktmetamorphen manganreichen Sedimenten bzw. Schichten von Tonschiefern zu finden.

Vorkommen: Weltweit stammen aus einer Vielzahl von Fundorten z. T. prächtige Kristalle des Rhodonits - u. a. aus Långban und Pajsberg in Schwegen, Franklin und Sterling Hill in New Jersey und Butte in Montana (beide USA) sowie Broken Hill in Australien. Weitere nennenswerte Fundstätten von Rhodonit befinden sich in der Gegend von Swerdlowsk im Ural (Russland), in Brasilien, Finnland, Frankreich, Italien, Rumänien, Japan, Südafrika und Indien. Prächtige Exemplare, welche als Schmucksteine überaus begehrt sind, stammen aus Tanzania sowie aus Kanada. Auch in Österreich und Deutschland sind einige Fundorte bekannt, u. a. Friesach in Kärnten bzw. Elbingerode und Lautental im Harz sowie Laasphe in Westfalen.

Visitenkarte

Kristallsystem
triklin

Härte
5,5 bis 6,5

Dichte
3,4 bis 3,73

Spaltbarkeit
vollkommen

Bruch
uneben

Farbe
rosa, braun

Strichfarbe
weiß

Glanz
Glasglanz

Tafelige Rhodonitkristalle aus Franklin, New Jersey (USA).

VERWENDUNG ALS SCHMUCKSTEIN

Rhodonit in guter Qualität wird häufig zu Schmucksteinen geschliffen, wobei vor allem der Cabochon- bzw. Kugelschliff zur Anwendung gelangt. Auch Halsketten, Armreifen sowie Statuetten und andere kunstgewerbliche Gegenstände werden aus Rhodonit gefertigt.

Prehnit • $Ca_2Al_2(OH)_2Si_3O_{10}$

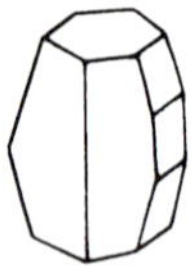

Visitenkarte

Kristallsystem
rhombisch

Härte
6 bis 6,5

Dichte
2,8 bis 3

Spaltbarkeit
vollkommen

Bruch
uneben

Farbe
farblos, verschiedene Farben

Strichfarbe
weiß

Glanz
Glasglanz

Die tafeligen oder prismatischen, oftmals gekrümmten Kristalle dieses Minerals sind nur selten anzutreffen; zumeist tritt Prehnit in Form von kugeligen, traubigen oder nierenförmigen Massen mit radialstrahliger Struktur auf, die einen Durchmesser von bis zu 10 cm erreichen können. Prehnit ist für gewöhnlich farblos oder weiß, wobei aber auch verschiedene Grüntöne (von Graugrün bis Gelbgrün) keine Seltenheit sind; bei manchen Aggregaten ist die Färbung eher unregelmäßig verteilt. Prehnit zeigt häufig Glasglanz, insbesondere bei den mikrokristallinen Aggregaten. Durchsichtige Kristalle sind nur ganz selten zu finden.

Besondere Merkmale: Prehnit wird von Säuren erst nach dem Glühen völlig zersetzt. Er schmilzt vor dem Lötrohr unter Aufblähen, wobei sich ein gelblich weißes Glas bildet.

Entstehung: Prehnit kommt in verschiedenen Gesteinen vor, wobei sich das Mineral zumeist sekundär bildet. Häufig ist Prehnit in Hohlräumen von basischen Magmatiten (Basalt und Gabbro) sowie von Schiefern (Amphibolit) und Kalksilikatgesteinen anzutreffen; selten tritt das Mineral auch in Granit auf.

Vorkommen: In Deutschland ist Prehnit vor allem in Idar-Oberstein in der Pfalz, in Harzburg im Harz sowie in Haslach im Schwarzwald zu finden. Größere Vorkommen befinden sich außerdem im Fassatal (Südtirol), in der Dauphiné und in den Pyrenäen (Frankreich) sowie in New Jersey (Bergen Hill und Paterson). Prehnit in Edelsteinqualität kommt vor allem aus der Gegend von Sydney (Prospect Quarries) in Australien sowie aus Cradock im Namaqualand (Republik Südafrika).

Bild rechts: weißer tafeliger Prehnit neben gelben prismatischen Epidotkristallen.
Bild oben: Prehnit in einer Quarzgeode aus der Gegend von Bozen, Südtirol.

VERWENDUNG ALS SCHMUCKSTEIN

Bei Prehnitkristallen wird vor allem der Cabochonschliff angewendet, wodurch bisweilen ein gewisser Katzenaugeneffekt entsteht. Bisweilen werden aus dem Mineral auch Kugeln hergestellt, aus denen Halsketten oder Anhänger gefertigt werden. Facettiert werden lediglich die durchsichtigen Kristalle, wobei vor allem der Treppenschliff zur Anwendung gelangt. Aus dichten, homogenen Prehnitaggregaten werden Kunstgegenstände wie z. B. Statuetten angefertigt.

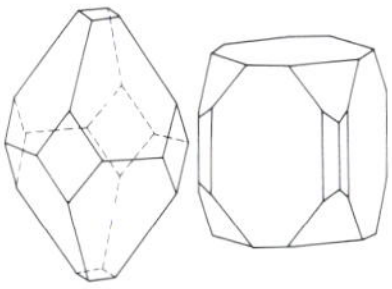

$KCa_4F(Si_4O_{10})_2 \cdot 8H_2O$ • Apophyllit

Apophyllit tritt häufig in Form von gut ausgebildeten Kristallen auf, die von recht unterschiedlicher Gestalt sein können - so findet man u. a. dünntafelige Formen mit rechteckigem Querschnitt, wobei die vier Ecken durch kleine Flächen abgekantet sein können; des weiteren gibt es kurzprismatische würfelähnliche Kristalle, deren Ecken von einer tetragonalen Bipyramide abgeschrägt sind. Daneben findet man auch bipyramidale, oktaederähnliche Kristalle sowie nicht zuletzt kurz- bis langprismatische Exemplare, bei denen das Basispinakoid nicht allzu gut entwickelt ist. Die Kristalle, welche mitunter beachtliche Ausmaße erreichen können, treten farblos, durchsichtig ebenso auf wie weiß und durchscheinend bis hin zu undurchsichtig; besonders ansprechend und dadurch sehr begehrt sind jedoch die rosafarbenen, grünen und blauen Exemplare des Apophyllits. Die Kristallflächen, welche oft rau und uneben wirken, weisen eine vertikale Streifung auf. Außer in Kristallform ist das Mineral auch in Form von körnigen oder blätterigen Aggregaten sowie in porzellanartigen Massen zu finden.

Besondere Merkmale: Apophyllit blättert sich vor dem Lötrohr auf und schmilzt unter Aufblähen zu weißem Glas. Erhitzt man das Mineral in einem Reagenzglas, so gibt es Wasserdampf ab, der an den Wänden des Glases kondensiert. In Salzsäure wird pulveriger Apophyllit leicht zersetzt, wobei sich Kieselgel abscheidet.

Entstehung: Apophyllit ist ein typisches Mineral der hydrothermalen Entstehungsweise und tritt auch in Hohlräumen von Basalten sowie auf Erzgängen auf.

Vorkommen: Besonders prächtige Apophyllitexemplare, bisweilen von smaragdgrüner Farbe, stammen aus Poonah bei Bombay in Indien. Weitere beachtliche Vorkommen gibt es auf der Seiser Alm in Südtirol, im Böhmischen Mittelgebirge, in Kongsberg (Norwegen) sowie nicht zuletzt auch in Deutschland, wo vor allem St. Andreasberg im Harz und Sasbach am Kaiserstuhl (Baden) als Fundorte zu nennen sind.

Visitenkarte

Kristallsystem
tetragonal

Härte
4,5 bis 5

Dichte
2,33 bis 2,37

Spaltbarkeit
vollkommen

Bruch
uneben

Farbe
farblos, verschiedene Farben

Strichfarbe
weiß

Glanz
Glas-, Perlmuttglanz

Das Bild links zeigt grüne Apophyllitkristalle mit Heulandit, während auf dem Bild oben durchsichtige, farblose Exemplare zu sehen sind (Fundort: Poonah, Indien).

Eudidymit • $NaBeOHSi_3O_7$

Visitenkarte

Kristallsystem
monoklin

Härte
6

Dichte
2,5

Spaltbarkeit
vollkommen

Farbe
farblos, weiß

Strichfarbe
weiß

Glanz
Glasglanz

Eudidymit kristallisiert im monoklinen Kristallsystem in kleinen tafeligen Kristallen, die lamellär verzwillingt sein können, das Mineral ist farblos oder weiß, zeigt zumeist Glasglanz und ist ziemlich leicht, aber relativ hart. Die gleiche chemische Zusammensetzung wie Eudidymit weist **Epididymit** auf, ein Mineral, das jedoch im rhombischen Kristallsystem kristallisiert und tafelige, gedrungene oder säulige Kristalle bildet. Auch dieses Mineral ist farblos und zeigt Glasglanz.

Entstehung: Eudidymit ist ein seltenes Mineral, das zumeist mit Mineralien wie Albit und Fluorit in Nephelinsyeniten anzutreffen ist.

Vorkommen: Eudidymit und Epididymit sind vor allem in den Syeniten vom Langesundfjord (Norwegen) sowie von Narsarsuk (Grönland) zu finden.

Pyrophyllit • $Al_2(OH)_2Si_4O_{10}$

Visitenkarte

Kristallsystem
monoklin
oder triklin

Härte
1,5

Dichte
2,8

Spaltbarkeit
vollkommen

Bruch
uneben

Farbe
farblos,
verschiedene
Farben

Strichfarbe
weiß

Glanz
Glas-,
Perlmuttglanz

Die tafeligen Kristalle des Pyrophyllits sind nur selten gut entwickelt, da sie zumeist zu feinschuppigen oder strahligen Aggregaten verwachsen sind; mitunter bildet das Mineral auch dichte Massen. Pyrophyllit ist von weißer, gelblicher bis grüngrauer Farbe, wobei auch Brauntöne auftreten können. Das Mineral ist durchsichtig bis durchscheinend, wobei dichte Massen stets undurchsichtig sind. Pyrophyllit ist sehr gut in feine Blättchen spaltbar, die biegsam, aber nicht elastisch sind.

Besondere Merkmale: Pyrophyllit fühlt sich fettig an, eine Eigenschaft, in der das Mineral dem Talk gleicht, von dem es auch in chemischer und physikalischer Hinsicht nicht leicht zu unterscheiden ist.

Entstehung: Pyrophyllit ist häufig in Klüften von Schiefergesteinen vergesellschaftet mit anderen Aluminiumsilikaten anzutreffen; darüber hinaus tritt das Mineral in hydrothermalen vererzten Gängen gemeinsam mit Glimmermineralien und Quarz auf.

Vorkommen und Verwendung: Pyrophyllit ist u. a. bei Recht in der Eifel anzutreffen; weitere Vorkommen befinden sich in den luxemburgischen Ardennen, bei Beresowsk im Ural (Russland) sowie in den kristallinen Schiefern von Zermatt (Schweiz).

Pyrophyllit findet bei der Herstellung von Elektrokeramik ebenso Verwendung wie in der Papier- und Gummiindustrie.

$Mg_3(OH)_2Si_4O_{10}$ • Talk

Talk ist das weichste aller bisher bekannten Mineralien. In Form gut entwickelter Kristalle ist Talk nie anzutreffen, sondern vielmehr in schuppigen, blätterigen oder dichten Aggregaten, wobei die schuppigen und blätterigen Vertreter ausgezeichnet spaltbar sind. Talk ist im allgemeinen weiß, kann aber auch grünlich oder grau auftreten. Die dichten Aggregate von grüngrauer Farbe werden als **Speckstein** oder **Steatit** bezeichnet. Talk ist in dünnen Lagen durchscheinend und zeigt in blätteriger Form Perlmuttglanz, während die dichte Varietät Fettglanz aufweist. Talk ist, wie bereits erwähnt, sehr weich, gut schneidbar und ziemlich leicht. Die Blättchen des Minerals sind biegsam, aber nicht elastisch.

Besondere Merkmale: Talk fühlt sich fettig an, wird von Säuren nicht angegriffen und ist vor dem Lötrohr unschmelzbar.

Entstehung: Talk ist ein typisch metamorphes Mineral; und als solches tritt er hauptsächlich in Gesteinen auf, die infolge von Umwandlungsprozessen bei mittleren Temperaturen (300 bis 400 °C) entstanden sind. Dabei geht Talk durch hydrothermale Zersetzung aus ultrabasischen Gesteinen hervor, wobei Olivine oder Pyroxene häufig die Ausgangsmineralien bilden. Talk kann auch durch Umwandlung aus Dolomitmarmor entstehen.

Vorkommen: In Form großer Lagerstätten ist Talk in der Steiermark (Rabenwald) anzutreffen, aber auch im Zillertal in Tirol sowie in Kärnten ist das Mineral anzutreffen. In Deutschland sind insbesondere die Talkvorkommen von Göpfersgrün im Fichtelgebirge zu nennen, während das Mineral in der Schweiz am St. Gotthard bei Hospental anzutreffen ist. Darüber hinaus sind große Talklagerstätten in den Pyrenäen, in Indien (Madras) und Südafrika zu erwähnen.

Verwendung: Talk wird u. a. als Füllstoff in der Papier- und der Gummiindustrie verwendet, weiters in fein gemahlener Form (Talkum) als Grundstoff für Kosmetika und pharmazeutische Produkte (Salben, Puder) sowie zur Erzeugung von feuerfesten Baustoffen und Elektrokeramik.

Visitenkarte

Kristallsystem
monoklin

Härte
1

Dichte
2,58 bis 2,83

Spaltbarkeit
vollkommen

Bruch
uneben

Farbe
farblos, verschiedene Farben

Strichfarbe
weiß

Glanz
Fett-, Perlmuttglanz

Bild links: ein typisches schuppiges Talkaggregat.
Bild oben: Varietät Speckstein (Steatit).

Glimmermineralien

Die Mineralien der Glimmergruppe zählt man zu den sogenannten Schicht- oder Phyllosilikaten, bei denen die über gemeinsame O-Atome verbundenen SiO_4-Tetraeder flächenhaft versetzt sind und gemeinsam mit anderen Ionen ein Schichtgitter bilden. Vom chemischen Aufbau her sind die Glimmermineralien Kalium-Aluminium-Silikate, die oft auch Eisen und Magnesium sowie Hydroxylgruppen und Fluor enthalten. Sind von den Aluminium-, Eisen- bzw. Magnesiumionen jeweils zwei vorhanden, so handelt es sich um die Muskovitreihe, die von Paragonit, Muskovit, Glaukonit, Seladonit und Roscoelith gebildet wird; liegen aber jeweils drei dieser Ionen vor, so liegt die Biotitreihe vor, der die Mineralien Phlogopit, Biotit, Annit, Lepidolith und Zinnwaldit angehören. Die Glimmermineralien kristallisieren im monoklinen Kristallsystem, wobei sie in der Regel dünne, leichte, elastische Blättchen bilden. Charakteristisch ist die ausgezeichnete Spaltbarkeit dieser Mineralien. Glimmermineralien sind von eher geringer Härte und können in vielen verschiedenen Farben auftreten.

Muskovit • $KAl_2(OH, F)_2AlSi_3O_{10}$

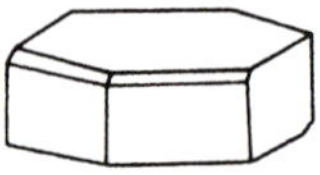

Visitenkarte

Kristallsystem
monoklin

Härte
2,5

Dichte
2,76 bis 2,88

Spaltbarkeit
vollkommen

Bruch
blätterig

Farbe
farblos, verschiedene Farben

Strichfarbe
weiß

Glanz
Perlmuttglanz

Die Kristalle dieses hellen Glimmerminerals sind zumeist tafelig bzw. plattig, wobei die Seitenflächen oft eine deutliche horizontale Streifung zeigen, aber auch in feinschuppiger Form sowie in Tafeln von z. T. beachtlicher Größe ist Muskovit zu finden. Das Mineral ist ausgezeichnet in elastische Blättchen spaltbar, die farblos und durchsichtig oder aber durchscheinend in verschiedenen Grautönen auftreten, was dem Glimmer gemeinsam mit dem ihm eigenen Perlmuttglanz einen typischen silbrigen Schimmer verleiht. Dem Muskovit ähnlich ist **Paragonit,** ein Mineral, welches im Unterschied zum Erstgenannten Natriumionen anstatt Kaliumionen zwischen den SiO_4-Schichten eingelagert enthält. Zur Muskovitreihe zählen außerdem der eisenhältige **Glaukonit,** ein Mineral, das Natrium-, Kalium- und Calciumionen enthält, und der **Seladonit** und der **Roscoelith.**

Besondere Merkmale: Muskovit ist in Säuren unlöslich und nur schwer schmelzbar.

Bild rechts: die chromhältige Muskovitvarietät Fuchsit. Bild oben: typische pseudohexagonale Kristalle des Muskovits (North Carolina, USA).

Entstehung: Muskovit ist überaus weit verbreitet, insbesondere in Graniten, Granitpegmatiten sowie in Schiefern, Gneisen und anderen metamorphen Gesteinen. Aufgrund seiner Verwitterungsbeständigkeit ist er auch oft in Sanden anzutreffen.

Vorkommen und Verwendung: Große Lagerstätten von Muskovit befinden sich in u. a. in Kanada, Indien, Russland, den USA, Norwegen und Schweden. Auch in Österreich und der Schweiz ist Muskovit zu finden, wobei vor allem das Zillertal in Tirol sowie das St.-Gotthard-Massiv als Fundstätten zu nennen sind. Muskovit wird vor allem zur Elektro- und Wärmeisolation industriell eingesetzt.

Varietäten: Der **Fuchsit,** eine grün gefärbte chromhältige Muskovitvarietät, tritt in Form von massigen Aggregaten auf.

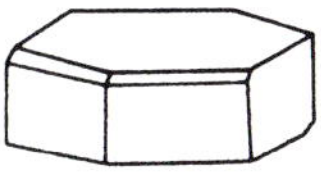

$KMg_3(F, OH)_2AlSi_3O_{10}$ • Phlogopit

Phlogopit bildet pseudohexagonale dicktafelige Kristalle von gelblicher, grünlicher oder rötlich brauner Farbe, ist hervorragend in dünne Tafeln spaltbar und zeigt zumeist Glasglanz, auf den Spaltflächen auch Perlmuttglanz.

Besondere Merkmale: Phlogopit wird von konzentrierter Schwefelsäure zersetzt; der Schmelzpunkt des Minerals liegt bei 1330 °C.

Entstehung: Phlogopit bildet sich u. a. durch Kontaktmetamorphose, und ist häufig in Kalksilikatgesteinen zu finden.

Vorkommen: Schöne Phlogopitkristalle von z. T. beachtlicher Größe wurden vor allem in Kanada (Ontario, Quebec) sowie auf Madagaskar gefunden. Weitere Vorkommen befinden sich am Baikalsee (Russland), in Colorado (USA), in Schweden, Finnland und der Schweiz (Campolungo im Tessin). Aufgrund seines hohen Schmelzpunktes und seiner sehr guten Isolationseigenschaften wird Phlogopit zur Herstellung von Isoliermaterial in der Elektrotechnik verwendet. Auch in der Keramikindustrie sowie zur Erzeugung feuerfester Materialien wird das Mineral eingesetzt.

Visitenkarte

Kristallsystem
monoklin

Härte
2 bis 2,5

Dichte
2,75 bis 2,97

Spaltbarkeit
vollkommen

Bruch
blätterig, biegsam

Farbe
gelblich bis rötlich braun

Strichfarbe
weiß

Glanz
Perlmutt-, Metallglanz

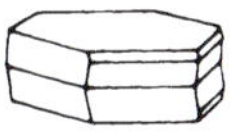

$KLi_2Al(F, OH)_2Si_4O_{10}$ • Lepidolith

Lepidolith bildet plattige pseudohexagonale Kristalle, tritt jedoch zumeist in feinkörnigen bis schuppigen Aggregaten auf, die weiß oder grau, häufiger aber blassviolett bzw. rosa- bis pfirsichblütenfarben auftreten können und Glasglanz aufweisen. Lepidolith ist wie alle Glimmer ausgezeichnet in elastisch biegsame Blättchen spaltbar.

Besondere Merkmale: Lepidolith wird von Säuren nur bis zu einem gewissen Grad angegriffen und ist leicht schmelzbar, wobei er die Flamme rot verfärbt, was auf den Lithiumgehalt zurückzuführen ist.

Entstehung: Lepidolith ist ausschließlich in Graniten und Granitpegmatiten zu finden, wo er von Quarz, Feldspat, Turmalin, Topas, Kassiterit, Beryll und verschiedenen Lithiummineralien, wie z. B. Spodumen, begleitet wird.

Vorkommen und Verwendung: Größere Vorkommen von Lepidolith finden sich in Australien (Coolgardie), den USA (Pala in Kalifornien), auf Madagaskar (Antsirabe), in Russland (Ural), Schweden (Utö), Tschechien (Rozna in Mähren) sowie nicht zuletzt auch in Sachsen (Penig). In wirtschaftlicher Hinsicht ist Lepidolith für die Gewinnung von Lithium wichtig, ein Element, welches vor allem zur Herstellung von Speziallegierungen eingesetzt wird.

Visitenkarte

Kristallsystem
monoklin

Härte
2,5 bis 3

Dichte
2,8 bis 3

Spaltbarkeit
vollkommen

Bruch
blätterig

Farbe
rosa bis violett

Strichfarbe
weiß

Glanz
Perlmuttglanz

Biotit • $K(Mg, Fe)_3(OH, F)_2AlSi_3O_{10}$

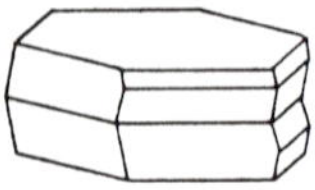

Das dunkle Glimmermineral Biotit bildet tafelige Kristalle von sechsseitigem Umriss, kommt aber häufiger in Form einzelner, unregelmäßig begrenzter Blättchen bzw. in schuppigen Aggregaten vor. Biotit ist in rötlich brauner, dunkelgrüner bis hin zu schwarzer Farbe anzutreffen, wobei er Glasglanz, auf Spaltflächen Perlmuttglanz zeigt. Biotit ist ausgezeichnet in elastisch biegsame dünne Tafeln spaltbar. Je nach der chemischen Zusammensetzung unterscheidet man eine Reihe von Varietäten - und zwar **Manganophyllit, Lepidomelan, Siderophyllit, Annit** und **Meroxen.**

Besondere Merkmale: Biotit wird von Schwefelsäure angegriffen; vor dem Lötrohr ist das Mineral schwer schmelzbar. Durch Verwitterungseinflüsse wandelt sich Biotit häufig in grünen Chlorit um, bisweilen auch in fast farblosen Muskovit.

Entstehung: Biotit ist in nahezu allen Gesteinstypen vertreten - d. h. in verschiedenen Magmatiten ebenso wie in metamorphen Gesteinen und in Sedimenten.

Vorkommen und Verwendung: Die vielleicht schönsten Biotitkristalle stammen aus den Pegmatiten Russlands, Grönlands, Brasiliens und Skandinaviens, wobei in Norwegen Kristallexemplare gefunden wurden, deren gesamte Oberfläche nicht weniger als 7 m^2 betrug. Schöne Biotitkristalle sind gelegentlich auch in den vulkanischen Auswürflingen des Vesuvs enthalten. Gut entwickelte Kristalle wurden auch in Deutschland gefunden, und zwar in den Silikatauswürflingen vom Laacher See (Eifel). Die eisenhaltige Varietät Siderophyllit ist u. a. in Alaska (Brooks Mountain) zu finden.

Biotit wird zwar wirtschaftlich kaum genutzt, ist aber für die Forschung durchaus interessant, da das Mineral Rückschlüsse auf die Entstehung von Gesteinen zulässt, in denen es angetroffen wird.

Visitenkarte

Kristallsystem
monoklin

Härte
2,5 bis 3

Dichte
2,8 bis 3,2

Spaltbarkeit
vollkommen

Bruch
blätterig

Farbe
braun
bis schwarz

Strichfarbe
weiß

Glanz
Glas- bis
Perlmuttglanz

Diese blätterigen Biotitkristalle stammen aus dem Fassatal (Italien).

Chloritgruppe

Die zahlreichen Vertreter dieser Gruppe von Schicht- oder Phyllosilikaten weisen einige Ähnlichkeit mit den Glimmermineralien auf, unterscheiden sich aber von diesen im chemischen Aufbau insofern, als sie einen hohen Wassergehalt aufweisen und kaum oder gar keine Alkalimetalle enthalten. Chemisch gesehen handelt es sich somit um Silikate der Elemente Aluminium, Magnesium und Eisen. Die Chlorite kristallisieren im monoklinen Kristallsystem in Form von feinen Schuppen oder pseudohexagonalen Kristallen, wobei sich auch diese Mineralien - ähnlich dem Glimmer - durch eine gute Spaltbarkeit auszeichnen. Die Spaltblättchen der Chlorite sind jedoch im Gegensatz zu jenen der Glimmergruppe zwar biegsam, aber nicht elastisch. Häufig sind die Chloritmineralien in schuppigen, plattigen oder dichten Aggregaten anzutreffen, manchmal auch in Form von Kugeln oder erdigen Massen. Charakteristisch für die im übrigen recht weit verbreiteten Chlorite ist ihre grüne Farbe, die in den verschiedensten Nuancen auftreten kann. Stellvertretend für diese Gruppe sei hier das Chloritmineral Pennin beschrieben.

$(Mg, Al)_3(OH)_2Al_{0,5\div 0,9}Si_{3,5\div 3,1}O_{10}Mg_3(OH)_6$ • Pennin

Pennin bildet dicktafelige Kristalle von bläulich grüner Farbe, deren Spaltflächen Perlmuttglanz aufweisen.

Besondere Merkmale: Vor dem Lötrohr blättert sich Pennin auf, ohne zu schmelzen. Von Schwefelsäure wird das Mineral vollständig zersetzt. Die Spaltblättchen sind biegsam, aber nicht elastisch.

Entstehung: Pennin ist ein weit verbreitetes Mineral, das vor allem in Diabas, einem siliziumarmen vulkanischen Gestein, auftritt. In seltenen Fällen ist Pennin auch in Chloritschiefern anzutreffen.

Vorkommen: Sehr schöne Penninkristalle wurden in der Gegend von Zermatt (Rimpfischwäng) in der Schweiz entdeckt. Auch im Zillertal in Österreich ist Pennin in Kristallform zu finden. Weitere Funde sind in Italien (Alatal im Piemont) sowie in Russland (Hardadinsk im Ural) zu verzeichnen.

Visitenkarte

Kristallsystem
monoklin

Härte
2 bis 2,5

Dichte
2,6 bis 2,8

Spaltbarkeit
vollkommen

Farbe
grün

Strichfarbe
graugrün

Glanz
Glas-,
Permuttglanz

Chrysokoll • $CuSiO_3 \cdot nH_2O$

Visitenkarte

Kristallsystem
rhombisch oder monoklin

Härte
2 bis 4

Dichte
2 bis 2,4

Spaltbarkeit
keine

Bruch
muschelig

Farbe
grün bis blau

Strichfarbe
weiß, grünlich

Glanz
Glas- bis Wachsglanz

Das Mineral Chrysokoll ist im wesentlichen eine amorphe Mischung aus Kupfersilikat und Siliziumhydrat, wobei auch bestimmte Verunreinigungen wie Aluminium-, Kupfer- und Eisenoxid auftreten können. Diese Beimengungen sind die Ursache dafür, dass dieses im allgemeinen grün oder blau gefärbte Mineral bisweilen dunklere Farbtöne bis hin zu Braun aufweisen kann. Chrysokoll bildet häufig gelartige, schalig krustenförmige oder traubige Aggregate; bisweilen treten auch mikroskopisch kleine nadelförmige Kristalle auf. Die durchscheinenden Aggregate haben entweder eine matte Oberfläche oder weisen Wachsglanz auf; siliziumreichere Stücke können Glasglanz zeigen.

Besondere Merkmale: Im Gegensatz zum Türkis, dem Chrysokoll äußerlich ähnlich sein kann, bildet sich bei diesem Mineral ein gelblicher Überzug, wenn es mit Salzsäure behandelt wird.

Entstehung: Chrysokoll ist häufig in der Oxidationszone von Kupferlagerstätten zu finden; dort bildet sich das Mineral zunächst als Gel aus Silizium, Wasser und Kupfer.

Vorkommen: In großen Mengen findet man Chrysokoll in Chile, Mexiko, in den USA (Idaho, Kalifornien, New Mexico, Arizona), in Zaire, der Volksrepublik Kongo, in Großbritannien (Cornwall) sowie in Russland (Ural). In Deutschland ist u. a. Saalfeld in Thüringen als Fundort zu nennen.

Verwendung: Chrysokoll wird bisweilen als Schmuckstein verwendet, wobei vor allem der Cabochonschliff zur Anwendung kommt.

Bild rechts: ein mikrokristallines Aggregat von Chrysokoll (Insel Elba, Italien). Bild oben: Chrysokoll in Form einer Konkretion.

$Mg_6(OH)_8Si_4O_{10}$ • Serpentin

Die Mineralien dieser Familie ähneln von der Zusammensetzung her den Chloriten, unterscheiden sich von diesen aber in der Kristallstruktur. Man unterscheidet beim Serpentin zwei Strukturvarietäten, **Antigorit** und **Chrysotil**. Antigorit präsentiert sich in feinschuppigen, mehr oder weniger dichten Aggregaten, ist von grünlicher, bläulich grüner oder weißer Farbe und zeigt Perlmutt- bis Harzglanz. Chrysotil tritt in gelblichen, graugrünen oder weißen Aggregaten auf, die von fein- bis grobfaserigem Aufbau sind und zumeist Seidenglanz aufweisen. Parallelfaserige Aggregate werden als **Chrysotilasbest** oder **Serpentinasbest** bezeichnet.

Besondere Merkmale: Antigorit wird von Säuren angegriffen. Vor dem Lötrohr ist das Mineral sehr schwer und nur in feinsten Splittern schmelzbar. Chrysotil wird von Salzsäure unter Abscheidung von schleimiger Kieselsäure (SiO_2) zersetzt.

Entstehung: Der Antigorit kommt in der Natur überaus häufig vor und ist ein Hauptbestandteil von Serpentingesteinen, das sind ultrabasische Metamorphite, die durch Regionalmetamorphose aus Magmatiten wie z. B. Peridotit entstanden sind. Auch Chrysotil ist häufig in Serpentiniten vorhanden, wobei das Mineral oft zusammen mit Antigorit auftritt; die Fasern des Chrysotils, die bisweilen bis zu 10 cm lang werden können, stehen bei der wirtschaftlich nutzbaren Varietät senkrecht zu den Klüften im gemeinen Serpentin - man spricht in diesem Fall auch vom **Querfaserasbest.**

Vorkommen und Verwendung: Antigorit ist u. a. im Val Antigorio im Piemont (Italien) zu finden. Die größten Lagerstätten von Chrysotil liegen in den paläozoischen Serpentiniten von Quebec (Kanada). Daneben gibt es noch einige weitere beachtliche Vorkommen, u. a. in den USA, in Russland (Ural), Zimbabwe, Südafrika (Transvaal), Brasilien sowie auf Zypern. Aus den genannten Vorkommen wird nahezu der weltweite Bedarf an diesem Mineral gedeckt.

Varietäten: In manchen sedimentären Eisen führenden Lagerstätten kommt der **Berthierin** vor, eine eisenhältige Varietät des Serpentins, die Eisen in zwei- bzw. dreiwertiger Form enthält, wodurch das Magnesium teilweise ersetzt wird.

Visitenkarte

Kristallsystem
monoklin

Härte
2,5 bis 4

Dichte
2,5 bis 2,6

Spaltbarkeit
vollkommen

Bruch
muschelig

Farbe
farblos, verschiedene Farben

Strichfarbe
weiß

Glanz
Glas- bis Seidenglanz

Bild links: die eisenhältige Varietät des Serpentins, der Berthierin.
Bild oben: typisch faseriger Serpentinasbest (Val Malenco, Italien).

Feldspate

Eine der umfangreichsten und bekanntesten Mineralgruppen ist jene der Feldspate, von denen einige als Hauptgemengteile verschiedener Plutonite als Gesteinsbildner in Erscheinung treten. Die Feldspate sind in magmatischen Tiefengesteinen ebenso zu finden wie in Vulkaniten, aber auch in kristallinen Schiefern und Sedimentiten sind diese Mineralien häufig vertreten. Von der chemischen Zusammensetzung her gelten die Feldspate als Alumosilikate der Elemente Kalium, Natrium, Calcium und etwas seltener auch Barium, wobei in Spuren auch andere Elemente, wie z. B. Lithium, Caesium, Rubidium, Magnesium, Eisen und Titan, enthalten sein können. Die Feldspatmineralien stellen isomorphe Mischreihen mit drei reinen Endgliedern, und zwar Kalifeldspat **(Orthoklas),** Natronfeldspat **(Albit),** Kalkfeldspat **(Anorthit),** dar. Zu diesen zählt man auch den seltenen Bariumfeldspat namens **Celsian**. Die Mineralienzusammensetzung von Albit nach Anorthit ist unbeschränkt mischbar, woraus die Mischreihe der sogenannten **Plagioklase** (Kalk-Natronfeldspäte) hervorgeht. Zwischen den beiden reinen Endgliedern Albit und Anorthit liegen die Mineralien Oligoklas, Andesin, Labradorit und Bytownit.

Sanidin • $KAlSi_3O_8$

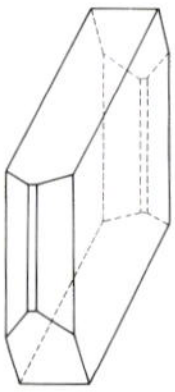

Sanidin ist eine der drei polymorphen Modifikationen - und zwar die Hochtemperaturform - des Kalifeldspats. Er kristallisiert in prismatischen oder dünntafeligen Kristallen, die farblos und durchsichtig, aber auch weißlich grau bis rosafarben und undurchsichtig auftreten können, wobei die Kristalle zumeist Glasglanz zeigen. Die Strichfarbe des Minerals ist Weiß. Sanidin ist ein hartes, eher leichtes Mineral, das in zwei zueinander senkrechten Richtungen gut spaltbar ist.

Besondere Merkmale: Sanidin ist vor der Lötlampe unschmelzbar und wird von herkömmlichen Säuren nicht angegriffen; lediglich von der Flusssäure (Fluorwasserstoff) wird das Mineral vollständig zersetzt.

Entstehung: Sanidin ist vor allem für die Wissenschaft ein äußerst interessantes Mineral, das vorwiegend in jungvulkanischen Gesteinen, wie z. B. Trachyten, anzutreffen ist. Darüber hinaus ist Sanidin auch in manchen magmatischen Tiefengesteinen und in Metamorphiten zu finden.

Vorkommen: Sanidin ist in Deutschland vor allem in den Vulkaniten der Eifel anzutreffen. Besonders häufig tritt das Mineral in Italien auf, wo es z. T. auch stattliche Kristalle bildet; wobei als Fundort insbesondere das Fleimstal hervorzuheben ist, wo außergewöhnliche rosafarbene Zwillingskristalle von mehreren Zentimetern Länge gefunden wurden. Aus den porphyrischen Graniten von Capo d'Enfola bei Portoferraio auf der Insel Elba stammen hingegen grau gefärbte Sanidinkristalle. Weitere Fundstätten liegen am Monte Somma (Vesuv), in Sizilien sowie auf den Inseln Ustica und Pantelleria.

Visitenkarte

Kristallsystem
monoklin

Härte
6 bis 6,5

Dichte
2,55 bis 2,63

Spaltbarkeit
vollkommen

Bruch
muschelig bis uneben

Farbe
farblos, verschiedene Farben

Strichfarbe
weiß

Glanz
Glasglanz

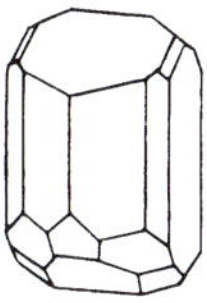

$KAlSi_3O_8$ • Mikroklin

Mikroklin ist neben dem Sanidin und dem Orthoklas eine der drei polymorphen Modifikationen des Kalifeldspats - und zwar dessen trikline Form. Mikroklin tritt in weißlichen, grauen, rosafarbenen, gelblichen, seltener auch in grünen Kristallen auf, die von ihrer Gestalt und ihren physikalischen Eigenschaften her jenen des Orthoklas sehr ähnlich sind.

Entstehung: Mikroklin ist in Pegmatiten, Graniten und Gneisen anzutreffen.

Vorkommen: Große Lagerstätten von Mikroklin liegen in den USA (New Hampshire, Maine), in Russland (Ural), in Finnland und Norwegen. In Deutschland ist Mikroklin im Oberpfälzer Wald (Hagendorf) zu finden.

Varietäten: Der Amazonit ist eine kostbare blau bis blaugrün gefärbte Varietät des Mikroklins und kommt bisweilen in derben Aggregaten, häufiger jedoch in Form von gut ausgebildeten gedrungenen Kristallen vor, deren Spaltflächen andeutungsweise sichtbar sind. Für das farbliche Erscheinungsbild des Minerals können Störungen im Kristallgitter maßgeblich sein, welche infolge von Verunreinigungen durch Blei auftreten.

Amazonit ist vor allem in Russland, Nordamerika, Brasilien, Indien, auf Madagaskar sowie in Tanzania anzutreffen.

Amazonit wird zu Cabochon verschliffen oder zu Kugeln verarbeitet, um daraus Ketten, Anhänger und Ähnliches herzustellen.

Visitenkarte

Kristallsystem
triklin

Härte
6

Dichte
2,53 bis 2,56

Spaltbarkeit
vollkommen

Bruch
muschelig, uneben, spröde

Farbe
weiß, grau, rötlich

Strichfarbe
weiß

Glanz
Glas-, Perlmuttglanz

Bild links: Kristalle des Amazonits, einer blaugefärbten Varietät des Mikroklins (Colorado, USA). Bild oben: ein gewöhnliches Exemplar des Mikroklins.

Orthoklas • $KAlSi_3O_8$

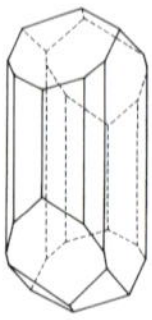

Visitenkarte

Kristallsystem
monoklin

Härte
6

Dichte
2,53 bis 2,63

Spaltbarkeit
vollkommen

Bruch
muschelig

Farbe
farblos, verschiedene Farben

Strichfarbe
weiß

Glanz
Glas- bis Perlmuttglanz

Dieses Mineral bildet prismatische Kristalle, wobei meist dicktafelige, seltener auch langgestreckte Exemplare von z. T. riesigen Ausmaßen zu finden sind. Überaus häufig sind die typisch geformten Durchdringungszwillinge des Orthoklas, dabei vor allem die sogenannten *Karlsbader Zwillinge*. Daneben tritt Orthoklas auch in derben oder spätigen Massen auf, die gut spaltbar sind. Orthoklas ist ein sprödes, gut spaltbares Mineral mit muscheligem Bruch. Das Mineral ist hart, relativ leicht und kann durchsichtig und farblos ebenso auftreten wie durchscheinend und undurchsichtig, wobei es weiß, grau, rosa oder gelblich gefärbt sein kann. Orthoklas zeigt Glas- bis Perlmuttglanz und verfügt über eine weiße Strichfarbe. Charakteristisch sind die nahezu rechtwinkeligen Spaltflächen - eine Eigenschaft, die sich auch im Namen des Minerals widerspiegelt, der aus dem Griechischen übersetzt soviel wie »rechtwinkelig Spaltender« bedeutet.

Besondere Merkmale: Orthoklas ist vor dem Lötrohr schwer schmelzbar und wird von Säuren nicht angegriffen; allein von Flusssäure wird das Mineral vollständig zersetzt.

Entstehung: Orthoklas ist als Hauptgemengteil saurer Plutonite und anderer Gesteine das häufigste Silikatmineral der Erdkruste. Als Gesteinsbildner ist Orthoklas in nahezu allen magmatischen und metamorphen Gesteinen anzutreffen. Darüber hinaus ist das Mineral auch in manchen Erzgängen und in körniger Form auch in Sedimentiten vorhanden.

Vorkommen: Aus Karlsbad in Böhmen stammen vor allem jene Kristalle, die den *Karlsbader Zwillingen* ihren Namen gegeben haben. Weitere bedeutende Funde von Orthoklas sind in Villadreu (Spanien) sowie in Itrongay (Madagaskar) zu verzeichnen, wo Kristalle in Schmucksteinqualität auftreten. In Deutschland ist das Mineral im Fichtelgebirge

Bläulich weiß und seidig schimmernde Kristalle des Adulars werden als Mondstein bezeichnet.

anzutreffen, während in Österreich die kristallinen Schiefer des Zillertals als Fundstätte für Orthoklas zu nennen sind.
Verwendung: Orthoklas ist ein wichtiger Rohstoff für die Keramik- und Glasindustrie sowie für die Porzellanerzeugung. Herausragende Orthoklaskristalle, vor allem durchsichtige gelb gefärbte Exemplare, werden zu Schmucksteinen geschliffen.
Varietäten: Der **Adular**, welcher vorwiegend in alpinen Klüften auftrittt, ist nach der antiken Bezeichnung für das St.-Gotthard-Massiv (»Adulas«) benannt, wo diese Feldspatvarietät zu finden ist. Milchig weiße Exemplare von Adular, die auf Grund bestimmter Lichtreflexionen einen seidigen bläulichen Schimmer zeigen, werden **Mondstein** genannt und zu Schmucksteinen verarbeitet. Der **Valencianit**, eine ebenfalls milchig trübe Varietät, kommt in sehr schönen Kristallen im amerikanischen Bundesstaat Idaho (Silver City) vor.
Der **Anorthoklas** umfasst die triklinen Feldspäte der Mischreihe Albit-Orthoklas; sein Name deutet darauf hin, dass diese Varietät keine rechtwinkelige Spaltbarkeit aufweist.

Bild oben: Zwillingskristalle des Orthoklas (Baveno, Italien). Darunter: weißer Adular mit metallisch glänzendem blätterigem Hämatit (Insel Elba, Italien).

Albit • $NaAlSi_3O_8$

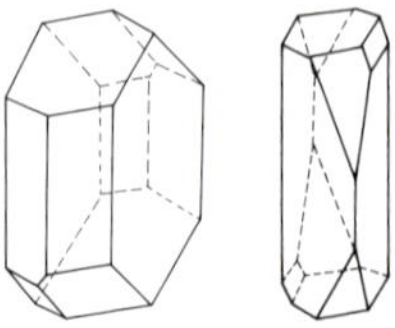

Visitenkarte

Kristallsystem
triklin

Härte
6 bis 6,5

Dichte
2,62

Spaltbarkeit
vollkommen

Bruch
muschelig

Farbe
farblos, verschiedene Farben

Strichfarbe
weiß

Glanz
Glasglanz

Die Kristalle des Albits sind häufig in Zwillingsform anzutreffen, wobei die Zwillingsbildung nach den beim Orthoklas gültigen Gesetzen, aber auch nach dem typischen Albitgesetz vor sich gehen kann - dabei fügen sich zwei oder mehrere Individuen auf charakteristische Weise an einer Ebene zusammen; im Fall von mehrfach wiederholten Verzwillingungen spricht man von *polysynthetischen Zwillingen.* Die Kristalle des Albits können in tafeliger, aber auch in prismatischer Gestalt auftreten. Albit ist relativ hart, zeigt Glasglanz, ist farblos und durchsichtig oder weiß und undurchsichtig, bisweilen auch durchscheinend.

Besondere Merkmale: Albit wird ausschließlich in Flusssäure zersetzt, wobei Kieselgel zurückbleibt. Albit ist schwer schmelzbar und bewirkt durch den Natriumgehalt eine gelbe Flammenfärbung.

Entstehung: Dieses weit verbreitete Feldspatmineral ist als wesentlicher Gemengteil in vielen magmatischen Gesteinen anzutreffen, und zwar sowohl in Tiefengesteinen als auch in Vulkaniten; ebenso häufig ist Albit **(Natronfeldspat)** in metamorphen Gesteinen vertreten.

Vorkommen: Beachtliche Funde von Albit gab es wiederholt im Montblancmassiv sowie im Aostatal (Italien). Auch bei Schmirn in Tirol wurden schöne Kristalle gefunden. Für besonders prächtige Exemplare sind auch die Granitdrusen von Baveno am Lago Maggiore bekannt. In alpinen Klüften ist die Albitvarietät **Periklin** anzutreffen, wobei als besondere Fundstätte die Umgebung von Bozen zu nennen ist.

Verwendung: Größere abbauwürdige Lagerstätten des Minerals sind durchaus von wirtschaftlicher Bedeutung - sei es in der Keramikproduktion oder zur Herstellung von hitzebeständigen Materialien.

Die prächtigen rosafarbigen Albitkristalle auf dem Bild oben stammen aus Quebec (Kanada). Auf dem Bild nebenan ist die Albitvarietät Periklin zu sehen.

$CaAl_2Si_2O_8$ • Anorthit (Kalkfeldspat)

Dieses Mineral ist in prismatischen oder blätterigen Kristallen, aber auch in spätigen Massen anzutreffen. Anorthit ist von weißer bzw. grauer Farbe und zeigt Glasglanz.
Besondere Merkmale: Anorthit ist in Salzsäure löslich.
Entstehung: Anorthit ist in basischen Vulkaniten und Tiefengesteinen ebenso vertreten wie in metamorphen Gesteinen. Auch in Gesteinsmeteoriten wurde das Mineral gefunden.
Vorkommen: Prächtige durchsichtige Anorthitkristalle treten häufig in den vulkanischen Auswürflingen des Vesuvs (Italien) auf. Weitere Funde wurden in Italien in den metamorphen Kalkgesteinen des Fassatals sowie auf den Cyclopeninseln verzeichnet. Darüber hinaus ist Anorthit in Indien (bei Madras), in Island, Japan sowie in den USA in Form großer Lagerstätten zu finden, wobei vor allem Franklin in New Jersey zu nennen ist.

Visitenkarte

Kristallsystem
triklin

Härte
6

Dichte
2,7

Spaltbarkeit
vollkommen

Bruch
spröde

Farbe
weiß bis grau

Strichfarbe
weiß

Glanz
Glasglanz

Rosa Anorthitkristalle aus dem Fassatal (Italien).

Weitere Plagioklase

Oligoklas
Dieses Mineral ist eine Mischung aus Albit (70 bis 90%) und Anorthit (10 bis 30%). Oligoklas bildet spätige Massen und tafelige Kristalle und kann in grauer, grünlicher, gelber, brauner oder rötlicher Farbe auftreten. Eine begehrte Varietät des Oligoklas ist der rötlich schimmernde **Sonnenstein.** Einzelkristalle des Oligoklas wurden in Kalifornien, im Staat New York, auch in Schweden und Russland gefunden.

Andesin
Dieses Feldspatmineral setzt sich aus Albit (50 bis 70%) und Anorthit (30 bis 50%) zusammen und tritt zumeist in tafeligen Kristallen oder spätigen Massen von weißer bis grauer Farbe auf, die Glasglanz zeigen. Andesin ist in Magmatiten mittleren SiO_2-Gehalts und in metamorphen Gesteinen zu finden. Das Mineral ist u. a. in Grönland, Norwegen, Japan und Kalifornien anzutreffen.

Labradorit
Dieser Plagioklas ist eine Mischung aus Albit (30 bis 50%) und Anorthit (50 bis 70%). Labradorit kommt vornehmlich in siliziumarmen Magmatiten vor. Von der Insel Saint-Paul vor Labrador stammen schöne Kristalle, die gerne als Ziersteine verwendet werden, zumal sie sich durch ein charakteristisches blaugrünes Irisieren (Labradorisieren) auszeichnen, welches durch die blätterige Struktur des Minerals sowie durch feine Einlagerungen von Titanit, Magnetit und Ilmenit bedingt ist. Ein weiterer Plagioklas ist der **Bytownit**, der sich ebenfalls aus Albit (10 bis 30%) und Anorthit (70 bis 90%) zusammensetzt.

$(K, Ba)Al(Al, Si)Si_2O_8$ • Hyalophan

Hyalophan bildet farblose oder weiße Kristalle, die für gewöhnlich von hoher Transparenz sind und typischen Glasglanz zeigen. Die Kristalle sind von abgeplatteter prismatischer Gestalt, wobei im Inneren oft die Spaltflächen angedeutet sind, die im Wesentlichen in zwei Richtungen verlaufen. Auch Zwillingsbildungen sind bisweilen anzutreffen. Wie alle Feldspate ist auch der Hyalophan relativ hart.

Entstehung: Hyalophan geht vornehmlich auf Prozesse zurück, die während der Kontaktmetamorphose von Gesteinen ablaufen, wodurch dieser Feldspat hauptsächlich in umgewandelten Kalken und Dolomit vertreten ist. Hyalophan ist auch in Gneis anzutreffen, wo er zusammen mit Manganmineralien auftritt.

Vorkommen: Hyalophan ist zusammen mit Manganerzen in Kaso (Japan) anzutreffen, weiters in Otjosondu in Namibia sowie in Broken Hill in Australien. In Form von kleinen durchsichtigen Kristallen liegt das Mineral im Dolomit von Imfeld im Binnatal (Schweiz) vor. In Italien ist u. a. das Aostatal als Fundstätte von Hyalophan zu nennen.

Visitenkarte

Kristallsystem
monoklin

Härte
6,5

Dichte
2,6 bis 2,9

Spaltbarkeit
vollkommen

Bruch
uneben

Farbe
farblos, verschiedene Farben

Strichfarbe
weiß

Glanz
Glasglanz

Zwei Kristallexemplare des Hyalophans, eines Minerals, welches unter Sammlern sehr geschätzt wird.

VERWENDUNG ALS SCHMUCKSTEIN

Als farbloses und durchsichtiges Mineral wird Hyalophan für Schmuckzwecke gewöhnlich mit einem Facettenschliff versehen, wobei insbesondere die rechteckige Schliffform zur Anwendung kommt, die durch den prismatischen Kristallhabitus begünstigt wird.

Feldspatoide (Feldspatvertreter)

Unter dieser Bezeichnung werden Mineralien zusammengefasst, die von der chemischen Zusammensetzung her den Feldspaten sehr ähnlich sind, die aber weniger Kieselsäure enthalten und aus petrographischer Sicht von viel geringerer Bedeutung sind. Es handelt sich um Alumosilikate der Elemente Kalium, Natrium, Lithium und Calcium, in deren Kristallgitter auch fremde Anionen auftreten können, wie z. B. SO_4, CO_3 und OH, weiters Wassermoleküle sowie Elemente wie Fluor, Chlor und Schwefel. Die Gruppe der Feldspatvertreter wird nur in einigen Beispielen besprochen.

Petalit • $LiAlSi_4O_{10}$

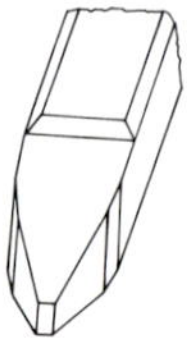

Der Petalit, auch unter der Bezeichnung **Kastor** bekannt, bildet säulige oder dicktafelige Kristalle, die bisweilen löcherig oder zackig ausgefranst auftreten können. Häufiger jedoch ist Petalit in dichten, körnigen bzw. grobspätigen Aggregaten zu finden. Das Mineral kann farblos, weiß oder grau, bisweilen auch grünlich oder rötlich auftreten, wobei es Glasglanz zeigt und nach der Basis sehr gut spaltbar ist. Petalit hat einen muscheligen Bruch.

Besondere Merkmale: Petalit wird mit Ausnahme von Flusssäure durch Säuren nicht angegriffen und ist vor dem Lötrohr schmelzbar, wobei das Mineral aufgrund seines Lithiumgehalts der Gasflamme eine karminrote Färbung verleiht.

Entstehung: Petalit ist vor allem in pegmatitischen Granitgängen vertreten, wo das Mineral gemeinsam mit Orthoklas, Spodumen, Quarz, Turmalin, Lepidolith, Pollucit und Topas anzutreffen ist.

Vorkommen und Verwendung: Größere Lagerstätten von Petatit liegen in Schweden, Finnland, Namibia, Australien, Russland, Zimbabwe sowie in den Vereinigten Staaten. In Italien ist Petalit zusammen mit Lepidolith, Orthoklas, Turmalin und Quarz in den Graniten der Insel Elba zu finden.

Petalit ist eines der wichtigsten Lithiummineralien, das überall dort, wo es in größeren Mengen auftritt, zur Gewinnung dieses seltenen Elements abgebaut wird.

Visitenkarte

Kristallsystem
monoklin

Härte
6 bis 6,5

Dichte
2,4

Spaltbarkeit
unvollkommen

Bruch
muschelig

Farbe
farblos, grau, weißlich

Glanz
Glasglanz

Petalit von der Insel Elba (Italien).

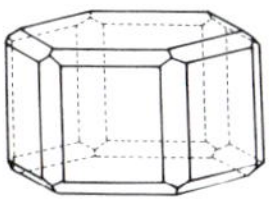

$KNa_3(AlSiO_4)_4$ • Nephelin

Dieses Mineral bildet häufig kurzsäulige bis dicktafelige Kristalle, wobei die Flächen des hexagonalen Prismas oftmals mit asymmetrischen Ätzfiguren versehen sind. Häufig ist Nephelin auch in massigen grobkörnigen Aggregaten bzw. in durchsichtig körniger Form anzutreffen. Nephelin ist farblos, grau, gelblich oder hellgrün und kann durchsichtig bis nahezu undurchsichtig auftreten, wobei das Mineral auf Kristallflächen Glasglanz, auf Bruchflächen eher Fettglanz zeigt. Nephelin ist ein relativ hartes und leichtes Mineral mit schlecht ausgeprägter Spaltbarkeit; Nephelin ist spröde und zeigt einen muscheligen Bruch.

Besondere Merkmale: Nephelin wird von Salzsäure unter Abscheidung von Kieselgel zersetzt.

Entstehung: Dieser relativ weit verbreitete Feldspatvertreter ist in magmatischen Tiefengesteinen ebenso wie in Vulkaniten zu finden; recht häufig ist Nephelin auch in den Pegmatiten der sogenannten Nephelinsyenite zu finden, wo das Mineral z. T. beträchtliche Lagerstätten bildet.

Vorkommen und Verwendung: In Deutschland ist Nephelin an verschiedenen Orten in z. T. sehr schönen Kristallen zu finden, u. a. am Laacher See (Eifel), am Kaiserstuhl (Baden), am Katzenbuckel (Odenwald), am Vogelsberg sowie am Löbaner Berg (Sachsen). Auch am Monte Somma (Vesuv) in Italien wurden schöne Nephelinkristalle gefunden. Große, auch wirtschaftlich nutzbare Lagerstätten liegen in Norwegen (Langesundfjord), Russland (Halbinsel Kola, Ural), in Kanada und in Grönland.

Wo Nephelin in größeren Mengen vorkommt, ist das Mineral von einiger wirtschaftlicher Bedeutung, da es als Rohstoff für die Keramik- und Glasindustrie sehr geschätzt wird.

Visitenkarte

Kristallsystem
hexagonal

Härte
5,5 bis 6

Dichte
2,56 bis 2,66

Spaltbarkeit
unvollkommen

Bruch
muschelig

Farbe
farblos, verschiedene Farben

Strichfarbe
weiß

Glanz
Glas- bis Fettglanz

Weiße Nephelinkristalle mit gelbbraunem Vesuvian vom Monte Somma (Vesuv).

Leucit • $KAlSi_2O_6$

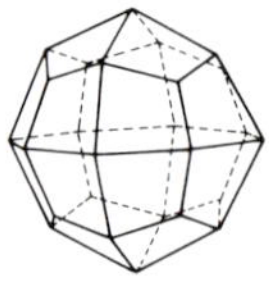

Visitenkarte

Kristallsystem
tetragonal

Härte
5,5 bis 6

Dichte
2,5

Spaltbarkeit
keine

Bruch
muschelig

Farbe
farblos, verschiedene Farben

Strichfarbe
weiß

Glanz
Glasglanz

Je nach der Temperatur, die bei der Entstehung des Minerals herrscht, tritt Leucit in zwei verschiedenen Modifikationen auf. Während sich bei Temperaturen über 605 °C kubischer Leucit bildet, dessen Kristalle in Form von typischen Ikositetraedern (Leucitoedern) auftreten, ändert sich bei niedrigeren Temperaturen die innere Kristallstruktur, sie wird tetragonal, wobei die ikositetraedrische äußere Form aber erhalten bleibt. Leucit tritt häufig in Form von Zwillingskristallen auf, was auf den Kristallflächen zu einer charakteristischen Streifung führt. Darüber hinaus ist das Mineral häufig in Form von körnigen Aggregaten anzutreffen. Leucit tritt in weißer oder grauer Farbe, bisweilen auch farblos auf, wobei das Mineral Glasglanz zeigt.

Besondere Merkmale: Leucit ist vor dem Lötrohr nicht schmelzbar und wird von warmer Salzsäure ebenso zersetzt wie von kalter Schwefelsäure. Durch Verwitterung kann sich Leucit in Analcim oder Kaolinit umwandeln.
Entstehung: Leucit ist ausschließlich in jungvulkanischen Gesteinen vertreten.
Vorkommen und Verwendung: Leucit ist u. a. in den Laven des Monte Somma am Vesuv zu finden, wo die undurchsichtigen weißlichen Kristalle oft mehrere Zentimeter im Durchmesser erreichen können. Unter Sammlern besonders begehrt sind die Kristalle, die in den Albaner Bergen bei Rom anzutreffen sind. Leucit ist aber auch in Deutschland anzutreffen, wobei vor allem der Kaiserstuhl in Baden sowie die Vulkanite der Eifel als Fundstätten zu nennen sind. Große Leucitvorkommen sind auch in den USA (Leucite Hills in Wyoming) und Kanada (Vancouver Island) bekannt.
Leucit führende Gesteine werden bisweilen wegen des Kaliumgehalts vermahlen und als Kalidünger eingesetzt.

Die beiden Abbildungen zeigen Kristalle des Leucits. Das Exemplar auf dem Bild oben zeigt besonders deutlich die typische ikositetraedrische Gestalt des Minerals, ein Leucitoeder.

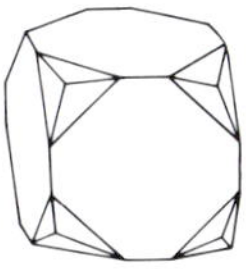

$NaAlSi_2O_6 \cdot H_2O$ • Analcim

Die häufig auftretenden, bisweilen faustgroßen Kristalle des Analcims können durchsichtig und farblos, aber auch undurchsichtig und weiß bis rosafarben vorkommen. Sie treten in Form von 24-flächigen Körpern, sogenannten Ikositetraedern, auf. Analcim ist von mittlerer Härte, zeigt Glasglanz und verfügt über eine undeutliche Spaltbarkeit. Besonders charakteristisch für den Analcim ist die bereits erwähnte Kristallform sowie die leichte Schmelzbarkeit des Minerals.

Besondere Merkmale: Erhitzt man pulverigen Analcim im Reagenzglas, so wird das Mineral trüb und setzt Wasserdampf frei, der an den Wänden des Glases kondensiert.

Entstehung: Analcim ist in verschiedenen Gesteinstypen anzutreffen, und zwar in magmatischen ebenso wie in metamorphen und sedimentären Gesteinen. Am häufigsten ist das Mineral jedoch in Hohlräumen von Basalten, Andesiten und ähnlichen Gesteinen zu finden.

Vorkommen: Analcim ist an verschiedenen Orten in Italien verbreitet - u. a. im Fassatal in den Dolomiten sowie auf der Cyclopeninsel bei Catania. In Deutschland ist das Mineral in den Vulkaniten der Eifel, am Kaiserstuhl (Baden) sowie auf den Erzgängen von St. Andreasberg im Harz zu finden. Weitere nennenswerte Vorkommen von Analcim liegen im Böhmischen Mittelgebirge, auf den Färöerinseln, in Irland sowie in Kanada und den USA, wo vor allem Bergen Hill und Paterson in New Jersey sowie die Vorkommen am Oberen See zu erwähnen sind.

Visitenkarte

Kristallsystem
kubisch

Härte
5,5

Dichte
2,24 bis 2,29

Spaltbarkeit
keine

Bruch
muschelig

Farbe
farblos, verschiedene Farben

Strichfarbe
weiß

Glanz
Glasglanz

Rosafarbene Kristalle des Analcims von der Seiser Alm (Südtirol, Italien).

Sodalith • $Na_8Cl_2(AlSiO_4)_6$

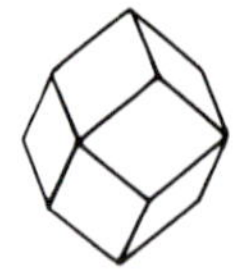

Visitenkarte

Kristallsystem
kubisch

Härte
5 bis 6

Dichte
2,27 bis 2,33

Spaltbarkeit
vollkommen

Bruch
muschelig

Farbe
farblos, verschiedene Farben

Strichfarbe
weiß

Glanz
Glas- bis Fettglanz

Die rhombendodekaedrischen Kristalle des Sodaliths sind nur selten anzutreffen, denn das Mineral tritt zumeist in Form von körnigen Aggregaten auf. Sodalith ist farblos oder blau, bisweilen auch weißgrau mit rosaroten, gelblichen oder grünlichen Farbtönen, wobei das Mineral Glasglanz, auf Bruchflächen aber eher Fettglanz zeigt.

Besondere Merkmale: Vor dem Lötrohr schmilzt Sodalith zu farblosem Glas; außerdem färbt das Mineral die Flamme aufgrund seines Natriumgehalts gelb. Von Salzsäure wird Sodalith unter Abscheidung von Kieselgel zersetzt. Aufgrund von hydrothermalen Prozessen, so wird vermutet, wandelt sich Sodalith häufig in radialfaserigen Natrolith um, zu dem sich oft andere Zeolithe sowie kleine Mengen von Cancrinit, Sericit, Diaspor, Kaolinit und Calcit gesellen.

Entstehung: Sodalith ist gelegentlich als Hauptteil oder Nebengemengteil in siliziumarmen Magmatiten vorhanden, wobei das Mineral oft von Leucit oder Nephelin begleitet wird. Gelegentlich ist Sodalith auch in kontaktmetamorph umgewandelten Kalkgesteinen zu finden.

Vorkommen und Verwendung: Sodalith ist in größerem Umfang in den Syeniten der kanadischen Provinzen Ontario, Quebec und Britisch-Kolumbien vorhanden. Darüber hinaus ist das Mineral in den USA (Arkansas), in den bolivianischen Anden, in Russland (Ural), Portugal, Zambia und in Grönland anzutreffen. Sodalith ist auch an verschiedenen Orten in Italien zu finden, insbesondere in Form von aufgewachsenen Kriställchen in vulkanischen Auswürflingen. In Deutschland ist vor allem Rieden am Laacher See (Eifel) als Fundort zu nennen.

Dichte, einheitlich blau gefärbte Massen von Sodalith werden zur Anfertigung von Ziergegenständen, Halsketten usw. verwendet.

Bild rechts: blauer, als Zierstein geschätzter Sodalith. Bild oben: weiße Sodalithkristalle in Begleitung von Augit.

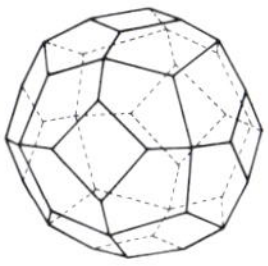

$(Cs, Na)AlSi_2O_6 \cdot H_2O$ • Pollucit

Pollucit bildet zumeist gut entwickelte flächenreiche Kristalle, deren geometrische Form eine Kombination von Ikositetraeder und Würfel darstellt. Das Mineral ist farblos, weiß oder grau und weist Glasglanz auf. Häufig ist Pollucit auch in derben, körnigen Massen zu finden, oder man trifft das Mineral angewittert (teilweise in Kaolinit umgewandelt) bzw. von rosafarbenen Cookeitäderchen durchzogen an.

Besondere Merkmale: Pollucit ist schwer schmelzbar, wobei sich weißliches Glas bildet. Das Mineral verleiht der Flamme eine rötlich gelbe Färbung; von Säuren wird es kaum angegriffen.

Entstehung: Pollucit ist ein Mineral der hydrothermalen Entstehungsweise, das eher selten vorkommt; es ist vor allem in Granitpegmatiten vertreten, wo es für gewöhnlich von anderen Mineralien begleitet wird.

Vorkommen und Verwendung: Pollucit, begleitet von Petalit, wurde etwa Mitte des vorigen Jahrhunderts erstmal in den Graniten der Insel Elba entdeckt. In größeren Mengen ist Pollucit in Varuträsk (Nordschweden) zu finden, und auch in Namibia (Karibib) sowie in den USA sind große Vorkommen von Pollucit bekannt, hier u. a. in der Spodumenlagerstätte vom Bernic Lake. Pollucit ist der wichtigste Rohstoff zur Gewinnung von Caesium.

Visitenkarte

Kristallsystem
kubisch

Härte
6,5

Dichte
2,9

Bruch
muschelig

Farbe
farblos, weiß, grau

Strichfarbe
weiß

Glanz
Glasglanz

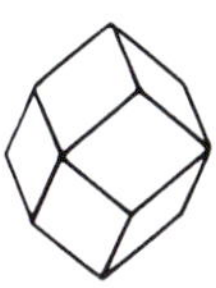

$(Na, Ca)_{8 \div 4}(SO_4)_{2 \div 1}(AlSiO_4)_6$ • Hauyn

Die oktaedrischen Kristalle des Hauyns sind häufig über eine der Oktaederflächen zu Zwillingen verwachsen. Das Mineral tritt in weißlicher, grauer, bläulich grüner oder blauer Farbe auf.

Besondere Merkmale: Hauyn wird von Säuren rasch zersetzt, wobei sich Kieselgel abscheidet. Vor dem Lötrohr ist das Mineral leicht schmelzbar.

Entstehung: Hauyn ist vor allem in vulkanischem Gestein namens Phonolith anzutreffen.

Vorkommen: In Italien ist Hauyn vor allem in den vulkanischen Auswürflingen des Vesuvs sowie in den Albaner Bergen bei Rom zu finden. Hauyn ist aber auch in Deutschland anzutreffen, wobei hier die Sanidinitauswürflinge des Laacher Sees sowie die Mühlsteinlava in Niedermendig (beide in der Eifel) zu nennen sind. Auch in der Auvergne in Frankreich sowie in Marokko ist das Mineral zu finden.

Visitenkarte

Kristallsystem
kubisch

Härte
5,5

Dichte
2,44 bis 2,5

Spaltbarkeit
vollkommen

Bruch
muschelig

Farbe
weißlich bis blau

Strichfarbe
weiß

Glanz
Glas-, Perlmuttglanz

Lasurit • $(Na, Ca)_8(SO_4, S, Cl)_2(AlSiO_4)_6$

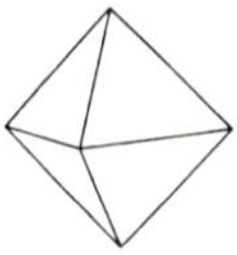

Lasurit, auch **Lasurstein** oder **Lapislazuli** genannt, bildet häufig feinkörnige, dichte bzw. derbe Massen, die dunkel- bis hellblau, bisweilen auch violett oder blaugrün gefärbt sein können; durch Einschlüsse von körnigem Pyrit ist das Mineral oft in ansprechender Weise goldgelb gefleckt. Sehr selten ist Lapislazuli auch in Form von oktaedrischen Kristallen anzutreffen, die undurchsichtig sind und Glasglanz zeigen.

Besondere Merkmale: Von Salzsäure wird Lasurit unter typischem fauligem Schwefelwasserstoffgeruch vollständig zersetzt. Vor dem Lötrohr verliert das Mineral zunächst seine Farbe, ehe es zu weißlichem Glas schmilzt.

Entstehung: Lapislazuli ist ein nicht sehr weit verbreitetes Mineral, das in kontaktmetamorphem Kalkstein und Dolomit auftritt.

Vorkommen: Die wohl berühmtesten Vorkommen von Lapislazuli sind jene von Badakschan am Hindukuschgebirge im Norden Afghanistans. Eine weitere sehr bedeutende Lagerstätte des Minerals liegt am Westende des Baikalsees in Russland, wobei die dort gefundenen Steine etwas heller als jene aus Afghanistan sind, da sie mehr Calcium und weniger Pyrit enthalten. Darüber hinaus sind auch in Chile (Provinz Coquimbo) sowie in Kalifornien (USA) beachtliche Vorkommen von Lapislazuli zu erwähnen.

Visitenkarte

Kristallsystem
kubisch

Härte
5,5

Dichte
2,3 bis 2,4

Bruch
muschelig, spröde

Farbe
blau, violett, grünlich blau

Strichfarbe
hellblau

Glanz
Fettglanz

Lasurit bildet gewöhnlich dichte Massen, kann aber in seltenen Fällen auch in Form kleiner blauer Kriställchen auftreten.

VERWENDUNG ALS SCHMUCKSTEIN

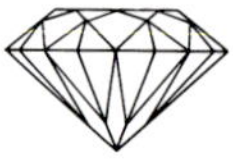

Lapislazuli ist sehr schwer zu schleifen, da das Mineral überaus porös ist, in poliertem Zustand zeigt es jedoch einen recht beachtlichen Glanz. Während man Lapislazuli in früheren Zeiten oft für Gravurarbeiten verwendete, fertigt man daraus heute zumeist Kugeln für Halsketten, Cabochons oder verschiedene kunstgewerbliche Gegenstände.

$(Na, Ca)_8(Cl_2, SO_4, CO_3)(AlSi_3O_8)_6$ • Skapolith

Die chemische Formel stellt eine isomorphe Mischreihe dar, deren reine Endglieder **Marialith** (Natron-Skapolith) und **Mejonit** (Kalk-Skapolith) sind, wobei keines der beiden Mineralien in der Natur in reiner Form zu finden ist. Skapolith, die Mischform, bildet häufig gut entwickelte prismatische Kristalle, die in verschiedenen zarten Farbtönen auftreten können, wobei gelbe, violette, rosa, blaue, aber auch grüne und orange gefärbte Exemplare bekannt sind. Skapolith zeigt Glasglanz und ist oft von hoher Transparenz. Das Mineral ist relativ hart, in zwei Richtungen gut spaltbar und zeigt einen muscheligen Bruch. Bisweilen zeichnet sich Skapolith durch einen bemerkenswerten Katzenaugeneffekt aus, der durch Lichtreflexionen an mikroskopisch kleinen Einschlüssen verursacht wird.

Besondere Merkmale: Unter ultraviolettem Licht zeigt Skapolith bisweilen starke Fluoreszenz in Form eines orangegelben Leuchtens.

Entstehung: Skapolith ist recht häufig in metamorphen Gesteinen anzutreffen, welche ursprünglich vor allem carbonatischer (Kalk, Dolomit) oder mergeliger Natur waren. Somit ist das Mineral u. a. in Marmor oder Kalkschiefer vertreten, wobei er oft von Mineralien wie Calcit, Quarz, Diopsid, Andradit, Wollastonit, Phlogopit, Epidot, Grossular und Vesuvian begleitet wird. Darüber hinaus ist Skapolith auch in Granuliten und Pegmatiten zu finden, etwas seltener auch in kristallinen Schiefern, wo das Mineral bisweilen in Gesellschaft von Eisenerzen zu finden ist.

Vorkommen: In Deuschland ist Skapolith einerseits in den Sanidinitauswürflingen vom Laacher See in der Eifel enthalten, andererseits stammen Funde aus der Umgebung von Bodenmais im Bayerischen Wald. In Österreich tritt Skapolith auf der Saualpe in Kärnten auf. Am Lago Tremorgio im Kanton Tessin (Schweiz) wurden schöne durchsichtige Skapolithexemplare gefunden. Darüber hinaus ist Skapolith häufig in Skandinavien anzutreffen, u. a. in Kiruna (Schweden), Arendal (Norwegen) und Pargas (Finnland). Auch in den USA, und zwar am Oberen See, ist eine Fundstätte bekannt. Fundstücke, die auch als Schmucksteine Verwendung finden, stammen vor allem aus Madagaskar, Tanzania und Brasilien.

Prismatische Skapolithkristalle aus Arendal (Norwegen).

Visitenkarte

Kristallsystem
tetragonal

Härte
5 bis 6,5

Dichte
2,54 bis 2,77

Spaltbarkeit
gut

Bruch
muschelig

Farbe
farblos, verschiedene Farben

Strichfarbe
weiß

Glanz
Glasglanz

VERWENDUNG ALS SCHMUCKSTEIN

Klare, längliche Kristalle des Skapoliths werden zu ovalen oder rechteckigen Formen verschliffen, während Kristalle, die Einschlüsse aufweisen, mit einen Cabochonschliff versehen werden. Aufgrund des nicht allzu stabilen Aufbaus und wegen der guten Spaltbarkeit werden Skapolithkristalle jedoch nicht sehr oft zu Schmucksteinen verarbeitet.

Zeolithe

Zeolithe bilden eine Gruppe von recht weit verbreiteten Alumosilikaten, die Wasser sowie ein oder mehrere Alkalimetalle, wie Natrium und Kalium, oder Erdalkalimetalle, wie Calcium und Barium, seltener auch Strontium und Magnesium, enthalten. Ein Charakteristikum dieser Mineralien ist ihre Eigenschaft, bei Erhitzen aufzuschäumen, weil sie dabei das im Kristall enthaltene Wasser abgeben. Dieses Phänomen hat den Zeolithen ihren Namen gegeben, der sich von den griechischen Wörtern *zein* (kochen) und *lithos* (Stein) ableitet. Zeolithe bilden sich häufig sekundär und sind vor allem in Hohlräumen und Klüften von basischen Magmatiten anzutreffen, wobei dies vor allem bei basaltischen Vulkaniten der Fall ist. Aber auch in Granitgeoden und Hohlräumen von kristallinen Schiefern sind Zeolithe vertreten. Darüber hinaus können sie auch in manchen Erzgängen auftreten.

Natrolith • $Na_2Al_2Si_3O_{10} \cdot 2H_2O$

Visitenkarte

Kristallsystem
rhombisch

Härte
5,5 bis 6

Dichte
2,2 bis 2,4

Spaltbarkeit
vollkommen

Bruch
muschelig

Farbe
farblos, verschiedene Farben

Strichfarbe
weiß

Glanz
Glasglanz

Der Natrolith gehört zu den sogenannten »Faserzeolithen« und bildet langprismatische (von einer flachen Pyramide begrenzte), oft auch nadelige Kristalle, welche in der Längsrichtung gestreift sind. Die Kristalle dieses Minerals treten in den verschiedensten Größen auf - in haarförmigen winzigen Exemplaren ebenso wie in Individuen von bis zu 1 m Länge und 10 cm Dicke. Häufig ist Natrolith in Form von büscheligen oder radialstrahligen Aggregaten anzutreffen, darüber hinaus aber auch in faserigen Massen zusammen mit Mesolith, Gonnardit, Thomsonit und anderen seltenen Faserzeolithen. Natrolith ist farblos oder weiß und kann auch in gelblichen oder rötlichen Farbtönen auftreten, wobei Glasglanz auftritt. Natrolith ist ein relativ leichtes Mineral mit einer sehr guten Spaltbarkeit nach den Prismenflächen.

Besondere Merkmale: Natrolith ist schon in der Kerzenflamme schmelzbar, wobei das Mineral weißes Glas bildet. Aufgrund seines Natriumgehalts verleiht Natrolith der Flamme eine gelbe Färbung.

Entstehung: Natrolith ist vor allem in Hohlräumen von Basalten und anderen Vulkaniten zu finden, wo das Mineral zumeist von Calcit und verschiedenen anderen Zeolithen begleitet wird. Darüber hinaus ist das Mineral auch in Nephelinsyeniten und Pegmatiten anzutreffen.

Vorkommen: Natrolith ist u. a. in den Basalten des Puy-de-Dôme in der Auvergne (Frankreich) sowie in jenen von Antrim und Skye in Nordirland zu finden. Erwähnenswert sind auch die Natrolithvorkommen im Böhmischen Mittelgebirge (Tschechien) sowie im Fassatal und im Grödnertal in Italien. Auch in Deutschland ist Natrolith zu finden, und zwar am Fuße des Hohentwiel bei Singen, weiters im Sächsischen Erzgebirge sowie auf den Erzgängen von St. Andreasberg im Harz. Darüber hinaus sind die Vorkommen in Kanada (Neuschottland, Britisch-Kolumbien und Quebec) zu erwähnen, wo z. T. riesige Kristalle auftreten. Auch aus Indien und den USA (New Jersey) sind Fundorte bekannt.

Faserig strahliges Natrolithaggregat in einem Basalthohlraum (Altavilla, Venetien, Italien).

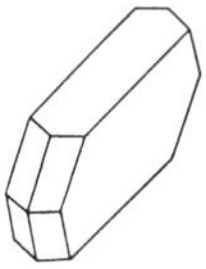

$CaAl_2Si_7O_{18} \cdot 7H_2O$ • Stilbit

Dieses Zeolithmineral tritt häufig in Form von Durchdringungszwillingen auf, die zu typischen garbenartigen Kristallbündeln vereinigt sind; nicht selten sind aber auch stängelige, strahlige oder blätterige Aggregate zu finden, während säulige oder tafelige Einzelkristalle nur gelegentlich vorkommen. Stilbit ist gewöhnlich farblos oder weiß, kann aber auch gelblich oder bräunlich gefärbt auftreten, wobei das Mineral Glasglanz, auf Spaltflächen aber eher Perlmuttglanz erkennen lässt.

Besondere Merkmale: Stilbit ist vor dem Lötrohr schmelzbar und wird von Salzsäure zersetzt.

Entstehung: Zusammen mit anderen Zeolithen ist Stilbit für gewöhnlich in Hohlräumen von Basalten zu finden. In Klüften von kristallinen Schiefern ist das Mineral in Gesellschaft von Quarz, Epidot und Adular anzutreffen.

Vorkommen: Schöne Stilbitkristalle wurden in den Basalten von Island, Schottland sowie auf den Färöerinseln gefunden. In Deutschland ist vor allem St. Andreasberg im Harz als Fundort von Stilbit bekannt. Weitere nennenswerte Funde stammen aus dem Fassatal in den Dolomiten (Italien), aus Kongsberg (Norwegen), vom St. Gotthard in der Schweiz sowie von Bourg d'Oisans (Frankreich).

Visitenkarte

Kristallsystem
monoklin

Härte
3,5 bis 4

Dichte
2,09 bis 2,2

Spaltbarkeit
vollkommen

Bruch
muschelig, spröde

Farbe
farblos, weiß, gelblich

Strichfarbe
weiß

Glanz
Glasglanz

Bild links: strahlige Stilbitaggregate in kugeliger Form. Bild oben: prismatische Silbitkristalle in Garbenform.

Heulandit • $CaAl_2Si_7O_{18} \cdot 6H_2O$

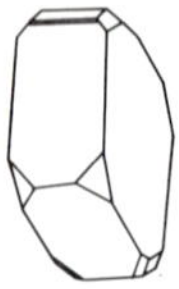

Dieses Mineral tritt zumeist in dünn- oder dicktafeligen Kristallen auf, die gelegentlich auch einzeln aufgewachsen sein können und farblos, weiß oder rötlich gelb gefärbt sind, wobei die Kristalle Glasglanz, auf den Spaltflächen aber eher Perlmuttglanz aufweisen. Heulandit ist ein leichtes Mineral von mittlerer Härte, das ausgezeichnet spaltbar ist.

Entstehung: In Begleitung von anderen Zeolithen und Calcit kommt Heulandit als Sekundärmineral in den Hohlräumen von basischen Vulkaniten vor, insbesondere von Basalt, Andesit und Diabas. Darüber hinaus zeigt sich Heulandit auch in einigen Metamorphiten und Sedimentiten sowie in manchen Erzgängen.

Vorkommen: Prächtige Heulanditkristalle wurden in den Basalten der Färöerinseln, Irlands und Islands gefunden. Größere Funde stammen außerdem aus Paterson bei New York (USA), aus Neuschottland (Kanada), aus der Gegend von Bombay (Indien) sowie aus Brasilien. In Deutschland sind vor allem die Heulanditvorkommen von Idar-Oberstein in der Pfalz sowie jene in den Erzgängen von St. Andreasberg im Harz zu erwähnen. Auch in Norwegen sind beachtliche Vorkommen zu verzeichnen, wobei u. a. die Erzgänge von Kongsberg als Fundstätte zu nennen sind. Beachtliche Kristalle wurden auch in Italien entdeckt, u. a. im Fassatal in den Dolomiten sowie auf Sardinien.

Visitenkarte

Kristallsystem
monoklin

Härte
3,5 bis 4

Dichte
2,18 bis 2,22

Spaltbarkeit
vollkommen

Bruch
uneben, spröde

Farbe
farblos, weiß, gelb

Strichfarbe
weiß

Glanz
Glasglanz

Kristallgruppe von Heulandit.

Organische Verbindungen

Diese Gruppe umfasst mineralische oder organische Substanzen, welche von Organismen stammen, die in längst vergangenen geologischen Epochen lebten. Dass solche Substanzen bis in unsere Zeit erhalten geblieben sind, liegt entweder an ihren speziellen chemischen Eigenschaften, wie dies z. B. beim Bernstein der Fall ist, oder - wie beim versteinerten Holz - an der Tatsache, dass die organische Substanz im Lauf sehr langer Zeiträume nach und nach durch Minerale ersetzt worden ist. Nach dieser Definition kann man auch Stoffe wie Steinkohle oder Braunkohle zu dieser Gruppe zählen.

Bernstein

Bernstein ist fossiles Harz, das von Nadelbäumen, insbesondere der Kiefernart *Pinus succinifera,* im Tertiär vor Millionen von Jahren abgesondert wurde. Bearbeiteter Bernstein kann durchsichtig bis undurchsichtig sein, wobei er entweder in der typischen gelben Farbe oder in orangen bis rotbraunen, bisweilen sogar grünen oder blauen Farbtönen auftritt. Sein charakteristischer Harzglanz kann durch Polieren verstärkt werden. Der Handelswert des Bernsteins wird durch bestimmte Einschlüsse wie z. B. Insekten oder Spinnen wesentlich erhöht.

Besondere Merkmale: Bernstein ist so leicht, dass er auf einer Salzlösung schwimmt. Das fossile Harz schmilzt bei 350 °C, wobei es den typischen penetranten Geruch von Bernsteinsäure verströmt. Im ultravioletten Licht zeigt Bernstein eine weißgraue bis bläuliche Fluoreszenz.

Wesentlich jünger als Bernstein, was ihre Entstehung anbelangt, sind verschiedene andere Pflanzenharze, welche unter der Bezeichnung **Kopalharze** zusammengefasst werden und die hauptsächlich aus Südamerika, Tanzania, Kenia, Mozambique und aus Madagaskar stammen.

Entstehung: Bernstein tritt in Sedimenten, vorwiegend Sanden, in unregelmäßig geformten Knollen oder Körnern von unterschiedlicher Größe auf, wobei die Rohstücke von einer dunklen, undurchsichtigen Kruste überzogen ist.

Vorkommen: Berühmt sind vor allem die Bernsteinsande an den Küsten der Halbinsel Samland an der Ostsee (Baltikum), wo Bernstein im Tagbau auf 6 bis 8 m mächtigen Sedimentbänken abgebaut wird. Darüber hinaus sind in Osteuropa einige weitere große Lagerstätten von Bernstein bekannt, u. a. in Polen, Russland und Rumänien, wo die Varietät **Rumänit** gewonnen wird. Etwas kleinere Bernsteinvorkommen liegen in Birma, Mexiko, Spanien, Kanada, Frankreich sowie im Libanon. In Italien wird an den Ufern des Flusses Simeto in der Provinz Catania die weniger bekannte Bernsteinvarietät **Simetit** gewonnen. Die wirtschaftlich wichtigsten Vorkommen von Bernstein liegen heute in der Dominikanischen Republik. Das Alter des dort geförderten Bernsteins reicht zwar nicht an das des baltischen Bernsteins heran, dafür sind diese Exemplare aber zum Teil von beachtlicher Größe und zeigen herrliche Farben.

Verwendung: Von der insgesamt geförderten Menge an Bernstein werden nur rund 15% zu Schmucksteinen verarbeitet - sei es zu Kugeln für Halsketten, Cabochons oder Einlege- und Gravurarbeiten.

Eine opake unbearbeitete Bernsteinknolle aus dem Baltikum.

Visitenkarte

Kristallsystem
amorph

Härte
1,5 bis 3

Dichte
1,05 bis 1,1

Spaltbarkeit
keine

Bruch
muschelig

Farbe
gelb, braun, rötlich

Strichfarbe
weiß

Glanz
Harzglanz

Verkieseltes Holz • $SiO_2 \cdot nH_2O$

Visitenkarte

Kristallsystem
amorph

Härte
5 bis 7

Dichte
1,9 bis 2,5

Spaltbarkeit
keine

Bruch
muschelig

Farbe
verschieden-farbig

Strichfarbe
weiß

Glanz
Wachsglanz

Verkieseltes oder versteinertes Holz, seltener auch **Holzstein** genannt, wird häufig zu Schmuck- oder Ornamentstein verarbeitet - und zwar vor allem solche Fundstücke, die eine ansprechende Färbung und regelmäßige Maserung aufweisen, wobei die Farbenskala von grauen, braunen und roten Farbtönen bis hin zu Gelb, Rosa und Violett reichen kann. Versteinertes Holz ist undurchsichtig bis durchscheinend und zeigt in polierter Form Wachsglanz. Bei vielen Exemplaren lassen sich nicht nur die typische Holzstruktur, sondern auch die Jahresringe des fossilen Holzes erkennen.

Entstehung: Die Vorgänge, welche zur Bildung des versteinerten Holzes führten, ereigneten sich über Zeiträume, die zwischen 20 und 200 Millionen Jahre vor unserer Zeit liegen. Damals wurden ausgedehnte Wälder durch Naturkatastrophen zerstört und einzelne Bäume durch reißende Wassermassen über weite Strecken transportiert und wieder abgelagert, sodass sie nach und nach unter mächtigen Sedimentschichten von mehreren Hundert Metern begraben wurden. Danach setzte der Versteinerungsprozess durch siliziumdioxidreiche Lösungen ein, die die Sedimentschichten durchdrangen und die organischen Kohlenstoffverbindungen des Holzes durch Siliziumdioxid ersetzten, wobei die Holzstruktur erhalten blieb. Auf diese Weise wurde das organische Material des Baumes allmählich durch faserigen mikrokristallinen Quarz (Chalcedon) oder durch amorphes wasserhaltiges Siliziumdioxid (Opal) ersetzt.

Vorkommen: Die berühmteste Fundstätte von versteinertem Holz ist der »Versteinerte Wald« von Holbrook in Arizona (USA), wo bis zu 65 m lange fossile Baumstämme mit einem Durchmesser von bis zu 3 m gefunden wurden, an deren Querschnitten die Holzstrukturen in roten, gelben, violetten und braunen Farbtönen schön zu erkennen sind. Auch im Virgin Valley in Nevada befinden sich interessante Vorkommen dieser Art, welche den Rohstoff für Ziergegenstände verschiedenster Art liefern. Kleinere Fundorte sind auch aus anderen Ländern bekannt, darunter aus Ägypten, Argentinien, Madagaskar, Uruguay, Frankreich (Auvergne) und aus Italien (Sardinien).

Verwendung: Versteinertes Holz ist ein ausgezeichnetes Rohmaterial zur Fertigung von Kugeln für Halsketten, Cabochons usw. Besonders schöne Exemplare sind auch in Sammlerkreisen überaus begehrt. Große Stammquerschnitte werden zu Tischplatten verarbeitet.

Varietäten: Der **Gagat** (auch Pechkohle genannt) ist das versteinertes Holz von Bäumen aus der Familie der Araukarien, die in Europa vor 180 Millionen Jahren weit verbreitet waren. Es handelt sich dabei um eine undurchsichtige Substanz von tiefschwarzer Farbe, die sehr leicht und relativ weich ist. Die wichtigsten Vorkommen von Gagat liegen in England, und zwar in Yorkshire, in der Gegend von Whitby, aber auch in Frankreich, Deutschland, in den Vereinigten Staaten und Russland ist diese Art von fossilem Holz anzutreffen. In kugeliger, facettierter oder in Cabochonform wird Gagat als Schmuck- oder Zierstein gehandelt; auch zur Herstellung von Gravurarbeiten wird Gagat herangezogen.

Versteinertes Holz eignet sich auch ausgezeichnet zur Herstellung von anspruchsvollen Gebrauchsgegenständen, wie dieser Aschenbecher zeigt.

Wissenswertes über Mineralien und Edelsteine

ACHAT
Die Bearbeitung des Achats hat im Zentrum der deutschen Edelsteinindustrie, in Idar-Oberstein, ihren Mittelpunkt. Dank der zahlreichen Achatvorkommen in der Umgebung dieser Stadt werden dort seit der Mitte des vorigen Jahrhunderts die verschiedensten Schmuckgegenstände aus dem Mineral hergestellt - von Ohrgehängen bis zu Schirmgriffen.

AMAZONIT
Dieser Edelstein wird bisweilen mit Türkis oder manchen Jadeiten verwechselt. Der Name des auch als Amazonenstein bezeichneten Feldspatminerals bezieht sich möglicherweise auf das sagenumwobene Amazonenland der Indianer, denn im Gebiet des Amazonas in Südamerika ist Amazonit nicht zu finden. Ursprünglich verstand man unter dieser Bezeichnung grün gefärbte Jademineralien.

AMETHYST
Schon um 3000 v. Chr. galt der Amethyst in Ägypten und Kleinasien als einer der bevorzugten Steine zur Herstellung von Schmuck, Siegeln und kostbaren Gravurarbeiten. Die Griechen betrachteten den Amethyst als ein wirksames Mittel gegen Trunkenheit, wovon sich auch der Name des Minerals ableitet, der im Griechischen soviel wie »der Unberauschte« bedeutet. Eine wichtige symbolische Bedeutung kommt dem Amethyst im sakralen bzw. religiösen Bereich zu, wird er doch in der Bibel als einer der zwölf Steine genannt, die auf dem Pektorale (Brustriemen) zu finden sind, auf welchem die Namen der zwölf Stämme Israels angeführt sind. Im Mittelalter war der Amethyst der Edelstein der Kardinäle und Bischöfe - und zwar galt er als ein Symbol für Frieden, Demut und Keuschheit sowie die Abkehr von der irdischen Welt. In der christlichen Lehre stellt der Amethyst auch die Farbe des Leidens dar.

APATIT
Dieses Mineral spielt auch in der Welt der Organismen eine bedeutende Rolle - ist er doch als Kolloid oder in Form von ultramikroskopischen Kristallen am Aufbau von Knochen und Zähnen beteiligt. Aus dieser Sicht ist der Apatit auch in der Paläontologie von einiger Bedeutung, da in manchen Sedimenten die Versteinerung der Knochen durch teilweises oder vollständiges Ersetzen der organischen Knochensubstanz durch winzige Apatitkristalle erfolgt, wobei die Ausgangsform vollständig erhalten bleibt.

AQUAMARIN
Ein riesiger Aquamarinkristall mit einem Gewicht von 61 kg wurde in Brasilien in der Gegend von Belo Horizonte gefunden. Im Naturhistorischen Museum von New York ist ein geschliffenes Exemplar von 4438 Karat in eiförmig facettierter Form zu sehen, und in der Smithsonian Institution in Washington kann ein besonders schöner facettierter Aquamarin mit den Abmessungen 25x10 cm bewundert werden.

AURIPIGMENT
Dieses Mineral war bereits in der Antike bekannt; sein Name leitet sich vom lateinischen *auri pigmentum* ab, d. h. »Farbe des Goldes«, was auf den goldgelben Farbton des Minerals anspielt, aber auch darauf hinweisen könnte, dass man Auripigment für ein goldhältiges Mineral hielt.

AVENTURIN
Der Name dieser Quarzvarietät leitet sich vom italienischen *per avventura* ab, was so viel wie »zufällig« bedeutet; dahinter steckt, dass im 17. Jahrhundert in Murano (Venedig) »per Zufall« eine Methode entdeckt wurde, mit der man eine rotbraune Glassorte mit leuchtenden Einschlüssen *(venturina)* herstellen konnte, deren Farbeffekte jenen dieses Minerals ähnlich waren.

BERNSTEIN
Die Entstehung des Bernsteins bliebe lange Zeit im Dunkeln, wenngleich in der Antike manch

sonderbar anmutende Hypothese dazu kursierte - so nahm man an, dass es sich um den verfestigten Urin von Luchsen handle, oder auch, dass das Mineral aus einem nicht näher erklärbaren Kondensationsprozess von Strahlen der untergehenden Sonne hervorgehe. Doch bereits die alten Griechen wussten um die Eigenschaft des Bernsteins, sich durch Reiben mit einem Wolltuch elektrisch aufzuladen. Nicht zuletzt aufgrund dieser Eigenschaft schrieb man dem Bernstein heilende Kräfte zu - insbesondere im Fall von Nervenleiden und Atemwegserkrankungen.

BERYLL
Das größte jemals gefundene Exemplar eines Berylls stammt aus Madagaskar - es ist 18 m lang, hat einen Durchmesser von 3,5 m und wiegt nicht weniger als 400 Tonnen. Ein weiterer, 10 m langer Beryllkristall mit einem Durchmesser von fast 2 m wurde im Jahr 1950 im amerikanischen Bundesstaat Maine entdeckt.

CALCIT
Die größten bekannten Calcitkristalle stammen aus Helgustadir und Reydarfioerdur in Island. Dabei handelt es sich um drei Exemplare: der erste misst 7x7x2 m und wiegt 254 Tonnen, der zweite misst 6x6x3 m, bei einem Gewicht von gar 280 Tonnen, und der Dritte ist 5x5x3 m groß und wiegt immerhin noch stolze 214 Tonnen.

CERARGYRIT
In der Lagerstätte von Treasure Hill in Nevada (USA) wurde ein massives Stück dieses Minerals gefunden, das über 6 Tonnen schwer ist.

CORDIERIT
Einer Legende zufolge sollen die Wikinger dieses Mineral als Hilfsmittel zur Navigation verwendet haben, um den Kurs im Verhältnis zum Sonnenstand zu ermitteln; man glaubte nämlich, dass der Cordierit je nach seiner Ausrichtung zum Licht seine Farbe wechseln würde.

DIAMANT
Der Name des Minerals leitet sich vom griechischen *adamas* her, was so viel wie »unbezwingbar« bedeutet - eine Bezeichnung, die sich auf die außergewöhnliche Härte des Minerals bezieht. Aufgrund dieser Eigenschaft wurden dem Diamant bisweilen die wundersamsten Fähigkeiten zugeschrieben - u. a. dachte man, dass er vor Feinden sowie vor, Unglück schütze. Außerdem stellte man sich vor, Diamant würde in Gegenwart eines Giftes zu »schwitzen« beginnen und so einen Giftanschlag anzuzeigen.

DOLOMIT
Im Jahr 1791 entdeckte der berühmte französische Geologe und Mineraloge Deodat de Dolomieu den Unterschied zwischen jenem Mineral, das u. a. den Gebirgszug der Dolomiten bildet, und einem zweiten, sehr ähnlichen Mineral, dem Calcit; im Gegensatz zum Calcit zeigt der Dolomit nämlich kein Aufschäumen, wenn er mit kalter verdünnter Salzsäure behandelt wird. Dolomieu zu Ehren wurde das Mineral ebenso wie das Gestein, das aus ihm aufgebaut wird, »Dolomit« genannt, aber auch jener hauptsächlich aus Dolomit bestehende Gebirgszug, die Dolomiten, wurde nach ihm benannt. Dazu sei angemerkt, dass Dolomit nicht nur in diesem Gebirge, sondern über die ganze Welt verstreut in kleineren oder größeren Mengen vorkommt.

ELFENBEIN
Im British Museum in London sind die wohl imposantesten und schwersten Elefantenstoßzähne aufbewahrt, die je entdeckt wurden: jedes der beiden Stücke ist 3,5 m lang und hat einen maximalen Durchmesser von 47 cm; das Gewicht der beiden Stoßzähne beträgt 97 bzw. 102 kg.

GALENIT
Der größte bekannte Galenit(oder Bleiglanz-)kristall wurde auf der Isle of Man in der Irischen See gefunden: dieses Exemplar, ein Würfel von 25 cm Seitenlänge, wiegt 118 kg und ist im British Museum in London aufbewahrt.

GRANAT
Der größte bekannte Granatkristall stammt aus Norwegen; er hat einen Durchmesser von rund 2,5 m und wiegt 37 Tonnen. Ebenfalls in Norwegen wurde ein 700 kg schweres Exemplar gefunden, während in den USA ein Granat von 1500 kg Gewicht entdeckt wurde.

JASPIS
Archäologische Funde zeigten, dass bereits die Hethiter dieses Mineral kannten und schätzten; darüber hinaus wurde Jaspis in allen großen Kulturen als Rohstoff für die Steinschneidekunst verwendet. Als Beispiele dafür seien die Skarabäengemmen der Ägypter, Griechen, Phönizier und Etrusker genannt. Man verband mit Japsis den Glauben, dass dieser Stein in der Lage wäre, vor Vergiftung zu schützen.

KARNEOL
Die ältesten bekannten Lagerstätten dieses Minerals liegen in Indien in der Gegend von Bombay, wo der Edelstein in Geoden im Hochland von Dekkan zu finden war. Schon vor langer Zeit wusste man dort um die Möglichkeit, die leuchtend rote Farbe des Minerals durch Hitzebehandlung zu verstärken.

KOPAL
Der Name dieses Pflanzenharzes stammt aus dem Aztekischen *(copalli)* und bedeutet so viel wie »Weihrauch«; denn speziell der Duft, den dieses Harz beim Erhitzen verströmt, war es, was man am Kopal so schätzte. Im alten Ägypten wurde Kopal auch zur Herstellung von Schmuckstücken verschiedenster Art verwendet. In China wurden aus diesem Harz verschiedene Ziergegenstände, u. a. Knöpfe und Skulpturen, gefertigt.

KUPFER
Dieses Metall wurde vom Menschen schon in prähistorischer Zeit verwendet - und zwar entweder in reiner Form oder als Legierung mit Zinn (Bronze). Seine Bedeutung als Rohstoff für Werkzeuge nahm erst ab, als der Mensch das Eisen als Werkmetall entdeckte. Nicht zuletzt aufgrund ihrer harten und scharfen Eisenwaffen war es den Hethitern einst gelungen, ihre ägyptischen Feinde zu besiegen, die noch die weicheren Waffen aus Kupfer verwendeten.

LAPISLAZULI
Der Name des Minerals leitet sich vom arabischen *lezward* her, was so viel wie »blauer Stein« bedeutet; daraus wurde im Mittelalter die lateinische Bezeichnung *lapis lazuli*. Antiker astrologischer Tradition zufolge zählt der Lapislazuli zu den sogenannten »Luftsteinen«. Assyrer und Perser betrachteten ihn als ein Symbol für den Sternenhimmel. In Ägypten spielte er im Kult der Göttin Isis eine Rolle, wurde darüber hinaus aber auch zur Anfertigung von Siegeln und Skarabäen verwendet. Als Amulett sollte Lapislazuli gegen den bösen Blick schützen, man versprach sich von diesem Stein aber auch Heilung von Blutkrankheiten, Gicht und Schlaflosigkeit.

MAGNETIT
Der Name des Minerals soll sich von der antiken Stadt »Magnesia« in Makedonien herleiten. Plinius der Ältere jedoch berichtete, dass es ein Hirte namens Magnes gewesen sei, der das Mineral auf dem Berg Ida entdeckte; dieser Hirte soll bemerkt haben, wie die eiserne Spitze seines Hirtenstabes an einem Stein festhing. Der Legende zufolge trägt das Mineral Magnetit, aus dem besagter Stein bestand, seither den Namen seines Entdeckers, also jenes Hirten Magnes.

MALACHIT
Malachit ist als Ornamentstein von großer Bedeutung: als beredtes Beispiel mögen die wunderbaren Malachitsäulen der St.-Isaak-Kirche in St. Petersburg dienen, oder aber jene des Dianatempels von Ephesos, die sich heute in der Hagia Sophia in Istanbul befinden. Im Jahr 1835 wurde bei Nizni Tagil im nördlichen Ural ein Malachitblock von geschätzten 25 bis 30 Tonnen Gewicht gefunden, der in der Folge von den Steinhauern des Zaren kunstvoll verarbeitet wurde.

MORGANIT
Ein außergewöhnliches Exemplar dieses Minerals, einer rosafarbenen Varietät des Berylls, wurde in Madagaskar gefunden; heute ist dieses Stück von 598,7 Karat - mit Treppenschliff versehen - im Museum von St. Petersburg zu bewundern. Weitere herausragende Morganitexemplare befinden sich im Prager Nationalmuseum sowie in der Smithsonian Institution in Washington.

MUSKOVIT
Vor allem in Russland ist dieses durchsichtige Glimmermineral schon sehr lange bekannt; dort wurde es in Form von großen durchsichtigen Platten an Stelle von Fensterglas in Häusern

sowie für Bullaugen von Schiffen verwendet. Gegenüber Glas hatte Muskovit den Vorteil, dass er weniger zerbrechlich war; ein Nachteil lag allerdings in der gelegentlich geringeren Transparenz des Minerals. Diese Verwendung spiegelt sich übrigens auch im damals gebräuchlichen Namen *vitrum muscoviticum* (»Moskauer Glas«) wider, von dem sich die heutige Bezeichnung Muskovit herleitet.

OPAL
Zur Zeit der Römer war der Opal einer der begehrtesten Edelsteine; so soll im ersten vorchristlichen Jahrhundert der römische Senator Nonnius ins Exil gegangen sein, um nicht einen seiner kostbaren Opale an Markus Antonius abtreten zu müssen. Im Mittelalter glaubte man, dass Opal Augenleiden heilen und überdies seinen Besitzer unsichtbar machen könne. Etwas später kam er allerdings in den Ruf eines »Unglückssteins«. Die Venezianer des 14. Jahrhunderts glaubten, dass der Opal zu glänzen begänne, wenn sein Besitzer an der Pest erkrankte, und trüb würde, wenn dieser dem Tod nahe wäre.

PEKTOLITH
Dieses Mineral, für seine ansprechende blaue Färbung bekannt, stammt vorwiegend aus der Dominikanischen Republik.

PERIDOT
Zwei Exemplare des Minerals, die aufgrund ihrer besonders schönen Färbung sowie ihres Gewichtes (319 bzw. 289 Karat) als herausragend gelten, stammen aus Birma und sind in der Smithsonian Institution in Washington aufbewahrt. Ein anderer außergewöhnlicher Stein von 192 Karat, der zum Kronschatz des Zaren gehört, wurde auf der Insel Zabarjad im Roten Meer gefunden. Im Topkapimuseum von Istanbul kann man jene 954 Peridote von ungewisser Herkunft bewundern, die den Thron des Bayran zieren; viele dieser Steine sind als Cabochons geschliffen. In der Antike glaubte man, dass dieser Stein vor Betrug schützen würde, dass er außerdem seinem Besitzer Geschick in geschäftlichen Angelegenheiten verleihe und somit Reichtum und Ruhm bringe.

PLATIN
Es ist heute nicht ganz geklärt, ob Platin bereits im Altertum bekannt war; was wir jedoch wissen, ist, dass dieses Metall im 18. Jahrhundert in den Sanden eines Flusses namens Pinto in Kolumbien gefunden und von dem spanischen Seemann und Wissenschaftler Antonio de Ulloa nach Europa gebracht wurde. Manches deutet jedoch darauf hin, dass Platin bereits vorher der dortigen Bevölkerung sowie auch den spanischen Konquistadoren in Peru bekannt war, welche daraus die Griffe ihrer Schwerter herstellten. Aus der damaligen Bezeichnung *platiña,* was so viel wie »Silberplättchen« bedeutet, leitet sich der Name des Metalls ab.

PYRIT
Schon mancher Goldsucher hat sich vom Glanz des Pyrits blenden lassen und dieses Mineral irrtümlicherweise für das gesuchte kostbare Edelmetall gehalten.

PYROP
Berühmt ist vor allem ein Exemplar von höchster Qualität, dessen Gewicht 469 Karat beträgt und das im Grünen Gewölbe in Dresden zu bewundern ist. Berühmt sind die Pyropfunde aus Böhmen, wo sich einst das europäische Zentrum der Pyropgewinnung befand.

PYROPHYLLIT
Sein Name leitet sich vom griechischen *pyr* (Feuer) und *phyllon* (Blatt) her, was auf die Eigenschaft des Minerals anspielt, sich beim Erhitzen aufzublättern anstatt zu schmelzen.

QUARZ
Bereits in der Antike wurden aus Quarz Verteidigungs- und Jagdwaffen sowie verschiedene Ziergegenstände hergestellt. Auch im religiösen Bereich ist Quarz seit jeher von Bedeutung; so befanden sich auf dem Pektorale des Jüdischen Hohepriesters unter den zwölf Steinen, welche die zwölf Stämme Israels symbolisierten, gleich sieben Quarze. Aus Quarz war aber auch die Kristallkugel, die von Magiern und Wahrsagern verwendet wurde. Nicht zuletzt wurden diesem Mineral auch heilende Kräfte nachgesagt, wobei die Römer den Stein zu diesem Zweck zuerst schliffen und dem Sonnenlicht aussetzten.

REALGAR
Der Name des Minerals stammt aus dem Arabischen und bedeutet so viel wie »Staub des Bergwerks«. Bereits in der Antike war das Mineral für seine vielfältigen medizinischen Anwendungsmöglichkeiten bekannt und wurde auch von Plinius dem Älteren in seiner berühmten *Naturgeschichte* erwähnt. Ebenfalls zu Heilzwecken wurde Realgar von den Alchimisten des Mittelalters verwendet, die das Mineral als *risigallum* bezeichneten.

RUBIN
Der Name des Minerals leitet sich vom lateinischen *ruber* oder *rubeus* (»rot«) her, wobei die Bezeichnung »Rubin« sich erst im Spätmittelalter durchzusetzen begann; aufgrund seines roten Funkelns wurde das Mineral zuvor »Karfunkelstein« genannt. Man sagt dem Rubin nach, dass er alle Juli-Geborenen schützen soll und die Macht habe, Leidenschaften zu zügeln und Wunden zu heilen.

SAPHIR
Der Name dieses Minerals leitet sich wahrscheinlich vom griechischen *sappheiros* (»blauer Stein«) her, möglicherweise aber auch vom hebräischen *sappir* (in etwa: »schönstes Ding«). Die Römer nannten ihn *hyacinthus,* da sein leuchtendes Blau sie an Hyazinthen erinnerte. Wie alle blauen oder farblosen Steine wurde auch der Saphir zu den »Luftsteinen« gezählt, die den Menschen der Antike aufgrund ihrer Farbe als »mit dem Äther in Verbindung stehend« erschienen. Saphir galt außerdem als Symbol der göttlichen Gerechtigkeit, der Hoffnung, des Mutes, des Vertrauens und der Lebensfreude. Die alten Griechen hielten diesen Stein für fähig, Gefangene von ihren Ketten zu befreien, während man ihn im Orient als hochwirksamen Talisman gegen Unglücksfälle betrachtete.

SCHWEFEL
Der größte bisher gefundene Schwefelkristall stammt aus Perticara (Urbino, Italien) und wird im Naturkundlichen Museum in Mailand aufbewahrt; dieses Exemplar mißt 22x16x11 cm und wiegt ca. 5 kg. In Cianciana (Sizilien) wurde ein Exemplar von 14x13x8 cm gefunden, das im American Museum of Natural History in New York zu bewundern ist.

SILBER
Im Palazzo Pitti in Florenz ist ein Museum der Silberkunst untergebracht, welches eine besonders wertvolle Sammlung von Kunst- und Ziergegenständen aus Silber und anderen Edelmetallen beherbergt, darunter eine Vielzahl von kostbaren Gemmen und Kameen.

SMARAGD
Die Geschichte dieses Minerals reicht sehr weit zurück - schon um 4000 v. Chr. tauchte Smaragd als Tauschobjekt auf den Märkten Babyloniens auf. Die ersten bekannten Lagerstätten befanden sich in Oberägypten und lieferten bereits um 2000 v. Chr. außergewöhnliche Steine, welche u. a. die Geschmeide der Königin Kleopatra schmückten. In vielen Mythen und Legenden spielt der Smaragd eine Rolle; so galt er als der Stein Luzifers, der diesem von der Stirn fiel, als er aus den Höhen des Himmels hinabgestürzt wurde. Auch soll der berühmte Heilige Gral aus einem riesigen Smaragd angefertigt worden sein. Smaragd galt außerdem lange Zeit als mächtiger Talisman, der seinem Besitzer das Augenlicht wiedergeben könne oder in der Lage sei, vor Schlangenbissen zu schützen. Die schönsten Smaragde befinden sich heute im Topkapimuseum in Istanbul sowie in der Smithsonian Institution in Washington.

SMITHSONIT
Der Name dieses Minerals geht auf James Smithson (1754 bis 1829) zurück, den Begründer der berühmten Smithsonian Institution in Washington - einer Einrichtung, die sich der Verbreitung wissenschaftlicher Erkenntnisse widmet und unter anderem eines der bedeutendsten Mineralienmuseen der Welt beherbergt.

SPINELL
Eine ältere Bezeichnung für dieses Mineral ist *Balas-Rubin,* was sich wahrscheinlich von der Region Badakschan in Afghanistan herleitet, wo einst wunderbare Spinelle gefunden wurden. Der tiefrote Spinell galt einst als Kriegs- und Siegessymbol; außerdem sagte man ihm nach, dass er als Amulett seinen Träger vor Giften und sogar vor der Pest schützen würde und dass er imstande sei, Trübsinn und Schwermut zu vertreiben. Das vielleicht schönste Exemplar überhaupt ist

jener Spinell, den einst Zar Alexander in Peking erwarb und der heute in Russland aufbewahrt wird; unter anderem zierte dieser Stein die Krone Katharinas II. von Russland. In der Sammlung der persischen Kronjuwelen befinden sich zwei außergewöhnliche Edelspinelle von 500 bzw. 270 Karat.

SPODUMEN
Die beiden größten Spodumenkristalle stammen aus der Etta Mine in South Dakota (USA); der erste misst 14x0,8x0,8 m und wiegt ca. 28 Tonnen, der zweite misst 13x2x1 m und wiegt gar 66 Tonnen.

STEINSALZ
Kochsalz, das man außer in Form von Steinsalz auch durch Eindampfen von Salzsole gewinnen kann, ist seit jeher ein äußerst kostbares Gut - nicht zuletzt wegen seiner Fähigkeit, Nahrungsmittel zu konservieren. Aus diesem Grund wurde Kochsalz häufig als Tausch- und Zahlungsmittel verwendet. Bereits die Römer führten das staatliche Monopol auf dieses lebenswichtige Mineral ein.

TOPAS
Der Name des Minerals stammt entweder aus dem Sanskrit, wo das Wort *tapas* soviel wie »Farbe, Feuer« bedeutet, oder aber aus dem Griechischen, wo das Wort *Topazios* die Bezeichnung für die Insel Zabarjad im Roten Meer war, wo die Römer verschiedene Arten von gelb gefärbten Steinen abbauten, die lange Zeit mit dem echten Topas verwechselt wurden. In jener Zeit sagte man dem Topas die Fähigkeit nach, Leidenschaften zu zügeln, die Felder vor Hagel zu schützen und außerdem vor der Pest zu bewahren. Der größte Topaskristall stammt aus Mozambique - er ist ca. 1 m lang und über 2,5 Tonnen schwer. In der Smithsonian Institution in Washington ist ein geschliffenes Topasexemplar von 3270 Karat aufbewahrt.

TÜRKIS
Dieses Mineral war in der Antike als »türkischer Stein« bekannt, da die ersten Exemplare des Minerals aus Persien auf den Karawanenstraßen durch die Türkei nach Europa gebracht wurden. Der bislang älteste archäologische Fund von Türkis ist ein ca. 8000 Jahre altes Armband aus Gold und Türkis aus Ägypten, wo das Mineral als Symbol für das Unendliche und das Jenseits angesehen wurde. Zu den Kräften, die man dem Türkis zuschrieb, zählte etwa die Fähigkeit, vor giftigen Schlangenbissen zu schützen, und man sagte ihm nach, kurz vor bevorstehenden Unglücksfällen plötzlich zu verblassen. Außerdem dachte man, dass er Mut in der Schlacht verleihen würde und die Untreue einer geliebten Frau anzeigen könne, indem er sich schwarz verfärbte.

ZIRKON
Der Name des Minerals leitet sich von dem alten persischen Wort *zargun* (»goldfarben«) her. Vom späten 16. bis zum Ende des 19. Jahrhunderts wurden orangerote Zirkone, so wie alle ähnlich gefärbten Edelsteine, wie etwa rote Granatmineralien, generell als *Hyazinth* bezeichnet. In der Antike sagte man dem Zirkon starke positive Kräfte nach; so sollte er als Talisman eine sehr günstige Wirkung auf das Geistes- und Gefühlsleben seines Besitzers ausüben.

Glossar

AGGREGAT
Mineralzusammenballung, die bisweilen großkristallin, zumeist aber kleinkristallin aufgebaut ist. Je nach Form der einzelnen Kristalle kann das Aggregat spätig, körnig, blätterig, stängelig usw. sein.

ALKALI-MAGMATITE
Magmatische Gesteine, die reich an Natrium, Kalium, Calcium, Lithium und anderen Alkalimetallen sind.

ALLOCHROMATISCH (fremdfarbig)
Eigenschaft von Mineralien, die in reiner Form farblos sind, die aber durch Einlagerung fremder Elemente verschiedene Farben annehmen können.

ASTERISMUS
Durch Lichtreflexion an eingelagerten Fasern verursachtes optisches Phänomen, das sich in sternförmigen Lichtstreifen äußert.

BASISCHE GESTEINE
Magmatite mit einem Kieselsäuregehalt zwischen 45 und 52%.

BRUCH
Bezeichnung für das durch Schlag- oder Druckbeanspruchung herbeigeführte Zerbrechen eines Minerals in Bruchstücke mit charakteristischen Bruchflächen. Der Bruch kann muschelig, uneben, glatt, faserig, hakig, splitterig oder erdig sein.

DICHTE
Verhältnis zwischen der Masse und dem Volumen eines Stoffes, das in Gramm pro Kubikzentimeter angegeben wird. Der nummerische Wert entspricht auch dem des spezifischen Gewichts (Gewicht pro Volumseinheit).

DOPPELBRECHUNG
Bei bestimmten Kristallen teilt sich ein durchtretender Lichtstrahl in zwei Strahlen auf. Ein Beispiel für dieses Phänomen ist der Calcit (»Isländischer Doppelspat«).

EDELSTEIN
Unter dieser Bezeichnung versteht man im allgemeinen Mineralien, die sich durch besondere Schönheit, seltenes Vorkommen sowie große Widerstandsfähigkeit und Härte auszeichnen. Auch organische Stoffe wie Korallen, Perlen oder Bernstein bzw. künstlich hergestellte Produkte wie Glas werden irreführend gelegentlich unter diesem Begriff geführt.

EINKRISTALL
Bezeichnung für einen einheitlichen nicht verzwillingten Kristall, im Gegensatz zum Polykristall oder zum Aggregat bzw. zum mikrokristallinen Gefüge.

EINSCHLÜSSE
Im Mineral eingelagerte feinste Störkörper, die das kristalline Gefüge durchbrechen. Am häufigsten sind feste Einschlüsse (Kristalle, die in anderen Kristallen eingeschlossen sind), darüber hinaus sind aber auch flüssige und gasförmige Einschlüsse möglich.

EISERNER HUT
Oberster Bereich von Erzlagerstätten, welcher den Verwitterungseinflüssen ausgesetzt ist. Diese Oxidationszone wird »Eiserner Hut« genannt.

ENDOGEN
Geologische Prozesse, die sich im Inneren der Lithosphäre vollziehen. Gegenteil: exogen.

FEMISCH
Bezeichnung für dunkle Mineralien mit Magnesium und Eisen. Zu den femischen Mineralien gehören u.a. die Pyroxene, die Amphibole, Olivin sowie die eisen- und magnesiumhaltigen Glimmer. Gegenteil: sialisch oder felsisch (Mineralien, die vorwiegend aus Silizium und Aluminium aufgebaut sind).

FLUORESZENZ
Eigenschaft eines Minerals, bei Bestrahlung mit elektromagnetischen Strahlen von kurzer Wellenlänge (z. B. UV-Strahlung) ein gewisses Leuchten zu zeigen.

GEDIEGENE ELEMENTE
Bezeichnung für Elemente, die in der Natur nicht in Form einer Verbindung mit anderen Elementen vorkommen (z. B. Gold, Platin usw.).

GEODE
Gesteinshohlraum, dessen Wände ringsum mit Kristallen besetzt sind.

GESTEIN
Gemenge von gleichartigen (Marmor) oder verschiedenen Mineralien (Granit), die geologische Körper von beträchtlichen Ausmaßen bilden.

GLANZ
Phänomen, das durch die Reflexion des Lichts an der Oberfläche eines Minerals entsteht. Man unterscheidet u. a. Metallglanz, Diamantglanz, Seidenglanz, Harzglanz und Glasglanz. Der stärkste Glanz ist Metallen zu Eigen.

GRUPPE
Vereint Mineralien derselben Mineralklasse, welche von ihrer chemischen Zusammensetzung und ihrer Struktur her verwandt sind. (z. B. Feldspat-Gruppe, Pyroxen-Gruppe usw.).

HABITUS
Gestalt der Kristallausbildung, bedingt durch die Kristallstruktur; diese Gestalt kann z. B. tafelig, nadelig, säulig usw. sein.

HÄRTE
Jener Widerstand, den ein Mineral beim Ritzen mit einem scharfkantigen Gegenstand entgegensetzt. Die Messung erfolgt nach der zehnteiligen Härteskala, die der Wiener Mineraloge Friedrich Mohs (1773-1839) vor über 150 Jahren entwickelt hat. Jedes Mineral der Mohsschen Skala ritzt jenes mit geringerer Härte und wird selbst von den härteren Mineralien geritzt. Am unteren Ende der Skala liegt Talk mit Ritzhärte 1, am oberen Ende der Diamant mit Mohshärte 10.

IDIOCHROMATISCH (eigenfarbig)
Eigenschaft von Mineralien, die eine Eigenfarbe aufweisen, d. h. deren Farbe im Gegensatz zu den allochromatischen (fremdfarbigen) Mineralien nicht von fremden Einlagerungen stammt, sondern eine grundlegende Eigenschaft dieses Minerals darstellt, z. B. Schwefel – schwefelgelb, Zinnober – zinnoberrot.

ISOMORPHIE
Phänomen, bei dem zwei verschiedene Mineralien gleichartige Kristalle bilden; dabei kann sich eine Mischkristallreihe bilden, an deren Enden jeweils die Reinform der beiden Mineralien steht. So sind z. B. die Olivine Zwischenglieder einer Mischreihe, die sich zwischen dem magnesiumreichen Forsterit und dem eisenreichen Fayalit bewegt.

KARAT
1) Einheitsgewicht für Edelsteine. Ein Karat (Kt) entspricht 200 Milligramm. 2) Kennzeichnung des Goldgehalts einer Legierung auf einer 24-stufigen Skala (Abkürzung K). Der Mindestfeingehalt für die Goldschmiedekunst beträgt 750/1000, das entspricht 18 Karat Gold.

KATZENAUGENEFFEKT
Lichterscheinung, die an die schlitzartige Pupille des Auges einer Katze erinnert. Ursache ist die Reflexion des Lichts an parallel gelagerten Fasern und Hohlräumen.

KRISTALL
Stofflich einheitlicher, von ebenen Flächen begrenzter Körper, dessen Bau bestimmten geometrischen Gesetzmäßigkeiten folgt, d. h., die kleinsten Bauteilchen (Atome, Ionen, Moleküle) sind auf ganz bestimmte Weise in einem Kristallgitter angeordnet.

KRISTALLFORM
Jene geometrische Form, die ein Mineral aufgrund seiner inneren Struktur ausbilden kann. Die Anordnung der Kristallflächen lässt eine ganz bestimmte Symmetrie erkennen.

KRISTALLGITTER
Innere Struktur eines Minerals, die durch eine gesetzmäßige Anordnung der Elementarteilchen (Atome, Ionen, Moleküle) bestimmt ist und die für die äußere Erscheinung und die physikalischen Eigenschaften des Minerals maßgeblich ist.

KRISTALLKLASSEN
Aufgrund ihrer morphologischen Symmetrie lassen sich die Kristalle 32 Kristallklassen zuordnen, diese ihrerseits sieben Kristallsystemen.

KRISTALLSTRUKTUR
Gesetzmäßige Anordnung der Atome, Ionen und Moleküle im Kristallgitter.

KRISTALLSYMMETRIE
Jene charakteristische Anordnung von Flächen, Kanten und Ecken eines Minerals, die sich in der Bildung eines mehr oder weniger regelmäßigen Polyeders ausdrückt. Nach ihren Symmetrieeigenschaften lassen sich die Mineralien in 32 Kristallklassen bzw. sieben Kristallsysteme einteilen.

KRISTALLSYSTEME
Die Mineralien werden in sieben Kristallsysteme unterteilt: kubisch, hexagonal, tetragonal, trigonal (rhomboedrisch), rhombisch, monoklin und triklin.

LAGERSTÄTTE
Bezeichnung für natürlich entstandene, räumlich begrenzte Konzentrationen von Mineralien in und auf der Erdkruste - zumal wenn sie von abbauwürdiger Größe sind. Von primären Lagerstätten spricht man, wenn die Mineralien sich gleichzeitig mit dem umgebenden Gestein gebildet haben, von sekundären Lagerstätten, wenn die Mineralien erst nach und nach entstanden sind.

MAGMATISCHE GESTEINE
Entstehen durch Erstarrung heißer Gesteinsschmelzen (Magma). Man unterscheidet Intrusiv- oder Tiefengesteine (Plutonite), bei denen die Abkühlung in den Tiefen der Erdkruste vor sich geht (Pegmatit, Granit) und Vulkangesteine (Vulkanite), die durch Erstarrung in der Nähe der Erdoberfläche entstehen (Basalt).

MAGMATISCHE SCHWEREDIFFERENTIATION
Vorgänge, bei denen die aus der Tiefe der Erde aufsteigende magmatische Schmelze nach Dichteunterschieden entmischt wird - und zwar durch unterschiedlich weites Absinken schwererer und leichterer Mineralien im erstarrenden Magmakörper.

METAMORPHE GESTEINE (METAMORPHITE)
Entstehen durch Umwandlung von Magmatiten, Sedimentiten oder älteren metamorphen Gesteinen. Ursache sind extreme Druck- und Temperaturverhältnisse, denen diese Gesteine ausgesetzt werden, wenn sie infolge des geologischen Kreislaufs in größere Tiefen absinken. Dabei werden die Mineralien der ursprünglichen Gesteine verschiedenen chemisch-physikalischen Veränderungen unterzogen.

MINERAL
Natürlich vorkommender anorganischer Stoff mit bestimmter chemischer Zusammensetzung und konstanten physikalischen und chemischen Eigenschaften, der in der Regel eine Kristallstruktur aufweist.

MINERALART
Zu einer Mineralart gehören alle Mineralien mit übereinstimmender chemischer Zusammensetzung und Kristallstruktur.

MINERALKLASSEN
Je nach ihrer chemischen Zusammensetzung werden die Mineralien in neun verschiedene Klassen unterteilt (Oxide, Silikate usw.).

NEBENGEMENGTEILE
Mineralien, die im Gestein nur untergeordnet vorkommen; sie werden auch als Akzessorien bezeichnet.

PEGMATIT
Magmatisches Gestein, gebildet aus Magmamassen, die in den Tiefen der Erdkruste erstarrt sind. Pegmatitische Gesteinskörper zeichnen sich oft durch riesige Kristalle aus.

PHOSPHORESZENZ
Phänomen, das der Fluoreszenz ähnlich ist, wobei die betreffende Substanz jedoch über das Ende der Bestrahlung hinaus nachleuchtet.

PIEZOELEKTRIZITÄT
Eigenschaft mancher Mineralien, bei mechanischer Beanspruchung eine Spannung zu entwickeln (z. B. Quarz).

PLEOCHROISMUS
Änderung der Farbe eines Kristalls je nach der Richtung, aus der das Lich für den Betrachter einfällt. Ursache dafür ist die ungleiche Absorption des Lichts im inneren des Kristalls.

PORPHYRISCH
Eigenschaft eines Kristallgefüges in magmatischen Gesteinen, bei dem nur wenige Einzelkristalle in einer dichten oder glasartigen Grundmasse eingebettet sind, da nur diese Kristalle ihre Eigengestalt bereits entwickelt hatten, als die Schmelze erstarrte.

PSEUDOMORPHOSE
Phänomen, bei dem die mineralische Substanz eines Minerals gelöst und durch ein anderes Mineral ersetzt wird, wobei Letzteres die Kristallgestalt des ursprünglichen Minerals ganz oder teilweise beibehält.

SAURE GESTEINE
Magmatite mit einem Kieselsäuregehalt von über 65%.

SCHILLERN
Optisches Phänomen, das bei bestimmten Mineralien je nach dem Winkel der Lichtquelle von der sie beleuchtet werden, zu einer Änderung der Farbe führt. In der Farblehre wird diese Erscheinung als Metamerie bezeichnet.

SEDIMENTGESTEINE (SEDIMENTITE)
Entstehen durch Anhäufung von Materialien verschiedenen Ursprungs, einerseits durch Verwitterung von bereits bestehenden Gesteinen oder von Hartteilen der Makro- und Mikroorganismen des Meeres. Auch die Ausfällung von im Wasser gelösten Mineralien kann zur Bildung von Sedimentgestein beitragen.

SPALTBARKEIT
Eigenschaft vieler Mineralien, sich abhängig vom inneren Aufbau des Minerals durch Schlag oder Druck entlang von ebenen Flächen teilen zu lassen. Manche Mineralien lassen sich überhaupt nicht, andere nur in einer Richtung spalten, während wieder andere i zwei oder mehr Richtungen gespalten werden können. Die Teilbarkeit von polysynthet schen Zwillingen entlang paralleler Flächen stellt eine scheinbare oder Pseudospaltbarke dar.

SPEZIFISCHES GEWICHT
Das spezifische Gewicht eines Stoffes sagt aus, um wie viel er schwerer ist als das gleiche Volumen Wasser. Es wird durch einen Wert ausgedrückt, der jenem der Dichte eines Stoffes entspricht.

STRICHFARBE (STRICH)
Eigenfarbe des Minerals, die durch Reiben auf einer rauen Porzellantafel zu Tage tritt; der Strich stellt ein wichtiges Erkennungsmerkmal eines Minerals dar.

THERMOLUMINESZENZ
Eigenschaft mancher Mineralien, infolge von Erwärmung eine Strahlung auszusenden. Mineralien, die dieses Phänomen zeigen, sind Scheelit und Fluorit.

XENOMORPH
Eigenschaft von Mineralien, die nicht ihre Eigengestalt aufweisen, da sie im Wachstum von anderen behindert wurden und so eine mehr zufällige Begrenzung aufweisen.

ZÄHIGKEIT
Überbegriff für die Sprödigkeit, Dehnbarkeit oder Elastizität von Mineralien. So werden z. B. Mineralien wie Gold und Silber, die sich leicht verformen oder schneiden lassen, als geschmeidig oder duktil bezeichnet.

ZWILLINGSBILDUNG
Verwachsung von zwei oder mehreren Kristallen gleicher Mineralart und Ausbildung nach bestimmten Gesetzmäßigkeiten. Die Verwachsung kann entweder durch Anlagerung der Kristallindividuen erfolgen (Berührungszwillinge), oder die einzelnen Kristalle durchdringen einander gesetzmäßig (Durchdringungszwillinge). Sind mehr als zwei Individuen beteiligt, spricht man von Drillingen bzw. Viellingen. Durch sich wiederholende Verzwillingungen ergeben sich die sogenannten polysynthetischen Zwillinge.

Index

Achat 84, 92, 93
Adular 193
Ägirin 172
Aktinolith 175
Alabaster 122
Albit 190, 194
Almandin 141
Amethyst 84, 87
Amiant 175
Amphibole 173
Analcim 201
Anatas 80
Andalusit 147
Andesin 196
Andradit 144
Anglesit 120
Anhydrit 118
Ankerit 112
Annit 186
Anorthit 190, 195
Anorthoklas 193
Antigorit 189
Antimon 36
Antimonit 51
Antimonsilber 41
Apatit 130
Apophyllit 181
Aquamarin 158,159,160
Aragonit 108
Arfvedsonit 177
Argentit 43
Arkansit 80
Arsenkies 56
Arsenopyrit 56
Asbest 174
Augit 170
Auripigment 61
Aventurin 84, 88
Azurit 113

Barkevikit 176
Baryt 119
Bastit 169
Bergkristall 84
Bernstein 209
Beryll 158, 159, 160
Biotit 186
Bismuthinit 63
Blauasbest 178
Blaueisenerde 133
Blauerde 133
Blauquarz 84, 89
Blauspat 136
Bleiglanz 49
Blutstein 82
Borax 116
Bornit 42
Bort 38
Botryogen 124
Bournonit 61
Brasilianit 129
Brauneisenstein 82
Braunspat 112
Breunnerit 104
Brillant 39
Bronzit 167, 169
Brookit 80
Buntkupferkreis 42

Calcit 102
Carbonado 38
Carbonate 101-116
Carnallit 70
Carnotit 132
Cerussit 110
Chalcedon 84, 92, 93
Chalkopyrit 45
Chalkosin 42
Chalkotrichit 72
Chlorargyrit 70
Chloritgruppe 187
Chloritoid 152
Chlorsilber 70
Chromit 77
Chrysokoll 188
Chrysopras 92, 93
Chrysotil 189
Citrin 84, 88
Cobaltin 54
Coelestin 121
Cordierit 162
Covellin 50
Cristobalit 90
Cummingtonit 173
Cuprit 72
Cyanit 148
Cyanotrichit 124
Cyprin 156

Danait 56
Demantoid 144
Descloizit 136
Devillin 125
Diallag 168, 170
Diamant 38
Diopsid 168
Dioptas 163
Disthen 148
Dolomit 111
Dolomitspat 111
Doppelspat 103
Dravit 164, 165
Dysanalyt 73
Dyskrasit 41

Eckermannit 177
Edelopal 83
Edelspinell 75
Edenit 176
Eisen 36
Eisenblüte 108
Eisenglanz 82
Eisenglimmer 82
Eisenocker 99
Eisenrose 81, 82
Eisenspat 105
Eisstein 68
Elbait 164, 165
Enstatit 167
Epididymit 182
Epidote 154
Eudidymit 182

Fassait 170
Fayalit 139
Feldspate 190
Feldspatoide 198
Ferberit 98
Ferrosilit 167
Feueropal 83
Feuerstein 84
Feuersteinknollen 83
Fibrolith 149
Fluorit 66
Flussspat 66
Forsterit 138, 139